Wie die Teufel den Mond schwärzten

Wie die Teufel den Mond schwärzten

Der Mond in Mythen und Sagen

Gesammelt und bearbeitet von Jürgen Blunck

Spektrum Akademischer Verlag Heidelberg · Berlin

Bibliografische Information Der Deutschen Bibliothek

Die Deutsche Bibliothek verzeichnet diese Publikation in der Deutschen Nationalbibliografie; detaillierte bibliografische Daten sind im Internet über http://dnb.ddb.de abrufbar.

ISBN 3-8274-1409-1

© 2003 Spektrum Akademischer Verlag GmbH Heidelberg, Berlin

Alle Rechte, insbesondere die der Übersetzung in fremde Sprachen, sind vorbehalten. Kein Teil des Buches darf ohne schriftliche Genehmigung des Verlages fotokopiert oder in irgendeiner anderen Form reproduziert oder in eine von Maschinen verwendbare Sprache übertragen oder übersetzt werden.

Wir haben uns bemüht, sämtliche Rechteinhaber von Texten und Abbildungen zu ermitteln. Sollte dem Verlag gegenüber dennoch der Nachweis der Rechtsinhaberschaft geführt werden, wird das branchenübliche Honorar gezahlt.

Lektorat: Katharina Neuser-von Oettingen, Anja Groth
Copy-Editing: Regine Zimmerschied
Produktion: Katrin Frohberg
Umschlaggestaltung: WSP Design, Heidelberg
Druck und Verarbeitung: Ebner & Spiegel, Ulm

Für Zofia

und Anna Sophie

Inhalt

Mondflecken – was sie sind und wofür sie gehalten wurden

Phantasien und Theorien   XIII
Fernrohrbeobachtungen   XVIII
Nüchterne Erkenntnisse   XXIV
Die Entstehung der Sagen um die Mondflecken   XXV
Das Bild des Männlichen im Mond   XXVII
Das Bild des Weiblichen im Mond   XXXI
Das Bild von Tieren oder Objekten im Mond   XXXII
Anmerkungen   XXXVII

Europa

Zwei Kinder im Mond   3
Der Holzfrevler   4
Das Wellenmännel im Mond   6
Der Kohldieb   9
Von Bösewichten, die den Mondschein fürchten   11
Beleidigt nicht den Mond!   12
Der uneinsichtige Bauer *   14
Der Verfolger   15
Bestrafte Tierquälerei   16
Bestrafte Hartherzigkeit   16
Die Spinnerin im Mond *   17
Die Braut im Mond *   19
Das Gebet der Spinnerin *   21
Die alten Näherinnen   22
Wie ein Mann und seine Frau in die Kälte kamen   22
Ebbe und Flut   24

---

*Die mit * gekennzeichneten Titel stehen für sich als Vorlesegeschichten.

Kurs auf Kap Hoorn   24
Der Geigenspieler   25
Der Schmied im Mond *   26
In biblischer Zeit   30
Das Lied von Hubert, dem Mann im Mond   31
Der Schuster des heiligen Petrus   33
Der Mann mit Laterne, Hund und Dornbusch   35
Der vorlaute Lumpensammler *   37
Der aufgespießte Bauer *   38
Der geizige Barbier *   39
Der Mann im Mond   41
Der Mann, der im Mond gefangen ist   42
Die Buße des Gottlosen   43
Selene und Endymion *   44
Das Sibyllenorakel *   48
Der Himmel, der Mond und das Meer   49
Wer ist im Mond?   50
Der Hirte im Mond *   52
Begegnung in der Hütte des alten Zigeuners *   56
Die feuchten Fußlappen   58
David und Cäcilie   59
Der heilige Georg auf dem Mond   60
Der Zauberer Twardowski *   61
Der Bärenkopf *   64
Die anzügliche Wasserträgerin   66
Die keifende Wasserträgerin   67
Die Eheleute mit dem Teereimer   67
Wie die Teufel den Mond schwärzten *   68
Die Tochter des Mondes und der Sohn der Sonne *   73

Asien

Der gefangene Schamane   81
Die Erlösung des gequälten Waisenkindes *   82
Das verwunschene Waisenkind   83
Wie der Menschenfresser in den Mond kam   84
Das Wasser des Lebens geht verloren   85
Hase und Dachs *   87

Inhalt

Ein Wunsch geht in Erfüllung   89
Der Kassienbaum   90
Der unheilvolle Baum   92
Das Mißgeschick eines Tugendhelden *   93
Die Mondfee *   95
Hung Ngo, die Kröte im Mond   96
Der Ehestifter (I) *   98
Der Ehestifter (II)   99
Der Bootsbauer im Mond   100
Der Mann mit dem Feigenbaum *   101
Die Amme unter dem Birkenfeigenbaum *   103
Der Bucklige unter dem Feigenbaum   108
Das Obstparadies   109
Der Kampf um die schöne Fee *   112
Das beschmutzte Mondgesicht   114
Die Prüfung der vier Freunde *   116
Die Prüfung der vier Einsiedler *   121
Wie der Betel auf die Erde kam   123
Der schlaue Hase *   124
Tänze zu Ehren des heiligen Georgs   127
Bissige Hunde   128
Der Mond und das Wetter   128
Die Macht des Fürsten   129

Afrika

Thoth   133
Die Tränen des Waisenkindes   134
Amma und der Fuchs   135
Der Sohn des Kimanaueze heiratet *   138
Warum die Menschen sterben müssen *   146
Trügerischer Widerschein   147
Murile steigt zum Himmel auf *   148
Die Schreie der Verbannten   153
Feindschaft zwischen Sonne und Mond   155

Nordamerika

Malina und Anninga   159
Die Schlittenfahrt mit dem Mondmann   160
Kanak wird Zauberer *   161
Die Geschenke des Mannes im Mond *   163
Die Zeugung   166
Das Findelkind im Mond   167
Der Mond entführt den Regenmacher   169
Der Mond raubt eine Frau   169
Der Mond holt ein unartiges Kind   170
Ein Knabe spielt im Mond   171
Hilfe in der Hungersnot *   172
Die drei Froschschwestern *   173
Die Rache der Kröte *   175
Der Mond und seine Frauen   176
Mond und Sonne (I) *   176
Mond und Sonne (II) *   182
Die Sonne wird zum Mond   189
Wie Pine Marten seinen Schwiegervater überlistete *   190
Des Mondes grüne Froschfrau   193
Die Mondfamilie (I) *   194
Die Mondfamilie (II) *   205
Das Auge des Kaninchens   211
Fingerfertigkeit   213
Einsamer Vogel *   214
Mutter opfert ein Auge   218
Der gefederte Mond   219
Die Suche nach der Mondfrau   222

Lateinamerika

Wie Sonne und Mond die Welt zu erleuchten
   begannen *   227
Die Himmelshunde   232
Der Wundervogel   232
Bei den Menschenfressern *   233
Der gezeichnete Liebhaber   236

Inhalt

Bruderzwist   237
Der verliebte Fuchs   238
Der Liebesschmerz der jungen Mondfrau   239
Die Schöne und der Häßliche   240
Der zweiköpfige Tiger entkommt zum Mond   241
Der zweiköpfige Tiger frißt die Mondbuben *   242
Die Rache des Jaguarkindes *   246
In den Klauen des Jaguars *   253

Australien

Der Frauenentführer   257
Die Rache der Söhne   258
Der falsche Mann im Mond *   259
Der Mann, der vom Himmel kam   260
Der Mond und die Frauen   260
Tjapara *   262
Alinda, der Mondmann *   264

Ozeanien

Die Rache der Japweiber   269
Das Geschlecht der Kröten im Mond   271
Das Mädchen im Mond *   272
Das Gesicht im Mond *   275
Hina, die Frau im Mond *   279
Hina stiftet den Brotfruchtbaum   282
Eine Göttin mit Namen Ina oder Hina   284
Das Trugbild   286
Rona, die Frau im Mond   287
Rona, der Mann im Mond   288
Rona, der Herr der Sonne und des Mondes   289

Mondflecken – was sie sind und wofür sie gehalten wurden

Phantasien und Theorien

Im Gegensatz zum wärmenden, lebenspendenden Taggestirn haftet dem silberfarbenen, kühlen Mond, der zuweilen schon am hellen Tage, zumeist aber in dunkler Nacht erscheint, seit den ältesten Zeiten etwas Geheimnisvolles an. Zu seinen größten Rätseln gehörten immer schon die Phasen und die dunklen Flecken, die auf der Vollmondscheibe allesamt deutlich hervortreten. Wird der abnehmende Mond, so fragte man sich dann und wann, von einem wilden Tier gefressen, um nach dem Neumond wiedergeboren zu werden? Und sind die dunklen Flecken, die nach diesem Verdunkeln in immer gleicher Gestalt wiederkehren, nicht ein Zeichen dafür, daß der Mond etwas Besonderes ist? Weisen die Flecken nicht auf ein feinstrukturiertes Gesicht oder gar einen Totenschädel mit seinen großen Augenhöhlen hin? Oder stellen nur die Flecken selbst ein Lebewesen dar, einen Mann, eine Frau, ein Tier? Lebendig mußten die Flecken ja schon deswegen sein, weil sie, wenn auch sehr, sehr langsam, auf der Mondscheibe zu wanden scheinen!

Fragen über Fragen, die sich nicht nur Kinder stellen mögen, sondern in alten Zeiten jedem Mondbeobachter – dafür zeugen die vielen Sagen und Legenden – so oder ähnlich in den Sinn gekommen sind. Die Vielfalt dieser vom frühen Altertum bis zur frühen Neuzeit entstandenen Phantasiebilder wird hier erstmals in ihrem überlieferten Wortlaut wiedergegeben. Es sind Bilder, die sich bis in unsere Tage gehalten und nichts von ihrer Faszination verloren haben, seitdem die physische Beschaffenheit des Mondes ein für allemal geklärt ist.

Ehe wir es im weiteren Verlauf der Darstellung unternehmen, die ganze Fülle dieser Sagen zu gliedern und einem groben Schema zuzuordnen, werden wir nach den Gründen suchen, warum die menschlichen Sinne das, was sie am Himmel und insbesondere auf der Mondscheibe wahrnehmen, zu verlebendigen trachten. Zunächst aber stellt sich die Frage nach dem Wissen von der wahren Natur dieser Mondflecken und dem Weg, der zu dieser Erkenntnis geführt hat.

Warum also scheinen sich die Flecken ganz langsam, für den aufmerksamen Beobachter aber durchaus wahrnehmbar fortzubewegen? Es ist ja so, daß sich die bei Vollmond – übrigens auch auf der während einer Mondfinsternis durch gespiegeltes Licht etwas rötlichen Scheibe – sichtbare Gestalt, verglichen mit ihrem Standort in der Phase des zunehmenden Mondes, etwas fortbewegt zu haben scheint. Das ist ein Eindruck, der dadurch bestärkt wird, daß diese Bewegung, je weiter der Mond abnimmt, in gleicher Richtung weiterhin wahrgenommen werden kann.

Für diese scheinbare Weiterbewegung ist die Libration verantwortlich. Die Libration, die Ungleichförmigkeit der Bahnbewegung des Mondes, läßt uns auf der Mondoberfläche etwas mehr erkennen, als es die gebundene Rotation, durch die der Mond der Erde stets die gleiche Seite zukehrt, erwarten läßt, insgesamt 59 %. Die Libration in der Länge bedeutet in jedem Monat eine Drehung der Mondkugel um je $7°53'$ nach beiden Richtungen; die Libration in der Breite kommt durch die Neigung des Mondäquators gegen die Mondbahnebene um $6°40'$ zustande. Indem sich also die Flecken in jedem Monat ein wenig nach dem Westen oder Osten sowie dem Norden und Süden verschieben, verlebendigen sie sich in der Phantasie zu Gestalten, die sich ganz langsam bewegen.

Und was die Natur dieser Flecken angeht, so wissen wir heute – das sei in aller Kürze vorweggenommen – daß der Kontrast zwischen hellen Terrae („Festländern") und dunklen Maria („Meeren") auf die unterschiedliche Rückstrahlung des Sonnenlichtes von einer überwiegend rauhen und einer überwiegend glatten Oberfläche, die sogenannte Albedo zurückzuführen ist.

Einleitung

Der nach Erkenntnis und Erklärung strebende Mensch hat das Wissen um die Natur der Flecken auf der Oberfläche der erdzugewandten Seite des Mondes erst in einem langwierigen Prozeß von Zivilisation zu Zivilisation und auf immer neuen Umwegen erringen können. Der ionische Naturphilosoph Thales von Milet (um 600 v. Chr.) bezeichnete den Mond als einen erdähnlichen Körper, der das Sonnenlicht reflektiert.[1] Der Pythagoräer Philolaos aus Kroton (um 500 v. Chr.) war gleichfalls von der Erdähnlichkeit des Mondes überzeugt und hielt ihn sogar für besiedelt. Sein ionischer Zeitgenosse Anaxagoras, der Lehrer von Sokrates, lehrte, es gäbe auf dem Mond Berge, Täler und bewohnte Gegenden, und soll auch eine Zeichnung vom Mond angefertigt haben.[2] Klearchos von Soloi auf Kypros (um 300 v. Chr.), ein Schüler des Aristoteles, und der Historiker Hegesianax von Alexandria (Troas), der Anfang des 2. Jahrhunderts v. Chr. lebte, soll den Mond für einen Spiegel gehalten haben, der die Ozeane und Gebirge der Erde abbildet.[3]

Die Lehre von der Spiegelnatur des Mondes hat uns Plutarch (um 100 v. Chr.) in seiner Schrift *De facie in orbe Lunae,* die sich in seiner übergeordneten volkstümlichen philosophisch-historischen Sammlung *Moralia* (Teil 12) findet, überliefert. In dieser bezeichnenderweise „Über das Mondgesicht" betitelten Schrift erörtert er als erster das Problem der Reflexionswirkung der Mondoberfläche. Er stellt die wissenschaftlich einwandfreie Theorie auf, daß das Sonnenlicht vom Mond reflektiert wird und daß die regelwidrige Reflexion ihre Ursache in der Unebenheit des Mondes hat (Kap. 16/18). Die Wirkung sei beim Mond ähnlich wie bei der Erde (Kap. 18). Man könne den Mond ohne weiteres als Erde bezeichnen und das Phänomen des Gesichtes durch Senken und Schluchten erklären, in die das Sonnenlicht nicht dringe (Kap. 21). Die Größe der dunklen Flecken müsse nicht der Größe der Gebiete mit Unebenheiten entsprechen, vielmehr mache der große Sonnenabstand die Flecken groß. Die Berge als solche seien für uns wegen der Überstrahlung aus der Ferne nicht sichtbar (Kap. 22). Heute wissen wir, daß es sich genau umgekehrt verhält: Gerade die zerklüfteten Gebiete strahlen das Sonnenlicht am stärksten zurück.

Weiterhin macht sich Plutarch Gedanken darüber, welchen Eindruck die zerklüfteten Gebiete auf die zwischen Erde und Mond irrenden Seelen machen, und kommt zu dem Schluß, daß Mondbewohner nicht, wie es bei Griechen und Römern während der Finsternisse üblich war, diese mit Getöse und Lärm abweisen: „... es erschreckt sie auch das sogenannte Gesicht (des Mondes), das aus der Nähe grausig und drohend anzusehen ist. Das ist es in Wirklichkeit aber nicht, sondern es besteht aus Vertiefungen und Einsenkungen des Mondes, so wie bei uns die Erde tiefe, große Meeresbuchten hat: eine hier, die von den Säulen des Herakles nach innen zu uns hin flutet, und andere am Rande, das Kaspische Meer und die Buchten des Roten Meeres" (Kap. 29).

Der überlieferte Begriff des „Gesichtes" ist für Plutarch also nur eine Metapher. Das Gesicht der Mondgöttin Selene kann entweder als Frontalansicht oder, wie etwa auf einer thessalischen Vase aus dem 5. Jahrhundert v. Chr., als seitliches Brustbild gedacht werden. Plutarch löst dieses Bild in in eine Vielzahl topographischer Strukturen auf, und war wohl auch der erste, der Namen für Mondgebiete vergeben hat: Die erdabgewandte Seite nennt er Elysische Gefilde, die erdzugewandte die Heimstätte der gegenerdigen Persephone und die große Senke (wohl das heutige Meer der Fruchtbarkeit mit dem Honigmeer) die Heraklesschlucht (Kap. 29).

Für eben dieses Gebiet hat der schwäbische Naturforscher Albertus Magnus um 1200 das Bild des Kopfes eines Löwen verwendet, dessen geöffnetes Maul nach rechts weist und dessen langer Schwanz nach oben gerichtet ist und dem heutigen Meer der Kälte gleichzusetzen ist.[4] Andererseits hat das Bild des Löwenmauls auch das Aussehen von Beinen und läßt sich mitsamt der übrigen Flecken leicht zu einem aufrecht stehenden Mann mit einer Rückenlast ergänzen.

Zur Zeit von Dante Alighieri war der Topos vom Mann im Mond bereits gang und gäbe. In seiner *Göttlichen Komödie* (*Divina commedia*) von 1292 spricht er allerdings abfällig über das Fabeln vom Bilde Kains im Mond und setzt sich mit den Lehrmeinungen seiner Zeit über die physische Natur der Mondflecken auseinander. Im zweiten Gesang des „Paradieses" (49–105) findet sich dazu ein scholastisches Lehr-

Einleitung

gespräch, in dem er selbst seinen früheren, auf Averroës zurückgehenden Standpunkt einer physischen Deutung vertritt und seine unsterblich geliebte Beatrice seine neue, von Albertus Magnus und Thomas von Aquin vertretene metaphysische Deutung. Er selbst vertritt also die Lehre des islamischen Denkers des 12. Jahrhunderts, der die Mondflecken aus der verschiedenen Dichte des Mondstoffes erklärte:

Und ich: „Was uns hier unten fleckig scheinet,
Kommt, glaube ich, von der verschiednen Dichte."

Beatrice argumentiert dagegen wie Thomas von Aquin in seinem Aristoteles-Kommentar *De coelo et mundo*, daß bei einer gestaffelten Transparenz das Sonnenlicht während einer Mondfinsternis stellenweise durchschimmern müsse, was aber nicht der Fall sei, und überzeugt ihn so:

„Nun wirst du sagen, daß das Licht sich trüber
Hier zeigen müsse als an andern Stellen,
Weil es hier mehr rückgeworfen werde.
Von diesem Einwand kann dich die Erfahrung
Befrein, wenn du sie jemals magst erproben;
Sie ist die Quelle ja von euren Künsten.
Drei Spiegel mußt du nehmen, davon zwei
Gleich weit von dir, den dritten etwas weiter;
Die Augen halte zwischen die zwei ersten.
Auf sie gewandt, setz hinter deinen Rücken
Ein Licht, das den drei Spiegeln allen leuchte
Und dir von allen rückgesendet werde.
Obwohl dir nicht erscheint von gleicher Größe
Das Bild des fernen Lichtes, wirst du sehn,
Daß es dir doch mit gleicher Stärke leuchtet."

In seinem um 1487–1490 verfaßten *Notizbuch* gelangte Leonardo dann darüber hinaus zu dem Schluß, daß der Mond so wie die Erde „Meere haben müsse, die die Sonne reflektieren, und daß die nicht leuchtenden Teile (die Flecken) Land sind."[5]

Der venezianische Philosoph Pietro Sarpi (Paulus Servita) pflichtete dem bei, konnte sich aber auch einen ganz von Wasser umgebenen Mond vorstellen: An den rauheren Stellen, wo die Flecken sind, „muß es bis zu einer gewissen Tiefe durchsichtig sein."[6]

Als letzte nennenswerte Theoretiker der Mondflecken vor der Erfindung des Fernrohres vertraten der italienische Philosoph Giordano Bruno und der englische Geistliche Francis Godwin weitgehend den Standpunkt Plutarchs und Leonardos. In Giordano Brunos 1584 in Dialogform verfaßten Werk *Vom unendlichen All und den Welten* lesen wir: „Offenbar sind die Mondflecken den irdischen Kontinenten, die erleuchteten Teile aber den Seen und Küstengegenden ähnlich."[7] Und Godwin äußert in seinem gleichfalls 1584 verfaßten, aber erst 1638 unter dem Pseudonym Domingo Gonsales veröffentlichten utopischen Roman *The Man in the Moone* auf Seite 63f.: „Dann bemerkte ich auch, daß der Mond zum größten Teil von einem weiten, mächtigen Meer bedeckt wird und daß nur jene Teile trockenes Land waren, die uns auf der Erde irgendwie dunkler als der Rest des Mondes erscheinen. (Ich meine jene Flecken, die die Landleute mit dem Namen ‚el hombre della luna', der Mann im Mond, belegt haben.) Was jenen Teil angeht, der uns so hell in die Augen fällt, so handelt es sich bei ihm um einen weiten Ozean, der jedoch hier und da mit Inseln besprenkelt ist, die wir wegen ihrer Winzigkeit von so weit her nicht entdecken können. So scheint jener selbe Glanz, der uns leuchtet und unseren Nächsten das Licht gibt, nichts weiter als eine Reflexion der Sonnenstrahlen zu sein, die vom Wasser wie vom Glas zu uns gelenkt werden."

Wie Plutarch hat auch Godwin einen Namen für ein Teilgebiet der Mondflecken vergeben; er nennt diesen Kontinent Simiri.

Fernrohrbeobachtungen

Nach der Erfindung des Fernrohres kurz nach 1600 durch einen holländischen Brillenschleifer war es der italienische

Naturwissenschaftler Galileo Galilei, der in seiner 1610 erschienenen Schrift *Sidereus Nuncius* nach eigenen Fernrohrbeobachtungen die Oberfläche des Mondes beschrieb und durch Zeichnungen veranschaulichte. Außer hellen und dunklen Gebieten sind darauf zahlreiche Ringwälle dargestellt, die er Cyathi (Becher) nennt. „Die leicht dunklen und ziemlich ausgedehnten Flecken", schreibt er, „sind für jedermann offenkundig, und jedes Zeitalter hat sie gesehen. Deshalb werde ich sie die ‚großen' oder die ‚alten' nennen, zum Unterschied von anderen Flecken, die in ihrer Ausdehnung kleiner, aber infolge ihrer Menge so dicht beieinander gelegen sind, daß die ganze Mondoberfläche, besonders jedoch der hellere Teil, mit ihnen übersät ist. Diese sind von niemandem vor mir beobachtet worden."[8] Gemeint sind die wechselnden Schattenwürfe der unzähligen Erhebungen und Vertiefungen.

In der Erkenntnis, daß die großen Flecken ein gleichmäßigeres und gleichförmigeres Bild vermitteln und auf dem Mond tiefer gelegen erscheinen, folgert er: „Will man also die alte Ansicht der Pythagoräer wieder auffrischen, daß nämlich der Mond gleichsam eine zweite Erde sei, dann stellt sein leuchtender Teil die Landoberfläche, der dunklere die Wasseroberfläche angemessener dar."[9]

Ebenfalls 1610 folgert auch Johannes Kepler aus ganz ähnlichen Gründen: „Die Flecken halte ich für Meere, die hellen Gebiete für Land."[10] Später differenzierte er die dunklen Gebiete nach ihrer Abtönung und kam zu dem Schluß, daß dies auf den Grad ihrer Feuchtigkeit zurückzuführen sei. In den Notizen von 1625 zu einem etwa ein Jahr zuvor an den Jesuitenpater Paulus Guddin gerichteten Brief heißt es: „Die Mondflecken rühren einerseits von einer gewissen Feuchtigkeit her, die vermöge ihrer Absorptionsfähigkeit und Beweglichkeit das Sonnenlicht abstumpft und die, gleichmäßig um den Mittelpunkt des Mondkörpers angehäuft, den Eindruck des Niedrigen und Gleichen auf der Oberfläche hervorruft. ... Sie sind teils unseren Sümpfen, teils unseren Meeren ähnlich." In Anspielung auf die vielen von ihm erstmals Krater genannten Ringwälle inmitten der Maria heißt es weiter:

„Auch in unseren Sümpfen ragen Inseln hervor, die fest und trocken sind und weißlich schimmern."[11]

Dies ist ein ganz neuer Gedanke, wenn man davon absieht, daß schon Plinius der Ältere im ersten nachchristlichen Jahrhundert in seiner *Naturgeschichte* einen unterschiedlich feuchten Mond für möglich hielt: „Die Flecken nämlich seien nichts anderes als Verunreinigungen, die der Mond mit der Feuchtigkeit der Erde an sich gerissen habe."[12] Während jedoch die Feuchtigkeit des Mondes nach Plinius von der Erde stammt, ist sie bei Kepler dort selbst entstanden. Von da ist es dann nicht mehr weit bis zur Annahme eines belebten Mondes.

Einer solchen Annahme wollte sich auch Galilei in späteren Jahren nicht verschließen. In einer philosophischen Deutung seiner eindeutigen Beobachtungsergebnisse läßt er 1632 nach dem Beispiel Leonardos in einem *Dialog über die beiden hauptsächlichsten Weltsysteme* zwei seiner bereits verstorbenen Geistesfreunde und einen autoritätsgläubigen Aristoteliker in aller Ausführlichkeit ihre Meinungen über die Beschaffenheit der Mondoberfläche austauschen. Das Gespräch läuft hinsichtlich der dunklen Mondareale darauf hinaus, daß 1. diese Gebiete, in denen man ehedem „ein menschliches Gesicht, eine Löwenschnauze oder Kain mit einem Bündel Reisig auf den Schultern erkannt haben wollte", auch nach jahrzehntelangen Fernrohrbeobachtungen keine Veränderungen gezeigt haben, sie aber gleichwohl nicht unveränderlich sein müßten, 2. ihre ebene Beschaffenheit – von Meeren ist nicht mehr die Rede! – nicht allein zur Erklärung des dunklen Aussehens ausreiche, und 3. irdisches Leben dort ausgeschlossen sei, es aber andererseits auch nicht gewiß sei, daß der Mond „Pflanzen, Tiere oder andere den irdischen ähnliche Dinge" erzeuge.[13]

Die aus der Interpretation der dunklen Areale als Meere abgeleitete Vorstellung von einem belebten Mond wurde 1638 von John Wilkins, Bischof von Chester, begierig aufgegriffen. Sein mit blühender Phantasie darüber in der Form eines Diskurses verfaßtes Buch hätte er besser wie zuvor sein Landsmann Godwin in der Form eines Romans schreiben sollen.

Einleitung

Streng empirisch gingen dagegen die beiden großen Selenographen Johann Hevel (Hevelius) aus Danzig und Joannes Baptista Riccioli aus Bologna vor, deren Thesen über die Mondoberfläche für mehr als ein Jahrhundert allgemeine Anerkennung genossen. Hevelius schreibt 1647, daß die sogenannten Seen des Mondes eher irdischen ausgedehnten flachen Wäldern und Sümpfen glichen und auch die von unzähligen Formationen durchsetzten und von schroffen Felsen umgebenen Meere wenig Ähnlichkeit mit irdischen Meeren hätten, kommt letztlich aber doch „zu der Schlußfolgerung, daß die hell erleuchteten Flächen erdähnlich sind, die dunklen Flecken dagegen Wasser".[14] Riccioli erörtert 1651 ausführlich, wie zerklüftete und ebene Oberflächen das Sonnenlicht reflektieren und kommt gleichfalls zu dem Schluß, daß erstere mit den Landgebieten und letztere mit den Wasserflächen der Erde vergleichbar seien".[15]

Dieses Trugbild spiegelt sich in der Nomenklatur, die die beiden Forscher auf den von ihnen veröffentlichten Mondkarten erstmals verwenden. Hevelius hatte seine Karte 1645, 15 Jahre nach dem Tode Keplers und drei Jahre nach dem Tode Galileis, hergestellt. Er benannte die hellen und dunklen Gebiete nach den Ländern und Meeren des Mittelmeerraumes: Das Holzbündel des Mannes im Mond zum Beispiel führt dort den Namen Mare Mediterraneum und die Beine dieses Mannes den Namen Mare Caspium.

Auf der sechs Jahre später von Riccioli veröffentlichten Mondkarte, die sein jesuitischer Ordensbruder Francesco Maria Grimaldi am Fernrohr gezeichnet hatte, werden nur die von Hevelius eingeführten Namen der Gebirgsformationen übernommen. Im übrigen verwendet er Phantasienamen für die mit unbewaffnetem Auge sichtbaren hellen und dunklen Gebiete und die Namen von Wissenschaftlern für Krater. Die Bezeichnungen für die hellen Gebiete erhielten den Gattungsnamen Terra und die dunklen den Gattungsnamen Mare. Bei den individuellen Namen ging Riccioli davon aus, daß bei zunehmendem Mond das Wetter auf der Erde gut ist und bei abnehmendem trübe und regnerisch. Entsprechend haben die Gebiete des ersten Mondviertels angenehm klingende Namen und die des letzten Viertels gegenteilig wirkende Namen erhalten. Die Maria führen diese Namen ganz offiziell auch heute noch. Betrachtet man die Flecke als Mondgesicht, so stellen das Mare Imbrium (Meer des Regens) und das Mare Serenitatis (Meer der Heiterkeit) die beiden großen Augen dar sowie das Mare Frigoris (Meer der Kälte) die zugehörigen Brauen; sieht man in den Flecken einen Holzdieb, so stellen der Oceanus Procellarum (Ozean der Stürme) das gewaltige Bündel dar und das Mare Nectaris (Honigmeer) sowie das Mare Foecunditatis (Meer der Fruchtbarkeit) die Beine. Das Mare Crisium (Meer der Gefahren) wäre dann der in englischen Sagen vorkommende Hund als Begleiter des Mannes. Bei der weiteren Behandlung des Themas werden diese Namen der Maria in ihrer deutschen Form verwendet.

In dem viel gerühmten großen Lexikon von Zedler des Jahres 1739 wird hinsichtlich der Mondflecken auf die gängigen Theorien verwiesen und „gemuthmasset, daß diese Flekken Meere sind".[16] Es war dann der Göttinger Physiker Georg Christoph Lichtenberg, der 1779 die Theorie von einem vulkanischen oder dem vulkanischen sehr ähnlichen Ursprung der Mondoberfläche aufstellte und damit die basaltische Natur der Maria erkannte.[17]

Zu diesem Ergebnis gelangte auch Johann Hieronymus Schröter nach langjährigen sorgfältigen Beobachtungen an seiner privaten Sternwarte in Lilienthal bei Bremen. Er schreibt 1791: „Der Mondkörper hat keinen Ocean, noch solche beträchtlichen Meere, als unsere Erde. Seine ganze Oberfläche ist nach meinen Beobachtungen mehr und weniger gebirgig und hügelartig zugleich. Selbst die grauen Flächen, welche die ältern Astronomen wegen Unzulänglichkeit ihrer Fernröhre für Mondmeere hielten, sind davon nicht ausgeschlossen. So wie ich diese dunklern Flächenstriche unzähligmahl auf mancherley Art ... untersuchet, haben sie eben so gut, als die hellere Fläche, wenn auch gleich an mehreren Stellen merklich weniger Ungleichheiten, helle und graue Bergadern, Berge, Hügel, Ringgebirge, Bergkränze, Thäler und tiefe, unterhalb der Fußfläche ihrer Ringgebirge eingesenkte Craterbecken; ja selbst die zwischen diesen merkwürdigen Unebenheiten befindlichen, zum Theil beträchtli-

Einleitung

**Mondkarte mit den deutschen Bezeichnungen
für die Maria (Mondmeere)**
Meer der Fruchtbarkeit (F), Meer der Gefahren (G), Meer der Heiterkeit (Hei), Honigmeer (Ho), Meer der Kälte (K), Meer des Regens (Re), Meer der Ruhe (Ru), Ozean der Stürme (St)

Terrestrische Aufnahme des Erdmondes, zusammengesetzt aus je einer Fotografie des ersten und des letzten Viertels.

chen scheinbaren Ebenen haben, wie man es unter geringeren Erleuchtungswinkeln mit der größten Gewißheit und Schärfe erkennt, nicht immer einerley Niveau, sondern bestehen aus mehrern flachen, ungleichen Schichten oder Lagen. ... In allem Betracht haben diese grauen, eben scheinenden Mondflächen mehr Unebenheiten, als die ebensten Landflächen unserer Erde."[18]

Freilich waren es gerade die von Schröter entdeckten langen geraden Mondrillen, die ihn selbst[19] und erst recht den Münchner Astronomen Franz de Paula Gruithuisen[20] dazu verleiteten, sie für Kunststraßen der Seleniten zu halten, also immer noch an einen belebten Mond zu glauben.

Nüchterne Erkenntnisse

All diesen Phantastereien setzten die Berliner Privatastronomen Wilhelm Beer und Johann Heinrich Mädler ein Ende. Zu der von Mädler an der Beerschen Sternwarte nach mikrometrischen Messungen gezeichneten ersten wissenschaftlichen Karte der gesamten sichtbaren Mondhalbkugel veröffentlichten sie 1837 gemeinsam einen umfassenden Forschungsbericht, in dem die völlige Trockenheit und das Fehlen einer nennenswerten Atmosphäre endgültig nachgewiesen wurden, so daß jegliche Spekulation über ein höher entwickeltes Leben auf dem Erdnachbarn hinfällig war.[21]

Darüber hinaus stellt sich heute, im Zeitalter der Weltraumfahrt, das Wissen um die Natur der Mondflecken, kurz zusammengefaßt, so dar:

1. Der Erdtrabant ist bis auf eine in halber Tiefe gelegene Zone elastischen Gesteins erkaltet; in der Frühzeit war er mit einem tiefen Meer glutflüssigen Feldspatgesteins bedeckt, das während der Rotation auf der jeweils erdzugewandten Seite abebbte und, nachdem jene sich in die Rotation der Erde einkoppelte, zu einer Kruste erstarrte, die auf der erdabgewandten Seite mit etwa 140 Kilometern doppelt so dick blieb wie auf der anderen.
2. Die großflächigen Gebiete geringer Albedo sind auf den Mondhemisphären sehr ungleich verteilt, und zwar nehmen sie auf der erdabgewandten Seite nur einen äußerst geringen Teil der Oberfläche ein.
3. Die großflächigen Becken und die von Kratern übersäten Terragebiete verdanken ihre Entstehung einem Hunderte Millionen Jahre währenden Meteoritenbombardement, das vor 4,4 Milliarden Jahren begann, als unzählige kleine und

größere Gesteinsbrocken im Sonnensystem kreisten und nach und nach in den Anziehungsbereich des Mondes gerieten.
4. Die größeren Brocken ließen bei ihren Einschlägen vornehmlich in die dünnere Mondkruste Magma nach außen dringen, das sich entweder unter dieser befand oder durch das durch radioaktive Elemente im Innern aufgeschmolzene Gestein gebildet wurde. Die freigesetzte Lava erstarrte dann in weiträumigen Becken, etwa einen Kilometer tief, mit einer weitgehend ebenen Oberfläche. Möglicherweise haben auch Gezeitenwellen des Mondmagmas zu einer Zeit, als der Mond noch keine gebundene Rotation hatte, zu der großflächigen Gestaltung der Maria beigetragen, die ein Alter von 3,2 bis 3,4 Milliarden Jahren haben.
5. Die Maria bestehen hauptsächlich aus Basaltgestein, während auf den Terrae oder Festländern anorthositische Gesteine vorherrschen. Sie enthalten doppelt so viel Aluminium und um die Hälfte mehr Eisen als das Basaltgestein.
6. Unregelmäßigkeiten in den Bewegungen der Forschungssatelliten führten zu der Erkenntnis, daß sich unter den Zentren der Maria Massenkonzentrationen befinden. Diese sogenannten Mascons dürften als örtlicher Überschuß der Masse bei der Ausfüllung der Becken durch die überflutende Lava entstanden sein.
7. Das Erscheinungsbild der Mondoberfläche hat sich seit Millionen Jahren kaum noch verändert. Der Mondboden ist sehr fest, aber mit einer mehrere Zentimeter hohen Staubschicht bedeckt. Zur Bildung der Staubschicht kam es, weil bei den Meteoriteneinschlägen Gestein zermahlen wurde. Von Mikroorganismen fehlt jede Spur.

Die Entstehung der Sagen um die Mondflecken

So sehr dieser Weg zur unumstößlichen Erkenntnis von der wahren Natur der Mondflecken auch von Irrungen und Wirrungen gekennzeichnet ist, so unveränderlich haben sich die Sagen, Legenden und Märchen zu den Mondflecken bis in unsere Tage erhalten. Sie hatten sich unabhängig vom Erkenntnisstand der Wissenschaft großenteils unabhängig voneinander in allen Kontinenten seit früher Zeit gebildet und wurden dann von Generation zu Generation überliefert. Sie haben selbst heute im Zeitalter bemannter Mondlandungen noch immer etwas Faszinierendes.

Wenn es immer und überall wie selbstverständlich zu einer geradezu gleichförmigen Bildung von Mondgeschichten gekommen ist, so ist das durch die Neigung des Menschen begünstigt worden, Gegenstände, die im Halbdunkel schwach wahrgenommen werden, als Lebewesen zu empfinden. Das ist nicht nur der Phantasie des Einzelnen zuzuschreiben, sondern liegt auch in dem allen zweiäugigen Lebewesen eigenen stereoskopischen Sehen begründet. Auch die Sternbilder sind ja dadurch entstanden, daß die Himmelsbeobachter die gebietsweise einen Zusammenhang bildenden hellsten Sterne figurierten oder personifizierten. Die Aufteilung der in der Ekliptik angeordneten Sterngruppen in die zwölf Tierkreissternbilder und die Gruppierung einiger weiterer Sternbilder der nördlichen Hemisphäre dürfte in Ägypten um 2500 v. Chr. stattgefunden haben. In der Zeit der Fernrohrbeobachtungen kam, wie erwähnt, die geometrische Wahrnehmung an sich diffuser Oberflächeneinzelheiten hinzu, auf dem Mond etwa von Pyramiden und Linien und auf dem Mars von Kanälen.

Keine andere Himmelserscheinung hat so zur Bildung von Sagen, Legenden und Märchen angeregt wie die Mondflecken. Das Motiv der Flecken findet sich in den verschiedensten Kategorien von Mondsagen, den Schöpfungsmythen (das sind Sagen von der Entstehung der Sonne, des Mondes und der Sterne), den Sagen von der persönlichen Beziehung zwischen Sonne und Mond, den Sagen von der Wirkung des natürlichen oder des personifizierten Mondes auf die Erde und ihre Menschen, den Entrückungssagen (das sind Sagen von der dauerhaften Versetzung von Lebewesen und Objekten auf den Mond), den Sagen von physischen oder psychischen Besuchen auf dem Mond und den Sagen von den durch Tiere oder den Teufel verursachten Phasen und Verfinsterungen des Mondes.

Die unterschiedliche Deutung des Bildes der Flecken geht in erster Linie auf die Stellung des Mondes am Himmel zurück, wie sie in den unterschiedlichen Breiten der Erde erscheint. Die beiden länglichen Ausläufer des dunklen Areals, das Meer der Fruchtbarkeit und das Honigmeer, lassen in nördlichen Breiten das Bild von Grübchen in den Wangen eines Mondgesichtes, der Beine eines Menschen oder Frosches, beziehungsweise der Hinterbeine einer springenden Kuh entstehen, in den Tropen, wo diese Flecken um 90 Grad gedreht erscheinen, das Bild der Löffel eines Kaninchens oder Hasen, beziehungsweise des Gehörns eines Rehbockes.

Das Bild des Männlichen im Mond

Betrachten wir zunächst das Bild des Mannes im Mond, das sich schon auf babylonischen Siegelzylindern findet.[22] In Europa, wo dieses Bild eines Mondbewohners besonders stark verbreitet ist, dürfte die älteste Form eher die zweier Kinder gewesen sein, wobei das eine Kind den Platz der späteren Tragelast des Mannes einnimmt. Das altnordische Bild von den beiden Wasser holenden und dabei vom Mond entführten Kindern, das in der Edda festgehalten ist, ist noch heute in der Volksüberlieferung in manchen Gegenden Schwedens erhalten geblieben. Ist das Wasserholen der Kinder ein Symbol für die meteorologische Verbindung zwischen Regen und Mond, so steht das spätere Bild des bestraften Diebes in einem Zusammenhang mit der im Mondschein der Nacht günstigen Zeit für den Diebstahl.

Der Ursprung dieses schon im 12. Jahrhundert von dem britisch-lateinischen Schriftsteller Alexander Necham beziehungsweise Nequam festgehaltenen Rolle des Mannes im Mond findet sich in der *Bibel, 4. Mose 15, 32–36*, zitiert nach der Übersetzung von Martin Luther: „Als nun die Kinder Israel in der Wüste waren, fanden sie einen Mann Holz lesen am Sabbattage. Und die ihn darob gefunden hatten, da er

Holz las, brachten ihn zu Mose und vor die ganze Gemeinde. Und sie legten ihn gefangen; denn es war nicht klar ausgedrückt, was man mit ihm tun sollte. Der Herr aber sprach zu Mose: ‚Der Mann soll des Todes sterben; die ganze Gemeinde soll ihn steinigen draußen vor dem Lager.' Da führte die ganze Gemeinde ihn hinaus vor das Lager und steinigte ihn, daß er starb, wie der Herr dem Mose geboten hatte."

Eine Verbindung mit dem Mond zeigt diese Stelle in der Heiligen Schrift freilich nicht. Die gegen das dritte Gebot gerichtete Sabbatschändung des Mannes im Mond ist vielmehr eine christliche Umformung heidnischen Volksglaubens. So äußert Johann Praetorius in seinem *Anthropodemus Plutonicus*: „Abergläubische Leute behaupten, daß die schwarzen Flecken auf dem Mond einen Mann darstellen, der am Sabbat Holz sammelte und daher in Stein verwandelt wurde."[23]

In seinem Aufsatz *De Naturis rerum*[24] geht dann Alexander Neckam (1157–1217) noch einen Schritt weiter, wenn er sich bei dem Schatten auf dem Mond auf den Volksglauben bezieht und den Holzsammler ausdrücklich als Dieb bezeichnet. In deutscher Übersetzung lautet die Stelle: „Weißt du, was sie den Bauern im Mond nennen, der das Reisigbündel trägt? So besagt es eine volkstümliche Überlieferung:

Schau an im Mond den Bauern,
Sein Bündel läßt ihn kauern.
Die schwere Holzlast lehrt,
Zu stehlen ist verkehrt!"

Gerade in der englischen Heimat Neckams gibt es im Mittelalter vielerlei kurze oder lange Gedichte oder auch Spottlieder auf diesen Reisigträger im Mond, deren Inhalt später Eingang in die dramatische Dichtung gefunden hat, so bei William Shakespeare und Samuel Rowley. Es fällt auf, daß in dieser englischen Überlieferung im Gegensatz zu Praetorius der Gedanke der Sabbats- oder Sonntagsentheilung nicht auftaucht und nur von einem Dieb die Rede ist und daß er auch nur hier allgemein in Begleitung eines Hundes geschildert wird, gleichgültig ob er Schäfer, Bäcker oder Bauer ist.

Einleitung

In einem Fall gilt der Mann im Mond, ohne daß ihm ein irdisches Vergehen vorgeworfen wird, als Flickschuster des heiligen Petrus.

Im übrigen Europa aber halten sich Beschreibungen, die den Mann im Mond als Feiertagsschänder oder Dieb bezeichnen, beziehungsweise die ihn mit beiden Vergehen gleichzeitig belasten, die Waage. Ein Sonntags- oder Feiertagsschänder allein ist der Mann im Mond in deutschen und französischen Sagen, ein Dieb und vielfach ein Sonntags- oder Feiertagsschänder zugleich ist er darüber hinaus in der Überlieferung Nordeuropas, der Schweiz und und Südwesteuropas. Beim Diebstahl geht es nicht nur um Reisig oder Dornbusch, teils handelt es sich um Kohl (vor allem in deutschen Küstenlandschaften, wo Grünkohl ein Festessen ist), um Erbsen, Rüben oder anderes Gemüse.

Mitleid gehört diesem Mann trotz seiner unverhältnismäßig hohen Strafe nicht, eher Spott, aber auch die Furcht, ein ähnliches Schicksal teilen zu müssen, ist im Spiel. In einem frühen englischen Gedicht werden Überlegungen angestellt, den Mann aus seiner mißlichen Lage zu befreien, doch wird er, der in der großen Entfernung nichts hören kann, gleich danach beschimpft. Wie ein guter Bekannter wird er dort Hubert genannt. In deutschen Geschichten führt er die Namen Albert, Anton, August, Dieter, Frieder, Fritz, Hannes, Heinrich, Michel, Peter, Philipp, Seppel, Übuuk oder Wilhelm[25], in Flämisch-Brabant Janneken, in Jütland Skovkristen, das heißt Waldchrist[26], in Finnland Rakoi, bzw. Rahkonen.[27] In christlichen Legenden heißt der Reisigträger Isaak oder Kain.

Wird in solchen Erzählungen warnend der Zeigefinger erhoben, sich doch ja nicht gegen das dritte und siebte Gebot zu versündigen, so richtet er sich in anderen gegen solche Vergehen wie Hartherzigkeit – z.B. im Rheinland und in Siebenbürgen – oder das Auflauern von Geistern – zum Beispiel in der Bretagne. Nicht selten ereilt die Strafe der Entrückung zum Mond auch den, der sich selbst verwünscht, etwa einen Schiffer – zum Beispiel in Dithmarschen. Die Strafen müssen nicht immer von fremder Seite ausgehen, sondern können auch vom Mond selbst verhängt werden. In Westfalen wie auch in Trient geht die Sage von dem Mann, den der Mond holt, weil er beleidigt worden ist, in Schweden und flächendeckend in Deutschland aber deswegen, weil er versucht hat, das Mondlicht zu verdunkeln. Hiermit kommt zum Ausdruck, für wie gefährlich das Mondlicht mit seiner Anziehungskraft gehalten wird. Geradezu als eine Belohnung oder die Rettung vor Schlimmerem gilt die Versetzung in den Mond jedoch in Sagen der Lausitz, Polens, Ungarns oder Rumäniens. Angenehme Gefühle werden auch in hebräischen Legenden ausgelöst, wo die Flecken Jakob oder den Feldherrn Josua darstellen. Ganz neutral, jenseits von Strafe und Furcht oder Belohnung und Behagen, erscheint der Mondmann als Verursacher von Ebbe und Flut in einer Sylter Überlieferung.

Der Mann im Mond begegnet uns auch in den Kulturen anderer Erdteile. In Asien gibt es, wie in Europa, vielfach das Motiv der Versetzung eines Straftäters in den Mond, so im Altaigebirge die eines Menschenfressers, in China die eines Studenten, der gegen religiöse Prinzipien verstoßen hat, in Malaya die eines Wortbrüchigen, in Vietnam die eines Betrügers, aber auch eines Mannes, der fremde Schuld, nämlich die schweren Verfehlungen seiner Frau zu büßen hat. Oder er hat, wie die Chinesen erzählen, wegen der Neugier seiner Frau sein eigentliches Ziel, den Himmel, verfehlt. Umgekehrt gilt in Sibirien, China, Vietnam und auch in Armenien der Mond als Glücksbringer, als ein Mann, der die Ehen stiftet, oder als Schamane, also Heiler. In Malaysia sieht man in den Flecken einen Buckligen mit Angelschnur, im nördlichen Kaukasus einen jungen Mann mit Hunden.

Im Norden von Nordamerika erkennt man in den Flecken einen Mann mit seinem Sohn (Eskimo), einen Mann mit einem Eimer (Alaska), einen Mann, dessen Frau auf seinen Augen sitzt (Britisch-Kolumbien). Bei den Indianern in den USA gibt es auch das Bild vom Mann im Mond (Dakota), doch glaubt man dort eher einen Jungen oder ein Kind zu sehen. – Bei den Kaschinaua im westbrasilianischen Staat Acre erhebt sich der aufgespießte Kopf eines Enthaupteten als Mond.[28] Auch in Australien zeigt der Mond, nachdem er von seinen Kindern im Meer ertränkt worden ist, nur noch seinen Kopf am Himmel. Andere sagen umgekehrt, der Mann im Mond habe seine Kinder ermordet, wieder andere, er zeige Monat für Monat seine Freßgier. In Melanesien aber speichert er uneigennützig Lebensmittel für die Menschen.

Das Bild des Weiblichen im Mond

So gängig auch das Bild des Mannes im Mond ist, so gibt es doch überall in der Welt, gerade auch in Europa, das Bild von der Frau im Mond. Das 1554 von dem Dramatiker John Lyly geschriebene Schauspiel *The Woman in the Moone* beginnt im Prolog mit folgendem Satz:

Der Dichter, schlummernd in der Musen Schoß,
hat eine Frau, die sitzt, im Mond gesehn.[29]

Das Grimmsche Märchen von Frau Holle, der nordischen Göttin Hel als der Herrin des unterirdischen Totenreiches Hel oder Niflheim, zeigt, wie weit der Mythos von der Frau im Mond zurückreicht. In diesem Märchen sind die Stiefschwestern Allegorien der Sonne und des Mondes. Die fleißige Spinnerin wird nach dem Sturz in den Brunnen von Frau Holle mit Gold überschüttet und kehrt durch das Tor vom Jenseits ins Diesseits als „goldene Jungfrau" zurück, die faule dagegen als „schmutzige Jungfrau" (in einem ähnlichen, von Ludwig Bechstein aufgezeichneten Märchen sind es Goldmarie und Pechmarie). Der mangelnde Fleiß der gefleckten Jungfrau, also des Mondes, zeigt sich darin, daß alles, was an ihr hell ist, nur ein Abglanz der strahlend hellen Schwester, also der Sonne ist, der allmonatlich bis zur gänzlichen Ruhezeit nach und nach wieder verlorengeht.

In Indien wie auch in vielen Gebieten Deutschlands begegnet uns in dem Erdtrabanten eine Spinnerin. Wie ihre männliche Entsprechung hat sie – so in Norddeutschland – mit ihrer Arbeit den Sonn- oder Feiertag entheiligt, oder sie ist – so in der Mark Brandenburg wie auch in der Oberpfalz – als junges Mädchen ihrer Mutter gegenüber unfolgsam gewesen, oder sie hat – so ebenfalls in der Oberpfalz und auch in Rumänien – für den Mond Liebe empfunden und sitzt nun dort. Ferner soll eine am Sonntag butternde Frau – so in Dithmarschen und Niedersachsen – ob dieses Frevels in den Mond versetzt worden sein. Auch in anderer Hinsicht deckt sich der weibliche Frevel mit dem des männlichen, der die Versetzung in den Mond zur Folge hatte, wenn wir die Überlieferungen rund um die Ostsee miteinander vergleichen: Da gibt es eine wortbrüchige Braut und eine Frau, die gottlose Reden geführt hat (beides in Hinterpommern), eine den Mond verspottende oder beleidigende Frau (Lettland, Estland) oder ein die Liebe des Sonnensohnes verschmähendes Mädchen (Lappland).

In Asien glaubt man im Mond ein Wasser tragendes Mädchen zu sehen (Jakutien, Sibirien, aber auch an der Pazifikküste von Alaska), eine Frau, die verbotenerweise ein Elexier geschluckt hatte (China), oder eine Amme unterm Birkenfeigenbaum (Indonesien). Die Bantu in Mittel- und Südafrika erkennen dort eine Frau mit Kind, die den Feiertag geschändet hat, einige Indianer in Nordamerika ähnlich wie die Deutschen eine webende Frau oder ein Mädchen, das auf Grund seiner Sehnsucht zum Mond gelangt ist. Die Aborigines in Australien sehen dort eine Ehebrecherin, die Samoaner eine Frau, die den Mond beleidigt hatte. Überhaupt stellen in Ozeanien die Mondflecken ganz überwiegend eine Frau oder ein Mädchen dar.

Neben den vielen Sagen, nach denen entweder ein männliches oder ein weibliches Wesen im Mond zu sehen ist, gibt es auch solche, in denen in Übereinstimmung mit dem in der Edda überlieferten Mythus beide gleichzeitig wahrgenommen werden. Junge Geschwister sind es in Ungarn, Mann und Weib in der Oberpfalz, Adam und Eva in Westpreußen. In Asien scheint dieses Motiv zu fehlen. In Ostafrika aber ist von einem streitbaren Ehepaar im Mond die Rede, bei den Eskimo von dem Mondmann und einer Hexe, bei Indianern in Kalifornien von einem alten Mann und zwei Mädchen, in Samoa von einem Mondmann mit Frau und Kind.

Einleitung

Das Bild von Tieren oder Objekten im Mond

Außerhalb von Nord-, West-, Mittel- und Südeuropa gibt es vielfach die Überlieferung von einem Tier im Mond. Weit verbreitet ist der Glaube, dort die Gestalt eines Hasen oder Kaninchens wahrzunehmen. In den im 8. Jahrhundert von Twan Tch'ing Chih verfaßten *Vermischten Schriften des Yeou-Yang* heißt es: „Was im klaren Mond zu sehen ist, hat die Form eines Hasen. Seine Vorderpfoten sind einige Daumen lang und die Hinterpfoten größer als ein Fuß. Sein Schwanz ist lang, weiß und gekrümmt. Er kann klettern und jagen und kann sehr schnell laufen. Er kommt aus Siho (in der heutigen Provinz Kansu)." Dieses Bild begegnet uns ganz unabhängig voneinander bei den Mongolen, den Chinesen, den Indern, den Hottentotten im Süden Afrikas, den Nigerianern und den Indianern Nord-, Mittel- und Südamerikas.

Eine originelle Variante ist die an die antike Theorie von der Spiegelung der Erde im Mond erinnernde Sioux-Sage vom Kaninchen, das sich in seinem verlorenen Auge spiegelt. Die Abgrenzungen zwischen der Verwendung des Begriffes Hase und Kaninchen sind in nordamerikanischen Mythen ohnehin fließend. Gerade im Gebiet der Sioux ist ja eine Abart des Kaninchens vorherrschend, die wegen ihrer langen Ohren Eselhase genannt wird. Die Natur des Auges der Hasen bietet übrigens eine sehr einleuchtende Erklärung für die Entstehung der diese Tiere betreffenden Mondmythen. Denn so wie der Mond als nächtlicher Beobachter am Himmel steht, so wacht auf Erden der mit offenen Augen schlafende Hase.[30]

„Der mythische Hase", schreibt de Gubernatis[31], „ist unzweifelhaft der Mond. Im Sanskrit bedeutet das Wort caca eigentlich: der Springende, ebenso wie: der Hase, das Kaninchen und die Flecke am Monde, welche die Vorstellung eines Hasen wecken. Daher die (Bei-)Namen des Mondes: çaçin (sasin, shashin), der mit Hasen versehene, und çaçadhara, çaçabhrit, der den Hasen tragende." Dem Hasen gilt bei den Chinesen, die in ihm seit den Taoisten als wunderbarem „Jadehasen" ein Zeichen der Unsterblichkeit sehen, und bei den Indern, die ihn als Inkarnation Buddhas ansehen, eine ganz besondere Verehrung, die bei den Indianern in ähnlicher Weise dem Kaninchen zukommt, das zum Stammvater des Geschlechtes erhoben wird. Kunike hat bei der Verbindung dieser Tiere mit dem Mond eine gemeinsame Naturgrundlage angenommen und meint damit nicht die erwähnte Hasengestalt der Mondflecken mit den charakteristischen Löffeln, sondern Hasen und Kaninchen als Symbole der Fruchtbarkeit in Analogie zu dem immer wieder erneuerten Wachstum des Mondes „aus sich selbst."[32]

Dieses Wachstum des Mondes hat im Volksglauben auch etwas mit regnerischem Wetter zu tun, das jeweils bei vollem oder abnehmendem Mond angenommen wird, so daß beides miteinander in Beziehung gesetzt wird. Wissenschaftlich erklärbar ist allein die Beobachtung, daß wolkenlose, also auch mondhelle Nächte infolge der starken Wärmeausstrahlung und der Unterkühlung der Atmosphäre morgendlichen Tau nach sich ziehen. Während Hasen und Kaninchen nur indirekt und vage als Wettermacher gelten können, ist diese Funktion bei Fröschen und Kröten ganz eindeutig: Wenn sie quaken, gibt es Regen. So liegt es auf der Hand, daß Völker, die den Mond als Wettermacher ansehen, vielfach in den Flecken einen Frosch oder eine Kröte erblicken, so die Chinesen und Japaner, die Bantuneger Mittel- und Südafrikas und mehrere Indianerstämme Nordamerikas.

Besonders ausgeprägt ist das Bild des Frosches im Mond in Indien, und das wundert nicht, haben doch die Frösche nach neuesten Erbgutanalysen als Urheimat Indien, von wo aus sie sich über die ganze Welt ausgebreitet haben. Schon im ältesten Denkmal des indischen Schrifttums, dem *Rigweda* aus dem zweiten Jahrtausend v. Chr. gibt es einen Hymnus (Mandala VII, 103), der nicht auf die Frösche der Erde, sondern auf die Wolken, die Wolken-Frösche hindeutet, wenn es dort unter anderem heißt: „Ein Frosch umarmt den anderen, wenn er das Wasser des Regens genießt, und der vordem untergetauchte braune Frosch springt und beteiligt sich am Gespräch mit dem grünen." De Gubernatis schreibt, der Hymnus 103 des siebten Buches sei zu Ehren Indras, des blitzenden und donnernden Gottes, gesungen, und zwar „von den Wolken des Himmels selbst, von den himmlischen Fröschen, da der

Einleitung

Frosch, welcher quakt, an den Himmel versetzt, nichts anderes ist als die donnernde Wolke; in der Tat hat im Sanskrit das Wort bheka, welches Frosch bedeutet, auch die Bedeutung Wolke ... Der Frosch kündet, gleich dem Donner, das nahende Gewitter an ... Wenn Indra und Zeus ihre Arbeit in der himmlischen Wolke getan haben, wenn die Wolke zerstreut ist, wenn die Frösche von Wasser betrunken sind, hören sie auf zu quaken ... Sie quaken unaufhörlich, bevor der Regengott ihren Wünschen genügt, bevor es regnet; der Donner läßt sich immer vor dem Regen und beim Ausbruch des Gewitters hören; daher wird im Rigveda selbst Indu, der Mond, als Regenbringer (oder der Regen selbst) angefleht, zu eilen und mit Indra, dem Regengott, über die Befriedigung des Wunsches der Frösche nach Regen zu verhandeln. Indu als Mond bringt oder verkündet den Soma, den Regen; und in diesem Punkte wird der Frosch, den wir zuerst mit der Wolke identifizierten, auch mit dem regnerischen Monde identifiziert. Ein anderes Charkteristikum des Frosches machte diese Identifizierung noch natürlicher, nämlich seine grüne Farbe (harit). Harit (das heißt. sowohl grün als auch gelb) bezeichnete im Sanskrit den gelben Mond, den grünen Papagei und – den Frosch."[33]

Überdies sind im *Rigweda* IX, 112 Reichtum, Indu, Regen und der Gott des Regens gleichzeitig Soma, der Saft des Lebens und der vergöttlichenden Unsterblichkeit, das Getränk der vedischen Götter, vor allem Indras, das für den Kampf gegen die Dämonen stark macht, so wie Nektar und Ambrosia den homerischen Göttern zur Freude und vollen Kraft gereicht. Indra ist genauso begierig auf Soma wie der Frosch auf Wasser. Wenn Indu der Gott des Wassers und des Himmels ist, der die durstige Erde belebt und befeuchtet, dann müßte Soma, der Gott des himmlischen Saftes, der aus der heiligen Pflanze gleichen Namens ausgedrückt wird, gleichfalls der Mondgott Tschandra oder Tschandrama sein, weil er von den alten Indern mit Soma gleichgesetzt wurde.[34] Schließlich sei noch vermerkt, daß es in Indien für den Mond auch den Ausdruck mriganka gibt, d. h. der Hirschmarkierte, weil alternativ dort eine Antilope gesehen wird.[35]

Andere Tiere, die in den Sagen der Völker mit den Mondflecken identifiziert werden, sind in Rumänien das Lamm, in Litauen der Bär, bei den Tschetschenen das Pferd, in Japan der Dachs, bei den Aborigines in Südostaustralien der Beutelmarder, bei den Tamilen in Südindien das Reh und bei Indianern in Bolivien der Jaguar oder der Tiger. Bei den Burjätern am Baikalsee ist von einem dortigen Ungeheuer die Rede.

In den Mondflecken werden außer Menschen und Tieren in einer dritten Kategorie überlieferten Volksglaubens gelegentlich auch leblose Merkmale gesehen, die allerdings zumeist von Lebewesen verursacht sein sollen. Häufig ist das Motiv der auf der Oberfläche des Mondes verbliebenen Kratzspuren. In Neuguinea hinterläßt ein unartiger Junge Fingerspuren, in Brasilien ein Jüngling Brandmale durch kochendes Wasser, in Mexiko ein Hase Zerkratzungen oder die Wurfspuren seines Körpers, in Peru ein verliebter Fuchs arge Prellungen, in Argentinien ein Jaguar Krallenspuren, im argentinisch-chilenischen Grenzgebiet eine Sonnenschlange viele durch Schläge verursachte Striemen.

Nicht selten ist das Motiv einer Schwärzung des Mondes. Was in deutschen Sagen stets mit einem Mißerfolg verbunden ist, nämlich der Versuch, das Mondlicht auszulöschen, das hat in den Mythen anderer Völker mehr Erfolg. In Finnland und Estland wird der Mond geteert. In Rumänien wird er mit Kuhfladen beworfen. In Indien wird er mit dem Bodensatz aus dem Reisbiertopf geschwärzt, in Sambien mit Schmutz beworfen, in Hochasien und bei den Eskimo mit Asche oder Lampenruß befleckt, im Süden der USA mit Wetterleuchten und Wasser bedeckt, in der Karibik, in Brasilien und Bolivien mit Genipisaft geschwärzt, in Panama mit Sabdu beschmiert, in Bolivien mit Kohle geschwärzt, in Südbrasilien mit Erdreich und in Peru mal wieder mit Asche beschmutzt.

In Mali wird überliefert, das, was auf dem Mond zu sehen ist, seien Arterien mit dem von der Sonne ausgehenden Blut. In Mexiko heißt es, dort sei das Herz eines Mannes zu sehen. Nach einer deutschen Überlieferung stellen die Mondflecken die von der reuigen Sünderin Maria Magdalena vergossenen

Tränen dar; in einem nordalgerischen Volksmärchen sind sie die Tränen eines Waisenkindes. Die erwähnte australische Überlieferung, nach der der Mond nur der Kopf eines Mannes sei, gibt es auch in Mexiko; hier ist er jedoch ein Totenschädel. Die dunklen Mondgebiete Meer des Regens und das Meer der Heiterkeit wecken in der Tat Assoziationen mit großen Augenhöhlen. Eine besonders schöne Deutung gibt, wie erwähnt, eine Sage der Sioux, nach der die Gestalt, die wir auf der Mondscheibe sehen, das Spiegelbild eines Kaninchens in seinem eigenen Auge sei.

So viele Deutungen der Mondflecken! Aber welche Sage kommt der Wahrheit am nächsten? Unsere Enkelin, der wir so viele solcher Geschichten erzählt haben, sagte uns unlängst ganz ernst, sie habe den Mond gefragt, wie seine Flecken denn wirklich entstanden seien. Er habe ihr auch eine Antwort gegeben – „aber die verrate ich euch nicht". Prüfen wir es also selbst!

Anmerkungen

[1] Hermann Diels (Hrsg.): Doxographi graeci. Berlin 1879. 356,8. 358,15.
[2] Der Mond oder: Die Selenologie im Spiegel ihrer Darstellungen. (Hrsg.: Peter Baumgarten.) Genf, München, Paris 1970, S. 19. (= Nagels Enzyklopädie-Reiseführer. Sonderbd.).
[3] Pauly – Wissowa, Real-Encyclopädie der Classischen Altertumswissenschaft. Neue Bearb. Halbd. 31, Stuttgart 1933, Sp. 81.
[4] John Wilkins: The discovery of a world in the Moone. London 1638, S. 103f.
[5] Leonardo da Vinci: The Notebooks. Hrsg.: Jean Paul Richter, Bd. 2, New York 1970, S. 153.
[6] Paolo Sarpi: Scritti filosofici e teologici editi e inediti. Hrsg.: Romano Amerio. Bari 1951. S. 10 (pensiero 28).
[7] Giordano Bruno: De l'infinito vniverso et mondi. Venedig 1584, S. 289.
[8] Galileo Galilei: Sidereus Nuncius. Venetiis 1610. S. 7A.
[9] Ebenda S. 9–9A.
[10] Johannes Kepler: Dissertatio cum nuncio sidereo nuper ad mortales misso a Galilaei Galilaeo. Prag 1610, S. 29.

[11] Johannes Kepler: Somnium, seu opus posthumus de astronomia lunari, Frankfurt (M) 1634. Anhang 21. 23.
[12] Gaius Plinius Secundus: Naturalis historia, liber 2, cap. 6 (46).
[13] Galilei Galileo: Dialogo sopra i due massimi sistemi del mondo (deutsch:) Dialog über die beiden hauptsächlichsten Weltsysteme. Hrsg.: Emil Strauss. Leipzig 1891. S. 52 und 105.
[14] Johannes Hevelius: Selenographia sive, Lunae descriptio. Danzig 1647, S. 149–150.
[15] Joannes Baptista Riccioli: Almagestum novum. Bologna 1665, pars 1, liber 4, S. 207.
[16] Johann Heinrich Zedler: Großes vollständiges Universal-Lexicon. Bd. 21. Leipzig 1739, Sp. 1093f.
[17] Göttinger Taschen-Calender, Jg. 1779, S. 25.
[18] Johann Hieronymus Schröter: Selenographische Fragmente zur genauern Kenntnis der Mondfläche. Lilienthal 1791, S. 620f.
[19] Neues Vaterländisches Archiv. Jg. 2. Lüneburg 1824, S. 283.
[20] Franz de Paula Gruithuisen: Entdeckung vieler deutlicher Spuren der Mondbewohner, in: Archiv für die gesammte Naturlehre, hrsg. v. K. W. G. Kastner. Bd. 1 (1824), S. 159.
[21] Wilhelm Beer, Johann Heinrich Mädler: Der Mond nach seinen kosmischen und individuellen Verhältnissen, oder allgemeine vergleichende Selenographie. Berlin 1837.
[22] Adalbert Guettler, Winfried Petri: Der Mond. Heidelberg 1962, S. 5 (dazu Abb. S. 51). (= Forum imaginum, Bd. 2).
[23] Johann Praetorius: Anthropodemus Plutonicus; das ist, Eine neue Weltbeschreibung von allerley wunderbahren Menschen. Bd. 1. Zürich 1837, S. 447.
[24] Alexander Neckam: De Naturis Rerum (Kap. 14: De macula lunae), hrsg. v. Thomas Wright. London 1863, S. 51.
[25] Wolfgang Oppelt: Der Mann im Mond. Utopisch-phantastische Perspektiven von Heimat. Festschrift für Josef Dünninger. Würzburg 1986, S. 70. – Ernst Meier: Deutsche Sagen, Sitten und Gebräuche aus Schwaben. Stuttgart 1852, S. 231. – Ludwig Strackerjan: Aberglaube und Sagen aus dem Herzogtum Oldenburg, 2. Aufl., Bd. 2. Oldenburg 1909, S. 106.
[26] Evald Tang Kristensen: Jyske Folkeminder, Samling 4, Kopenhagen 1880, S. 335.
[27] Uno Holmberg: Finno-Ugric, Siberian (mythology). New York 1954, S. 204. (= The Mythology of all Races, Bd. 4).
[28] Südamerikanische Indianermärchen. Hrsg. u. übers. von Felix Karlinger u. Elisabeth Zacherl. Köln 1976, S. 143–152.
[29] John Lyly: The Woman in the Moone. London 1597.
[30] Angelo de Gubernatis: Die Thiere in der indogermanischen Mythologie (Zoological mythology or the legends of animals, deutsch). Leipzig 1874, S. 402.

[31] Ebenda S. 399.
[32] Hugo Kunike: Das Kaninchen im Monde, insbesondere in der Mythologie der nordamerikanischen Indianer, in: Die Sterne. H. 11/12 (1925), S. 267–275.
[33] Angelo de Gubernatis: Die Thiere in der indogermanischen Mythologie (Zoological mythology or the legends of animals, deutsch). Leipzig 1874, S. 625.
[34] Girard de Rialle, in: Revue des traditions populaires. Bd. 3 (1888), S. 131–132.
[35] Somadeva Bhatta: The Ocean of Story, hrsg. v. Norman Mosley Penzer. Bd. 9, 2. Aufl. Delhi, Patna, Varanasi 1923, S. 143.

Europa

Oben links: Der Mondmann als Holzdieb, bildlich dargestellt im 15. Jahrhundert in der St. Benedikt-Kirche in Gyffin, südlich von Conwy (Nordwales). *(Abbildung zu S. 31f.)*

Oben rechts: Mondmann mit Rückenlast und Hund. Siegel auf einer Urkunde aus dem 9. Jahr der Regierung Eduards III. (1335), verwahrt im Public Record Office, London, in: Archaeological Journal, March 1848, S. 66f. *(Abbildung zu S. 35f.)*

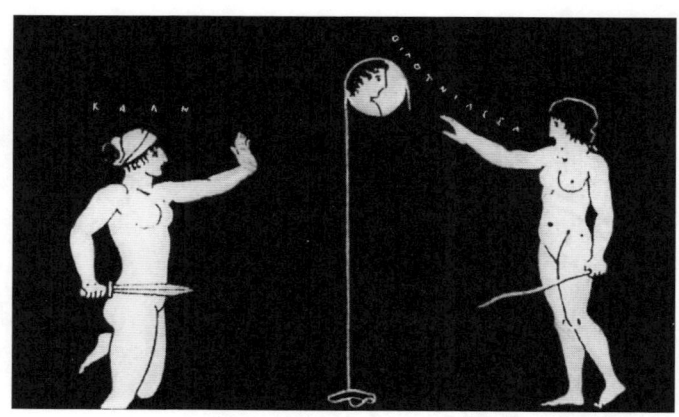

Oben: Zwei nackte Zauberinnen, von denen die eine (namens Kale, „die Schöne") ein Schwert, die andere einen Stab hält, sind dabei, die „Herrin Selana" (so die Inschrift) herabzuziehen. Thessalisches Vasenbild aus dem 5. Jh. v. Chr., in: William Hamilton, Johann Heinrich Wilhelm Tischbein, *Recueil des gravures d'après des vases antiques d'un ouvrage grec trouvés dans des tombeaux dans le royaume des Deux Siciles*. 3, 31. Naples 1795.

Unten: Zeichnung von Ludwig Richter zu Ludwig Bechsteins *Märchen und Sagen*, 1855. *(Abbildung zu S. 4f.)*

Europa

Zwei Kinder im Mond

Nordeuropa

Im germanischen Götterhimmel richtete einmal der Ase Ganglieri an Wodan oder Har, den Hohen, der aller Dinge Anfang und Ende ist, die Frage nach dem Ursprung von Himmel und Erde. Ganglieri fragte: „Wie wird der Lauf der Sonne und des Mondes gelenkt?" Har erklärte: „Ein Mann namens Mundelfari hatte zwei Kinder verschiedenen Geschlechts; die waren so wonnig und schön, daß er den Sohn Máni (Mond) und seine Tochter Sol (Sonne) nannte; seine Tochter gedachte er einem Mann namens Glenr zur Frau zu geben." Die Götter aber zürnten wegen dieser Anmaßung, nahmen die Geschwister und versetzten sie an den Himmel. Sol mußte die Rosse lenken, die den Wagen der Sonne zogen, die die Götter aus einem Funken geschaffen hatten, der aus Muspellsheim geflogen kam, um die Welt zu erleuchten. Diese Rosse heißen Ávakr (Frühwach) und Alsviðr (Allbehende); unter deren Schulterblätter befestigten die Götter je einen Blasebalg, um sie zu kühlen, das heißt in einigen alten Überlieferungen Eisenkühlung. Máni lenkt den Gang des Nachtgestirns und bewirkt dessen Phasen. Er entführte von der Erde die beiden Kinder Bil und Hjúki, als sie von der Quelle Byrgir weggingen und auf den Schultern die Tragstange Simul und den Eimer trugen. Ihr Vater heißt Viðfinnr (Waldfinne). Daß diese Kinder den Mond begleiten, kann man von der Erde aus sehen.

***

Jack und Jill gingen einen Hügel hinauf,
um einen Eimer Wasser zu holen;
Jack fiel hin und verletzte seinen Kopf,
und Jill kam stürzend hinterher.

• Snorri Sturluson (1178–1241): Gylfaginning (= die jüngere Edda). Darmstadt 1984. – Der Vers ist ein sehr alter englischer Kinderreim, zit. nach Sabine Baring-Gould: Curious myths of the middle ages. London 1877, S. 201. – Übersetzt jeweils von Jürgen Blunck.*

Der Holzfrevler

Süddeutschland

Schwaben und Franken erzählen: Vor uralten Zeiten ging einmal ein Mann am lieben Sonntagmorgen in den Wald, haute sich Holz ab, eine großmächtige Welle, band sie, steckte einen Staffelstock hinein, huckte die Welle auf und trug sie nach Hause zu.

Da begegnete ihm unterwegs ein hübscher Mann in Sonntagskleidern, der wollte wohl in die Kirche gehen, blieb stehen, redete den Wellenträger an und sagte: „Weißt du nicht, daß auf Erden Sonntag ist, an welchem Tage der liebe Gott ruhte, als er die Welt und alle Tiere und Menschen geschaffen? Weißt du nicht, daß geschrieben steht im dritten Gebot, du sollst den Feiertag heiligen?" Der Fragende aber war der liebe Gott selbst; jener Holzhauer jedoch war ganz verstockt und antwortete: „Sonntag auf Erden oder Montag im Himmel, was geht das mich an, und was geht es dich an?"

„So sollst du deine Reisigwelle tragen ewiglich!" sprach der liebe Gott, „und weil der Sonntag auf Erden dir so gar unwert ist, so sollst du fürder ewigen Montag haben und im Mond stehen, ein Warnungsbild für die, welche den Sonntag mit Arbeit schänden!"

---

*Alle fremdsprachigen Texte der vorliegenden Sammlung sind, wenn es in den Quellenangaben nicht ausdrücklich anders vermerkt ist, vom Herausgeber ins Deutsche übertragen worden.

Von der Zeit an steht im Mond immer noch der Mann mit dem Holzbündel und wird wohl auch so stehenbleiben bis in alle Ewigkeit.

* * *

Im vorderen Schwarzwald erzählen sich die Leute: Ein Mann stahl am Sonntage, wo er meinte, daß die Jäger und Forstleute nicht im Walde sein würden, ein Büschele Besenreiser und trug es auf dem Rücken heim. Da begegnete ihm aber im Walde ein Mann, und das war der liebe Gott; der stellte ihn zur Rede, daß er den Sonntag nicht heilig halte, und sagte zugleich, daß er ihn dafür bestrafen müsse, fügte jedoch hinzu, er dürfe sich die Strafe selbst auswählen: ob er entweder in den Mond oder lieber in die Sonne verwünscht sein wolle. – Darauf versetzte der Dieb: „Wenn es denn sein muß, so will ich lieber im Monde erfrieren als in der Sonne verbrennen", und so ist er mit seinem Bündel Besenreiser auf dem Rücken in den Mond gekommen, was man noch deutlich erkennt, wenn man genau hinsieht. Man nennt diesen Mann gewöhnlich das „Besenmännle".

Einige erzählen auch: Damit das Besenmännle im Mond nicht erfrieren könne, habe ihm der liebe Gott das Holzbüschele auf dem Rücken angezündet, und das brenne jetzt noch immerfort und werde nicht erlöschen.

- (Schwaben, Franken:) Ludwig Bechstein: Mythe, Sagen, Märe und Fabeln. Band 3. Leipzig 1855, S. 9. – (Schwarzwald:) Ernst Meier: Deutsche Sagen, Sitten und Gebräuche aus Schwaben. Stuttgart 1852, S. 230.

Das Wellenmännel im Mond

Schwaben

„Ach Mutter, schau, was ist im Mond?"
„Nu, siehst du nicht: ein Mann!"
„Ach richtig, ja, ich seh' ihn schon,
er hat ,nen Kittel an.

Was treibt er denn die ganze Nacht?
Er steht so still und stumm." -
„Ein Bündel Reisig hat er da,
schnürt einen Strickl herum."

„Wär ich wie er, ich blieb daheim,
hab hier den Wald so nah."
„Der Mann ist nicht aus unserm Dorf.
Nein, laß ihn immer da.

Du meinst, er kann so wie er will?
Da wär er längst schon fort.
Ja, könnt' er's nur, der saub're Bursch!
Zur Strafe sitzt er dort."

„Was hat er Böses denn getan,
daß er da oben sitzt?"
„Den *Dieter* hat man ihn genannt,
nie hat er was genützt.

Das Beten war nicht seine Sach',
die Arbeit ihm ein Greul,
und etwas muß man treiben doch,
sonst hat man Langeweil´.

Drum, wenn der Schulz' ihn gerade nicht
zur Straf' hat eingesperrt,

da trieb er sich im Land herum,
hat Krug auf Krug geleert."

„Sag, Mutter, wer gab ihm das Geld
zu solchem Leben her?" —
„Du Narr, er stahl aus Haus und Feld
und fragt' nicht viel, woher.

Einmal, an einem Sonntag war's,
da steht vor Tag er auf
und nimmt ein Beil, ist flink dabei
und läuft zum Wald hinauf.

Er schlägt die jungen Buchen um,
macht Bohnenstangen draus
und trägt sie fort, sieht sich nicht um,
bis nah vor seinem Haus.

Und eben steht er auf dem Steg,
da hört er eine Stimm':
‚Jetzt geht es einen andern Weg,
jetzt, Dieter, geht's dir schlimm!'

Und auf und fort! Zu sehn seitdem
kein Dieter weit und breit.
Da oben steht er im Gebüsch
und in der Einsamkeit.

Bald haut er junge Buchen um,
bald haucht er in die Händ',
und dreht am Strick und schnürt ihn um,
das Saufen hat ein End.

So geht's dem armen Dieter jetzt,
er leidet große Pein."
„Ach Mütterchen, bewahr uns Gott,
ich möcht nicht bei ihm sein."

Wie die Teufel den Mond schwärzten

„Drum hüt du dich vor Schlechtigkeit,
es reut dich sicherlich!
Wenn Sonntag ist, so bet und sing,
am Werktag plage dich!"

***

Des Male im Mau,
was hot'r denn dau?
Hat Besereis g'stohle,
drom stoht er im Mau.

***

Wellemännele im Mond,
Guck e bissel erunder.
Guck in alli Stuwwe ‚nein,
gelt, es nimmt di Wunder?
Wirf dien Leiderle ‚ra,
graddel driwwer ‚nunder,
vorne ‚ra,
hinde ‚ra,
iwwer alli Stange.
Wenn du mit
spiele witt,
muess merr's bissele fange.

• Johann Peter Hebel: Allemannische Gedichte (Aarnau 1820). Ins Hochdeutsche übertragen von Robert Reinick, Meersburg 1929, S. 53–55. – Paul Walther: Schwäbische Volkskunde. Heidelberg 1929, S. 63. – Karl Simrock: Die deutschen Volkslieder. Frankfurt a.M. 1851, S. 209.

Der Kohldieb

Mitteleuropa

Wie in Trient erzählt wird, ging einmal ein Knabe bei Mondschein über ein Feld, um Kohl zu stehlen; als er aber gerade dabei war, seine Butte zu füllen, kam eine alte Frau und sagte ihm: „Wenn du nicht weggehst, so laß ich den Mond herabkommen, daß er dich fresse!" Der Knabe lief weg; aber in der folgenden Nacht kehrte er zurück, und es erging ihm wie beim ersten Mal. Da befahl ihm seine Mutter, auf die Alte nicht zu achten. Er nahm daher in der dritten Nacht eine noch größere Butte und ging los. Da kam die Alte wieder und wiederholte ihre Drohung, aber diesmal drohte ihr der Knabe und schmähte sie. Nun rief sie den Mond. Der kam zornig herab und zog den Knaben samt der Butte mit sich hinauf.

In Norddeutschland ist die Geschichte vom bestraften Kohldiebstahl weit verbreitet, wenn auch mit erheblichen Abweichungen. – Im Samland und südwestlichen Ostpreußen erzählt man: Der Mond zieht, gerade wenn alles in tiefem Schlaf versunken ruht, auf seine Himmelswacht und bewahrt die Menschen vor Schaden. Einst glaubte zwar ein loser Schelm, daß ihn nachts niemand sehe, und schlich in Nachbars Garten, um Kohl zu stehlen, aber kaum hatte er eine Staude umgebrochen, als ihn auch schon der alte Nachtwächter abfaßte und zu sich hinaufzog. Die dunklen Flecken, die wir im Monde erblicken, sind dieser schwarze Bösewicht. Da muß er nun ewig mit aufgehobenem Kohlstrauche stehen und aller Welt zeigen, daß er ein Dieb ist.

Am Weihnachtstage ist es weit und breit in der Uckermark Sitte, einen Schweinskopf mit grünem Kohl zu essen. Ein Mann, den es bei dieser Gelegenheit einmal an letzterem fehlte, ging in seines Nachbarn Garten und stahl einige Köpfe. Dafür, daß er das hohe Fest so verunheiligte, hat ihn der Herr in den Mond gesetzt, und da sitzt er noch. Davon hat man denn noch den Spruch:

> All' Weihnachtsabend rührt er sich
> und schreit aus voller Kehlen:
> „Ach Herr! Ach Herr! Erbarme dich,
> ich will ja nicht mehr stehlen."

Im Havelland erzählt man es so: Es war einmal ein Mann, der wollte gern zu Weihnachten Grünkohl essen; weil er nun selbst keinen hatte, so ging er in den Garten seines Nachbarn, um sich dort solchen zu holen. Als er gerade dabei war, ritt der heilige Christ eben auf seinem weißen Schimmel vorbei und sagte zu ihm: „Weil du am heiligen Christabend gestohlen hast, sollst du mit deinem gestohlenen Kohl sogleich im Monde sitzen." Und augenblicklich saß er darin und ist es bis auf den heutigen Tag geblieben.

Auf der Insel Sylt erzählt man auch, der Mann im Monde sei ein Schafdieb, der mit seinem Kohlbündel fremde Schafe an sich gelockt habe, bis er zur ewigen Warnung für andere in den Mond versetzt worden sei, wo er auch noch immer sein Kohlbüschel in der Hand hält.

Auch weiter nördlich geht die Sage von dem in den Mond versetzten Kohldieb um. In Schweden wird der Mond bisweilen der „Kohlgreis" genannt.

- (Trient:) Christian Schneller: Märchen und Sagen aus Wälschtirol. Innsbruck 1867, S. 220f. – (Samland:) Preußische Provinzialblätter, Bd. 26 (1841), S. 520. – (Südwestliches Ostpreußen:) Am Ur-Quell, Bd. 4 (1893), S. 21. – (Uckermark:) Adalbert Kuhn, Wilhelm Schwartz (Hrsg.): Norddeutsche Sagen, Märchen und Gebräuche. Leipzig 1848, S. 52. – (Havelland:) Adalbert Kuhn (Hrsg.): Sagen, Gebräuche und Märchen aus Westfalen. Leipzig 1859, S. 84. – (Sylt:) Am Ur-Quell, Bd. 4 (1893), S. 21. – (Schweden:) Ebenda S. 217.

Europa

Von Bösewichten, die den Mondschein fürchten

Mitteleuropa

Im Emsland und in Oldenburg gilt der Kohldieb als ganz großer Bösewicht: Da hat einmal ein Mann nachts Kohl stehlen wollen, und da der Mond hell schien und er fürchtete, daß er bei seinem hellen Lichte gesehen werden könnte, nahm er einen Eimer, um ihn auszugießen. Aber so viel er auch goß, es wollte ihm nicht gelingen, und so sieht man ihn denn mit seinem Eimer noch heute im Mond stehen.

In der Uckermark erzählen die Alten, ein Mann habe einmal bei hellem Mondschein in einer Scheune stehlen wollen, und als er nun darinnen gewesen, habe der Mond so hell durch die Oken (Spalte im Dachwinkel) hereingeschienen, daß er gefürchtet, wenn einer käme, möchte er gleich entdeckt werden. Darum hat er schnell ein paar Bündel Erbsstroh genommen, um sie damit zu verstopfen. Aber Gott hat ihn doch gesehen und hat ihn mit einem Bund Erbsstroh in den Mond gesetzt, wo man ihn noch heute sehen kann.

Wieder andere erzählen: Ein Bursche stand einmal des Nachts ratlos vor einem fremden Haus. Es wurde vom Mondschein hell beschienen, und das durfte bei dem, was dieser Mann vorhatte, nicht sein, sei es, daß er – wie man im Siegerland hört – zu seinem Mädchen ins Fenster steigen wollte oder daß er – wie man in der Ober-Lausitz weiß – stehlen wollte. In seiner Not las er Reisig auf, riß Dornengestrüpp ab und bündelte alles, um damit den Mond zuzustopfen. Er stopfte und stopfte immer tiefer, doch es gelang ihm nicht, die große helle Scheibe zu verfinstern. Da wollte er seinen Arm wieder herausziehen, doch war er so tief hineingeraten, daß alle Mühe vergebens war. Es half nichts, der Mann mußte am Mond hängenbleiben. So sitzt der mittlerweile Ergraute, wie man sehen kann, noch immer fest.

Ein Mann, heißt es in Trient, ging einmal Pfirsiche stehlen. Er fühlte sich indessen behindert, weil der Mond sehr hell schien. Er ward zornig und schalt ihn. Um nicht mehr gesehen zu werden, faßte er mit seiner Gabel (Forke) das auf einer Mauer liegende Dorngestrüpp und hielt es hinter sich, um sich zu decken. Zur Strafe wurde er samt Gabel und Dornen augenblicklich in den Mond versetzt.

Ein Weingärtner, heißt es in Württemberg, arbeitete einst noch bei Mondschein in seinem Weinberge und machte „Rebenbüschele". Zur Strafe dafür wurde er in den Mond verwünscht und muß noch immer darin „schweben". Ein Rebenbüschele trägt er an einem Stocke auf dem Rücken. Deshalb sagt man wohl, wenn jemand bei Mondschein noch arbeitet, was viele für sündlich halten: „Hör doch auf, du kommst sonst auch in den Mond!"

● (Emsland:) Adalbert Kuhn (Hrsg.): Norddeutsche Sagen, Märchen und Gebräuche. Leipzig 1848, S. 304. – (Oldenburg:) Ludwig Strackerjan: Aberglaube und Sagen aus dem Herzogtum Oldenburg, 2. Aufl., Bd. 2. Oldenburg 1909, S. 106. – (Uckermark:) Ebenda S. 52. – (Siegerland:) Adalbert Kuhn (Hrsg.): Sagen, Gebräuche und Märchen aus Westfalen. Leipzig 1859, S. 83. – (Württemberg:) Ernst Meier: Deutsche Sagen, Sitten und Gebräuche aus Schwaben. Stuttgart 1852, S. 229 f.

Beleidigt nicht den Mond!

Mitteleuropa

Im Sauerland erzählt man: Ein Schäfer hat einmal dem Mond, als er nachts auf die Straße kam, mit einer Dornwelle gedroht. Da hat ihn der Mond samt der Dornwelle zu sich hinaufgezogen, und so sitzt er da noch.

Genauer weiß man es im sauerländischen Lüdenscheid: Es lebte einstens in der Nähe von Lüdenscheid ein Mann. Er hatte sich vorgenommen, nachts zu stehlen, kam aber immer nicht dazu, weil ihn der Mond durch sein helles Licht störte und verraten hätte. Darüber wurde er sehr unwirsch. Auf dem Rückweg fluchte er ganz fürchterlich über den Mond. Der liebe Gott hörte es und sprach: „Diese Lästerworte kann ich mir nicht gefallen lassen, zumal heute Sonntag ist; ich werde dich zur Warnung für die anderen Menschen, die dein Fluchen gehört haben, bestrafen. Du kannst wählen. Entweder du gehst zur Sonne und verbrennst in der fürchterlichen Hitze oder du kannst zum Mond gehen und bleibst allda bis zum Untergang der Welt." Da wählte sich der Mensch den Aufenthalt auf dem Monde. Und seit dieser Zeit ist er der einzige Bewohner des Mondes, und wenn der Himmel klar ist und der Mond sein ganzes Angesicht zeigt, dann sieht man den Mann im Monde, wie er gebeugt dasteht und traurig nach der Erde schaut und gern wieder hienieden wäre, aber nicht kann. Denn wie für den reichen Mann in der Hölle, so gibt es auch für den Mann im Monde keine Zeit der Umkehr mehr.

In anderen Gegenden Westfalens gilt der Mann nicht als Säufer: Es war einmal ein Mann, der wollte stehlen, allein da war ihm der Mond im Wege. Er verfluchte also den Mond und sagte: „Willst du wohl weg!" Um diesen Frevel zu sühnen, wurde der Mann in den Mond versetzt.

Am Zobten erzählt man: Einst ging ein Mann in dunkler Nacht hinaus aufs Feld seines Herrn, um Erbsen zu stehlen. Wie er nun auf dem Flecke angelangt und im Pflücken der Schoten begriffen war, da hellte sich plötzlich der Himmel auf, und der volle Mond lachte ihn daraus freundlich an. Das ergrimmte unseren Freund mächtig; er begann in allen Tonarten Frau Luna zu verfluchen. Zur Strafe wurde er mit Sack und Pack in den Mond versetzt.

In Trient weiß man es anders: Ein Mann ging Pfirsiche stehlen, bemerkte aber, daß der Mond dafür viel zu hell schien. Er ward zornig und schalt ihn. Um nicht gesehen zu werden, faßte er mit seiner Heugabel das auf einer Mauer liegende Dorngestrüpp und hielt es hinter sich, um sich zu decken. Dafür wurde er augenblicklich bestraft: Er wurde samt Gabel und Dornen in den Mond versetzt.

- (Sauerland:) Adalbert Kuhn (Hrsg.): Sagen, Gebräuche und Märchen aus Westfalen. Leipzig 1859, S. 83. – (Lüdenscheid:) Paul Kriegeskotten: Sagen. Lüdenscheid 1926, S. 152 (= Märkisches Sauerland, Teil 1). – (Westfalen:) Johann Georg Theodor Graesse: Sagenbuch des Preußischen Staats. Bd. 1, Glogau 1868, S. 783. – (Niederschlesien:) Am Ur-Quell, Bd. 4 (1893), S. 172. – (Trient:) Christian Schneller: Märchen und Sagen aus Wälschtirol. Innsbruck 1867, S. 221.

Der uneinsichtige Bauer

Oberschlesien

In den Landstrichen östlich der Oder, auf der Insel Wollin, im Posener Land und Oberschlesien, geht die Sage von der himmlischen Strafe für einen gottlosen Bauern.

In Oberschlesien wird erzählt: Als der Heiland an einem Sonntag über die Felder ging, bemerkte er einen Landmann, der damit beschäftigt war, den angefahrenen Dünger mit der Mistgabel auf dem Acker zu verstreuen. Der Heiland sprach den Bauern vorwurfsvoll an, ob er denn nicht wisse, daß heute der Tag des Herrn sei, an dem es sich nicht zieme, knechtliche Arbeiten zu verrichten.

Der Bauer wurde aber grob und fuhr den Herrn barsch an: „Ich will sonntags etwas zu essen haben und arbeite deshalb auch an diesem Tage. Wir Bauern vom Dorfe müssen uns vom frühen Morgen bis zum Abend schinden und plagen, dieweil ihr Tagediebe und Faulenzer von Stadtleuten fein spazierengeht und von unserem Schweiß lebt. Mach, daß du nur weiterkommst, sonst will ich dir mit meiner Düngergabel Beine machen.

> Geh nicht über meine Ackererde;
> geh mir nit über meine Wies';
> sonst kriegst du Prügel,
> das ist ganz gewiß!"

Empört über diese Verhöhnung richtete der Herr seinen Blick gen Himmel und sprach zu dem lästernden Bauern: „Zur Warnung und als abschreckendes Beispiel für alle Sonntagsschänder sollst du von jetzt ab im Monde Dünger streuen bis ans Ende aller Tage und Nächte, Werktage und Feiertage!"

Und so geschah es auch. Noch heute sieht man auf der hellen Mondscheibe deutlich, wie der Bauer die Gabel in den vor ihm stehenden Düngerhaufen sticht.

(Wollin:) A. Haas: Sagen und Erzählungen von den Inseln Usedom und Wollin. Stettin 1904, S. 108f. – (Posen:) Otto Knoop: Sagen und Erzählungen aus der Provinz Posen. Posen 1893, S. 11 (= Sonderveröffentlichungen der Historischen Gesellschaft für die Provinz Posen. 2). – (Oberschlesien:) Will-Erich Peuckert: Schlesiens deutsche Märchen. Breslau 1932, S. 592f. (= Schlesisches Volkstum. 4).

Der Verfolger

Trient

Es gab einmal einen großen Dieb, der ging immer bei Nacht aufs Stehlen aus. So kam er eines Nachts in ein Haus, fand dort aber nichts anderes zu stehlen als zwei Wassereimer. Er war ein so hartgesottener Dieb, daß er nicht fortging, ohne selbst diese mitzunehmen.

Als er auf die Straße gekommen war und nach Hause ging, kam es ihm so vor, als schritte ein Mann hinter ihm her. Er fing an zu laufen, aber der Mann hinter ihm lief ebenso schnell wie er.

Als der Dieb aber merkte, daß ihn der Mann doch nicht einholte, wagte er es, sich umzuschauen, und erkannte, daß der Verfolger sein eigener Schatten war. Da wurde der Dieb auf den Mond, der gerade in voller Größe am Himmel stand, recht zornig und sagte: „Wart, verfluchter Mond, das sollst du mir aber büßen!"

Er ging nun zu einem Brunnen, füllte die Eimer mit Wasser und schüttete es gegen den Mond. Aber in demselben Augenblick flog er mit beiden Eimern in den Mond. Wie jeder aufmerksame Beobachter feststellen kann, steht er auch heute noch darin.

Christian Schneller: Märchen und Sagen aus Wälschtirol. Innsbruck 1867, S. 220.

Bestrafte Tierquälerei

Trient

Es gab einmal einen ganz großen Schurken. Der ging immer im Dunkeln mit einer großen Heugabel herum, um sie den Schafen, denen er auf ihren Weideplätzen auflauerte, in den Hals zu stechen. Die Bauern und Hirten konnten seiner nicht habhaft werden. Eines Nachts glaubte er sich auf einer Weide wieder einmal unbeobachtet und begann, die Schafe dort zu quälen. Aber der Mond, der das sah, faßte ihn und zog ihn samt seiner Gabel in sein „Gesicht" hinauf.

Christian Schneller: Märchen und Sagen aus Wälschtirol. Innsbruck 1867, S. 220.

Bestrafte Hartherzigkeit

Graubünden

In Graubünden, in Waltensburg, erzählt man: Einen Sennen bat einst eine arme Frau um ein wenig Milch; er aber wies die Frau mit harten Worten ab. Da verwünschte sie ihn in den kältesten Ort, worauf der Mann in den Mond kam. Beim Vollmond ist er dort noch immer mit seinem Milcheimer, in welchem er rührt, zu sehen.

- Ernst Meier: Deutsche Sagen, Sitten und Gebräuche aus Schwaben. Stuttgart 1852, S. 232 f.

Die Spinnerin im Mond

Altmark

In der Gegend von Salzwedel erzählte man sich früher vielfach folgende Geschichte, die sich in einem Dorfe der Gegend zugetragen haben soll, dessen Namen man aber nicht mehr anführen kann. In dem Dorfe lebte nämlich eine arme alte Witwe mit ihrer einzigen Tochter Marie. Die Mutter war krank und schwach und konnte nicht mehr arbeiten. Das schadete aber nicht, denn die Tochter war die beste Spinnerin nah und fern. Sie konnte täglich drei Stück Garn spinnen, und ihr Faden war der feinste; dadurch ernährte sie sich und ihre alte Mutter. Sie hatte leider nur einen großen Fehler an sich: Sie war wild und leichtsinnig und mußte bei jedem Spektakel und jedem Tanz dabei sein. Dadurch verursachte sie ihrer frommen Mutter vielen Kummer, und diese machte ihr Vorwürfe und gab ihr Ermahnungen genug; allein das half nichts. Besonders im Spätherbst und Winter ging die Lust des Mädchens los, wenn die jungen Leute des Dorfes zum Spinnen zusammenkamen, was man die Spinnkoppel hieß. Es wurde dann gespielt, gelärmt, gesungen und getanzt, und anstatt zu ordentlicher Zeit auseinanderzugehen, wurde es späte Nacht darüber. Am tollsten dabei und die letzte, die nach Hause kam, war Marie.

Die Mutter hatte das lange in Geduld angesehen, weil ihre Ermahnungen doch nichts helfen konnten. Einmal aber auf Marientag, als Marie wieder in die Spinnkoppel ging, sagte sie zu ihrer Tochter: „Versprich mir nur heute, daß du vor Mitternacht nach Hause kommen und dich nicht auf der Straße herumtreiben willst. Heute ist unserer lieben Frauen Tag, und wenn da die Kinder ungehorsam gegen ihre Eltern sind, so werden sie auf der Stelle bestraft."

Das ging der Marie ans Herz, daß sie weinte, und sie versprach ihrer Mutter, sie wolle gewiß heute nicht wieder spielen, so wahr der Mond am Himmel stehe. Mit diesem Versprechen nahm sie ihr Rad und ging.

Sie hatte aber kaum eine Stunde gesponnen, als draußen Gesang und Musik laut wurde und die jungen Burschen des Dorfes ankamen. Sie hatten Spielleute geholt, die Spinnräder wurden an die Seite geworfen, und alles tanzte und sprang. Marie wollte anfangs zwar nicht mittanzen; aber die Musik und die Lust und die Bitten der Burschen drangen tiefer in ihr Herz als das Versprechen, das sie ihrer Mutter gegeben hatte.

Es war schon lange Mitternacht vorüber, als man sich endlich anschickte, auseinanderzugehen. Die Musik mußte sie aber noch auf die Straße begleiten, und als sie an dem Kirchhofe vorbeikamen und dessen Türe offen fanden, da ergriffen die Burschen die Mädchen und zogen sie auf den Kirchhof, wo das Tanzen von neuem losging. Marie hatte ihr Versprechen ganz vergessen und sprang lustig in dem hellen Mondschein.

Ihre Mutter saß unterdessen unruhig in ihrem Stübchen und wartete mit Schmerzen auf ihre Tochter. Da hörte sie auf einmal aus der Ferne das Schreien und Lärmen auf dem Kirchhofe. Sie konnte sich nicht mehr halten. Sie ging aus dem Hause und folgte dem Lärm. So kam sie auf den Kirchhof, wo sie ihre Tochter mitten unter den Springenden sah. Der Anblick zerschnitt ihr das Herz. Sie befahl ihr, sofort mit ihr nach Hause zu gehen. Das Mädchen aber erwiderte ihr: „Ei, Mutter, der Mond scheint noch so hell! Geh du nur, ich komme bald!" Da sah die alte Fau in den Mond und verfluchte ihre Tochter. „Ich wollte", sagte sie, „das ungeratene Kind säße im Monde und müßte da oben spinnen!"

Die Worte hatte sie kaum gesprochen, da war die Marie aus den Reihen der Tanzenden verschwunden, und man sah sie, mit ihrem Rade in der Hand, rasch wie einen Blitz dem Monde zufliegen. Im Monde sitzt sie noch und spinnt; wenn er ganz hell scheint, dann kann man sie deutlich spinnen sehen. Sie spinnt feine und zarte Fäden, die fallen zur Herbstzeit auf die Erde herunter; der Wind jagt und zerreißt sie dann und treibt sie auf Hecken und Bäume. Die Leute nennen sie Sommerseide oder Marienfädchen.

Jodocus Donatus Hubertus Temme: Die Volkssagen der Altmark und mit einem Anhange von Sagen aus den übrigen Marken und aus dem Brandenburgischen. Berlin 1839.

Die Braut im Mond

Oberpfalz

Die Tochter eines armen Beamten ward zur Doppelwaise. Um ihrem Bräutigam einige Aussteuer zuzubringen, trat sie als Kammermädchen in Dienst. Man ließ ihr aber keine Zeit, an ihrer Ausfertigung zu arbeiten, und so spann sie nachts für sich bei Mondlicht, insbesondere in den Samstagsnächten, in welchen man ohnehin nicht spinnen soll. Dabei machte sie das Fenster auf. Immer freundlicher schien der Mond herein, immer weicher ward sie. Die Blässe erhöhte ihre Schönheit. Oft wurde sie darüber von ihrer Frau getadelt und spottend die Spinnerin im Mond gescholten. Sie aber fühlte sich immer mehr vom Mond angezogen: Denn der Mond zieht alles an sich, besonders Mädchenherzen, weil er selber so unglücklich in seiner Liebe zur Sonne ist. Einmal schlief sie ermattet von des Tages Mühen ein und träumte, sie werde in den Mond hinübergetragen. Als sie erwachte, befand sie sich wirklich im Mond. Sie ist nun die Spinnerin im Mond, und noch sieht man sie darin mit dem Rädchen.

Der Rocken nimmt mit dem Mondeswechsel ab und zu, aber immer bleibt noch etwas Flachs daran. Sie darf mit dem

Rocken nicht zu Ende kommen. Ist einmal der Flachs allegesponnen, geht die Welt unter. Manchmal ist der Rocken sehr dicht angelegt. Da wird die Spinnerin müde beim Spinnen, und ihr Köpfchen neigt sich, und ihre Haare streifen an des Flachses Haar, wodurch der Mond verdunkelt wird. Dann ist Mondfinsternis. Aber sie wird es bald inne und fährt zurück; daher endet die Mondfinsternis oft so plötzlich. Manchmal spinnt sie gedankenlos ihre langen Haare mit hinein, und wenn sie es empfindet durch den Schmerz, den das Einlaufen des Haares in das Rädchen verursacht, so hat sie zu tun, es zu lösen; dann dauert die Finsternis länger.

Als die Sonne am Morgen danach aufging, war sie überrascht, ein Mädchen im Mond zu sehen; sie glaubte selbe glücklich in Liebesglück, weil sie das Köpfchen so sinnig zur Arbeit neigte. Auf einmal hörte sie den Bräutigam der Maid um sein Liebchen klagen. Er war vor Klagen matt im Wald niedergesunken und entschlafen, als sie abends beim Niedergehen die Erde streifte und ihn mit auf und zu sich emporNahm. Beim Auf- und Untergang der Sonne erkannte er aber seine Braut im Mond und diese ihn, und beide waren voll Sehnsucht nach einander. Das sah auch der Mond zu seinem neuen Schmerz; die Sonne war ihm untreu geworden, und auch die Maid, die er bei sich hatte, wollte seiner nicht gedenken. Nicht selten weint er dann. Die Zähren, welche er vergießt, sind die abschießenden Sterne, die Sternschnuppen. Wo sie auffallen, findet man einen Kreuzer, der nie weicht, so oft man ihn auch ausgibt, oder ein Zettelchen, welches in Versen die Zukunft des Finders enthält.

* Franz Xaver von Schönwerth: Aus der Oberpfalz. Sitten und Sagen. Bd. 2. Augsburg 1869, S. 59–61.

Europa

Das Gebet der Spinnerin

Östliches Hinterpommern

Eine fromme junge Magd bat einst unsern lieben Herrgott, er möge ihr doch die Gnade gewähren, daß ein Hemde aus dem von ihr gesponnenen Garn den Träger unverwundbar mache. Dies wolle sie ihrem geliebten Bruder, der in den Krieg ziehen sollte, schenken, damit er unverletzt bliebe.

Ihre Bitte wurde erhört; aber als das Hemde fertig war, gab sie es nicht ihrem Bruder, sondern einem jungen Manne, dem sie inzwischen ihr Herz geschenkt hatte und der gleichfalls gegen den Feind ziehen mußte. Als dieser zu seinen Kameraden üble Reden über das junge Mädchen führte, forderte ihn der Bruder in einem Zweikampfe zur Rechenschaft; doch der Verleumder konnte von seinen sicheren Hieben nicht verwundet werden, weil er das Schutzhemd anhatte, der Bruder selbst büßte vielmehr in dem Kampf das Leben ein. Als die Schwester das erfuhr, starb sie bald darauf im Wahnsinn.

Nach ihrem Tode kam sie nicht in den Himmel, sondern in den Mond. Dort sitzt sie noch heute und spinnt. Sie kann jedoch keine zusammenhängenden Fäden fertig bringen, sondern nur abgerissene Fäden, die im Herbst als sogenannter Weiber- oder Frauensommer, von dem Kreuztage an, zu uns auf die Erde fallen und sich an Hut und Kleider der Wanderer setzen.

- Deutsche Sagen. Hrsg. v. Will-Erich Peuckert. Bd. 1: Niederdeutschland. Berlin 1961, S. 19f.

Die alten Näherinnen

Oldenburg, Oberpfalz

So erzählt man in Oldenburg: Im Monde sitzen Dunse Lücke und klatterge Harm. Jene näht ein Hemd, tut alle sieben Jahr einen Stich, und wenn das Hemd fertig ist, so ist auch das Ende der Welt da.

In der Oberpfalz erzählt man: Im Mond sitzt ein altes Weib, das immerzu an einem Korb flicht; neben ihr aber kauert ein Hund, der fortwährend acht hat, bis die Alte mit ihrem Korb fertig wird. Jedesmal, wenn er nun sieht, daß sie mit ihrer Arbeit zu Ende kommt, springt er auf und zerreißt den Korb. Dann entsteht eine Mondfinsternis. Doch nicht ganz darf der Hund den Korb zerreißen; denn dann ginge die Welt unter.

- (Oldenburg:) Ludwig Strackerjan: Aberglaube und Sagen aus dem Herzogtum Oldenburg. 2. Aufl., Bd. 2. Oldenburg 1909, S. 107. – (Oberpfalz:) Franz Xaver Schönwerth: Aus der Oberpfalz. Sitten und Sagen, Bd. 2. Augsburg 1858, S. 69.

Wie ein Mann und seine Frau in die Kälte kamen

Westfalen, Oberpfalz

In Westfalen glaubt man im vollen Mond nicht nur einen Mann zu erkennen. Man braucht nur genau hinzusehen, um sich zu überzeugen, daß darin ein Mann ist, der Dornen an

Europa

der Gabel trägt, und eine Frau, die an der Kirne (am Butterfaß) steht und kirnt. Das sind ein Paar Eheleute gewesen, die haben den Sonntag nicht heilig gehalten. Der Mann hat an diesem Tage sein Feld mit Dornen umzäunt, die Frau aber Butter gekirnt. Da hat sie unser Herrgott damit bestraft, daß sie das ewig tun sollten, in der Sonne oder im Mond, nach ihrer Wahl. Sie haben aber gedacht, in der Sonne möchte es ihnen gar zu heiß sein, und haben sich in den Mond setzen lassen.

* * *

In Grafenau in der Oberpfalz erzählt man: Ein Mann hat alle Feiertage auf seinen Wiesen Stauden ausgegraben. Nach seinem Tod kam er zur Strafe deswegen in den Mond. Er hieß aber selbst „Mond" und sagte noch bei Lebzeiten zu seiner Frau, er werde nach seinem Tod wiederkommen und sie abholen.

Als er nun tot war, kam er eines Nachts und klopfte am Fenster seines Weibes. Da fragte sie ihn: „Bist du es, Mond?" Und er antwortete: „Ja, ich bin der Mond auf der Welt gewesen und bin es noch und muß es in Ewigkeit sein. Willst du mit, so ziehe dich nur warm an, denn bei mir ist es kalt." Da folgte sie ihm mit ihren Holzschuhen und ihrem Pelz.

Seither steht er vor Mitternacht am Himmel und scheint, sie nach Mitternacht. Weil sie aber einen Pelz trägt, der die Kälte nicht annimmt, so ist es nach Mitternacht kälter als zuvor; auch ist der Mond dann dicker, was von den vielen Röcken, die das Weib anhat, kommen soll. Träume, um diese Zeit geträumt, sind seltener wahr als die vormitternächtlichen; der Grund hierfür ist, daß die Frauen trügerischer und wankelmütiger sind als die Männer.

* * *

In der Oberpfalz geht auch die Mär, im vollen Mond seien ein Mann und ein Weib zu sehen, die sich gegenseitig die Läuse suchen.

• (Westfalen:) Adalbert Kuhn (Hrsg.): Sagen, Gebräuche und Märchen aus Westfalen. Leipzig 1859, S. 84. – (Oberpfalz:) Franz Xaver von Schönwerth: Aus der Oberpfalz. Sitten und Sagen. Bd. 2. Augsburg 1858, S. 70. – Ebenda Bd. 2, S. 69.

Ebbe und Flut

Sylt

Die Rantumer sagen: Der Mann im Monde ist ein Riese; der steht zur Zeit der Flut gebückt, weil er dann Wasser schöpft und auf die Erde gießt und dadurch die Flut hervorbringt. Zur Zeit der Ebbe aber steht er aufrecht und ruht von seiner Arbeit aus, und dann kann sich das Wasser wieder verlaufen.

• Karl Müllenhoff: Sagen, Märchen und Lieder der Herzogtümer Schleswig, Holstein und Lauenburg. Neue Ausg. Schleswig 1921, S. 378.

Kurs auf Kap Hoorn

Dithmarschen

Der Mann im Mond ist ein Schiffer, der nicht um das Kap Hoorn herumkommen konnte; und da hat er sich verflucht und gesagt: „Verdammi, wenn ik nich(t) baben Kap Hoorn kam, so will ik to'n ewigen Dag in'e Maand sitten". (Verdamme mich, wenn ich nicht über Kap Hoorn komme, so will ich bis zum ewigen Tage im Mond sitzen.) Und – das Schiff ging unter, und der Schiffer sitzt seit der Zeit im Mond. Darum sagen unsere Schiffer noch jetzt, wenn der Mond voll scheint: „Sieh, da sitzt der Schiffer im Mond, der nicht über Kap Hoorn kommen konnte."

- Am Ur-Quell. N.F. 1 (1890), S. 85.

Der Geigenspieler

Lausitz

Es wird erzählt, daß der Geigenspieler David einmal auf einem Stein am Straßenrand saß und traurig dreinblickte. Der gute Hirte begegnete ihm und fragte ihn: „Mein David, warum geigst du nicht und machst eine so traurige Miene?"

„Ach", sagte David, „warum sollte ich nicht traurig sein, wo ich doch auf Erden niemand mehr bin? Mein Vater und meine Mutter sind tot und braten beide in der Hölle."

Dann erwiderte ihm der gute Hirte: „Mein lieber, lieber David, nimm deine kleine Geige in die Hand und spiele drei Lieder."

David nahm seine kleine Fiedel in die Hand und spielte drei Lieder. Das erste spielte er zu Ehren der Heiligen Dreifaltigkeit, das zweite zu Ehren der unbefleckten Jungfrau Maria und das dritte zu Ehren des Heiligen Geistes.

Als er das alles so gut und harmonisch gespielt hatte, daß es dem Hirten und ihm selbst das Herz im Leibe gerührt hatte, sagte ihm der erstere: „Höre, höre, mein lieber, lieber David, du hattest Erfolg, und du hast für dein ganzes irdisches Leben gespielt." Die Eltern von David kamen von der Hölle in den Himmel, und der Geigenspieler wurde in den Mond versetzt. Er befindet sich noch heute dort mit seiner Geige und spielt für die Engel. Wer's nicht glaubt, braucht nur zum Mond aufzublicken und wird dort David mit seinen Holunderschuhen, seiner Erlenjacke und seiner kurzen Birkenhose sehen.

Karl Haupt: Sagenbuch der Lausitz. Leipzig 1862, Bd. 2, S. 151.

Der Schmied im Mond

Prignitz

Viele glauben, wenn sie an einem stillen Abend in den Mond sehen, sie erblickten dort den Mann im Monde. Er steht dort, gebückt, mit einem Reisigbündel auf dem Rücken – so genau kann man das nicht erkennen –, und schaut unverwandt und still auf die Erde. Das ist aber nicht wahr, der Mann im Mond ist ein Schmied. Jedenfalls erzählt man sich das im Ruppinschen. Dort nämlich wohnen viele schlaue Leute, und die müssen das denn doch wohl wissen!

Es war einmal ein Schuhmacher, so wird erzählt, der bekam an einem Montag von seiner Frau Geld, um Leder einzukaufen. Wie er nun so loszieht, kommt er am Wirtshaus vorbei, darin sieht er seine Kollegen, und die lassen ihn nicht aus, er muß hineinkommen. Zu der Zeit arbeiteten die Schuhmacher des Montags nicht, da traf man sie im Wirtshaus. Und die anderen Handwerker waren auch nicht besser, wovon noch heute der „blaue Montag" zeugt. Diese Sitte ist inzwischen, und erst recht heute, gänzlich außer Kurs gekommen.

Unser Schuhmacher blieb jedenfalls sitzen, und als er am Abend, natürlich ohne Leder und ohne Geld, denn das hatte er ja im Wirtshaus verbracht, nach Hause kam, da war die Frau sehr böse und schimpfte tüchtig mit ihm.

Den anderen Tag schickte sie ihn wieder mit Geld aus, daß er Leder kaufe, denn die Schuhe, die in der Werkstatt herumlagen, mußten ja besohlt werden. Auf seinem Wege kommt er wieder an der Schenke vorbei und denkt: „Vorbeigehen kann ich ja wohl am Wirtshaus, aber hineingehen werde ich diesmal nicht!"

Europa

Aber da saß der dicke Böttcher auf der Fensterbank und plierte auf die Straße. Der saß da wohl von gestern noch oder schon wieder und stichelte nun auf den Schuster, bis der alle guten Vorsätze vergaß und doch hineinging. Es kam genau wie am ersten Tag, am Abend hatte er wieder sein ganzes Geld vertrunken und mußte zu Hause bitterböse Reden anhören, und das konnte ja auch nicht anders sein.

Aber als am nächsten Tag die Frau ihm noch einmal Geld gab und es ihm wieder so ging – wie man so sagt, dauert so eine Schustertour wohl eben drei Tage –, da wollte er nicht wieder nach Hause gehen, das traute er sich einfach nicht. Von dem vielen Bier und Branntwein war ihm ganz elend, und er war sich richtig selber leid. So ging er in den Wald und wollte sich aufhängen. Als er nun so an einem Baume stand und mit seinem Schustermesser den Bast abschälte, um daraus einen Strick zu drehen, kam ein feingekleideter Herr gegangen, der ihn fragte, was er da mache.

Unlustig mit sich und der Welt, und nun noch von einem Fremden angesprochen und in seinem Vorhaben gestört, antwortete der Schuster unwirsch: „Ich will einen Strick drehen und mit ihm alle Teufel in der Hölle zusammenbinden." Da bekam der Fremde, denn es war der oberste der Teufel, einen Schreck und sagte, das solle er nur bleiben lassen, er wolle ihm auch so viel Geld geben, wie in einen Schaftstiefel hineingine. Da war der Schuhmacher zufrieden, dachte, das will ich denn vorerst nochmal versuchen, und ging nach Hause. Dort ließ er seine Frau erst gar nicht zu Worte kommen, machte für sie und sich eine Hacke und sagte, sie solle sich nicht wundern und nur ruhig sein, sie würden bald so viel Geld bekommen, daß sie es mit der Hacke zusammenscharren müßten. Dann nahm er einen großen Stiefel, schnitt unten den Schuh ab und hängte den Stiefel in den Schornstein. Und es dauerte auch gar nicht lange, da kam der Teufel an und schüttete das Geld in den Stiefel, und so viele Säcke er auch anschleppte, der Stiefel wurde nicht voll. Denn alles fiel ja hindurch, durch den Schornstein, und füllte bald die ganze Feuerstelle. Als der Oberteufel sah, daß seine Schatzkammer fast leer war, fuhr er aufs Dach und stöhnte in den Schornstein. Da rief der Schuster durch die Esse:

„Kummt noch wat?"

„Nee", fauchte der Oberteufel zurück, „nu kummt nix mehr, is schon al din!"

„Denn is man good!" war alles, was der Schuster sagte. Dann sauste der Oberteufel in die Hölle und sagte zu dem Unterteufel: „Dem Schuster können wir das Geld nicht lassen, geh hinauf und sieh zu, daß du es ihm mit einer Wette abgewinnst. Das Geld soll dem gehören, der von dem anderen drei Pfeifen Tabak rauchen kann."

Als nun der Teufel zum Schuster kam und ihm das vorschlug, war der es zufrieden und sagte, der Teufel müsse aber zuerst von seinem Tabak rauchen, und dabei nahm er seine Flinte, hielt sie ihm an den Mund und drückte ab. Das war dem Teufel aber doch ein zu starker Tobak, und er machte sich davon.

Als er unten ankam, fluchte der Oberteufel und sagte, er müsse nochmal hinauf, er hätte sich was ganz Schlaues ausgedacht – dachte er: Wer zuerst einen Hasen fangen würde, dem solle das Geld gehören.

„Ist mir schon recht", sagte der Schuhmacher, als er das hörte, und steckte drei graue Karnickel in einen Sack. Als er das erste nun laufen ließ, wollte der Teufel nach, da holte der Schuster das zweite hervor. Während aber nun der Teufel vom ersten abließ und dem zweiten nachsprang, holte der Schuster rasch das dritte heraus, hielt es an den Ohren in die Höhe und rief: „Ich hab schon einen Hasen!" Da war der Teufel ganz niedergeschlagen. Aber sein Herr schickte ihn noch einmal und sagte: „Unsere Schatzkammer ist doch leer, nimm die eiserne Tür heraus, die ist doch zu nichts mehr nütze, wer die am höchsten wirft, soll das Geld haben."

Als der Teufel wieder zum Schuhmacher kam, war der auch damit zufrieden, verlangte aber, daß der Teufel es ihm vormache. Der warf denn auch die schwere Tür so hoch, daß man sie fast nicht mehr sehen konnte, und als sie herabgefallen war, hatte sie sich tief in die Erde gebohrt. „Na, denn hole sie man erst wieder 'raus", sagte der Schuster und sah ganz sinnig hinauf zum Mond, der schien gerade so schön hell.

Der Teufel, der sich mit der Tür abmühte, wunderte sich und fragte: „Was siehst du denn so nach dem Mond?"

„Och, weiter nichts", sagte ganz friedlich der Schuster, „der Schmied da oben im Mond, das ist mein Bruder, und ich überlege gerade, ich werde ihm wohl die Türe hinaufwerfen, der kann sie als altes Eisen gebrauchen ..."

Da aber erschrak der Teufel ganz mächtig und erkannte, daß er überwunden war, und der Schuhmacher behielt das Geld.

Es sieht aber auch wirklich so aus, als ob da im Monde ein Schmied stehe; wenn er so recht hell scheint, kann man ihn sehen mit Amboß und Hammer.

Dem Schuster war das eine gute Lehre gewesen, denn leicht hätte ihn doch der Teufel holen können. Er ging fortan nur noch samstags in die Schenke, trank nur einen Schoppen und hatte auch meist seine Frau dabei, ob ihn auch die anderen noch so hänselten. Mit der Zeit gewöhnten sie sich auch daran.

* * *

Wie nun der Schmied in den Mond gekommen ist, das wissen die Südslawen zu erzählen: Es war einmal ein Schmied, der verstand es, geheime Nachschlüssel zu fertigen, mit denen man jedes Schloß aufsperren konnte. Weil er aber auch an Sonn- und Feiertagen zu schmieden pflegte, wurde er zur Strafe dafür in den Mond verdammt, wo er in alle Ewigkeit unablässig schmieden muß.

Wilhelm Schwartz: Sagen und alte Geschichten der Mark Brandenburg. Berlin 1871, S. 137–139. – (Südslawen:) Friedrich S. Krauß: Sagen und Märchen der Südslaven. Bd. 2, Leipzig 1884, Nr. 45.

In biblischer Zeit

Europa

In manchen Gegenden Europas wird die Entstehung der Mondflecken mit dem biblischen Geschehen in Verbindung gebracht. In Westpreußen wird erzählt, im Mond seien Adam und Eva zu sehen, er mit der Heugabel und sie mit der Mistforke.

In Island geht die Sage, der Mond zeige das Gesicht von Adam und die Sonne das von Eva.

In Luxemburg sagt man dagegen, daß im Mond Kain, also ein Sohn Adams und Evas und der Mörder seines Bruders, zu sehen sei. Er müsse dort als Strafe für sein Verbrechen eine Schubkarre so lange vor sich herschieben, bis das Ende der Welt gekommen sei. – Auch in anderen Teilen Europas, vor allem in Bulgarien und Rußland, ist der Glaube verbreitet, im Mond verbüße Kain seine ewige Strafe.

In der Gegend von Clairvaux (Aube, Frankreich) sagt man: „Siehst du im Mond Judas, wo er sein Dornenstrauchbündel trägt?" Hier wird der schon im 4. Buch Mose vorkommende Holzsammler, der den Feiertag entheiligte, mit einer neuen Schande belegt: dem Verrat an Jesus Christus.

In Köln geht dagegen die Legende von einem Mann, der in der Zeit Christi aus einem ganz anderen Grund in den Mond versetzt worden ist: Die heilige Jungfrau Maria schickte eines Abends das Jesuskind mit einem Korb voller Äpfel auf den Weg zu seinem Pflegevater Joseph. Da ihm der Korb sehr schwer war, bat das Kind unterwegs einen Mann, ihm für ein kleines Stück Weges den Korb abzunehmen. Der Mann aber war hartherzig und sagte zum Jesuskind: „Trag du deinen Kram doch selbst!" Dann sagte das Jesuskind: „Wollen wir denn den Korb zusammen tragen?" Auch das lehnte der Hartherzige ab. „Dann paß doch bitte auf den Korb auf, damit ich zu meiner Mutter laufen und sie um Hilfe bitten kann", bat das Kind. „Was?", sagte der Mann, „ich soll deine Äpfel hüten?! Lieber säße ich oben im Mond!" Und seit der Zeit sitzt er, der dem Jesuskind nicht helfen wollte, im Mond.

(Westpreußen:) Am Ur-Quell, Bd. 4 (1893), S. 21. – (Island:) Maurer: Isländische Volkssagen. Leipzig 1860, S. 185 f. – (Luxemburg:) Revue des traditions populaires, Bd. 17 (1902), S. 211. – (Aube:) Ebenda Bd. 17 (1902), S. 448, und: Alphonse Baudouin: Glossaire du patois de la forêt de Clairvaux. Troyes 1886 , S. 211 (= Mémoires de la Société académique d'agriculture, des sciences, arts et belles-lettres du département de l'Aube. 50). – (Köln:) Am Ur-Quell, Bd. 4 (1893), S. 68.

Das Lied von Hubert, dem Mann im Mond

Südengland

Der Mann im Mond bewegt sich stehend weiter,
trägt auf 'ner Forke Dorngebüsch sehr schwer,
daß er nicht umkippt, ist gewiß erstaunlich –
bei dem Gedanken daran schaudert er.
Bei Frost muß er, der niemals sitzt, sehr frieren;
die Dornen stechen, wenn er sich bewegt,
in seinen Wams, den keiner hat gesehen –
man weiß nur, daß er eine Hacke trägt.

Vergebens müht er sich voranzukommen;
wohin des Wegs mag dieser Mann nur gehn,
der einen Fuß stets vor den andern setzet?
Langsam wie er ward niemand je gesehn.
Er muß auf freiem Felde Sträucher pflanzen,
muß sammeln mit der Axt viel Reis,
um Lücken in der Hecke gut zu schließen;
verloren ist der Tag ohn großen Fleiß.
Es ist, als sei er auf dem Mond gewesen

gar schon als kleines, neugebornes Kind.
Nun stützt er auf die Forke sich wie ein Ergrauter,
von Furcht geprägt seine Gedanken sind.
Auf Erden ist er lange nicht gewesen,
erfolglos war er da in seinem Land,
wo er für sich Dornsträucher einst abhackte,
der Vogt nahm ihm zur Strafe ab ein Pfand.

„Auch wenn als Strafe du ein Pfand gelassen,
steig auf die Leiter doch ohn allen Graus,
komm her, bring dein Gebüsch gemächlich heimwärts –
wir laden ein den Vogt zu uns nach Haus.
Die süße Hausfrau wird sich an ihn schmiegen
und Met ihm reichen mit der Hand.
Wir warten, bis der Vogt ist stockbetrunken,
und lösen ein bei ihm dein Unterpfand."

Ich schreie, doch der Mann kann mich nicht hören;
soll ihn der Teufel holen, wenn er will!
Ich starre hin zu ihm, der doch nicht hastet,
der Griesgram bleibt bei seinem Lebensstil.
„Du stumme Elster, Hubert hüpfe weiter!
Ich glaub, du bist bis in den Bauch aus Stein."
Voll Ärger wart' ich, daß die Zähne knirschen,
erst morgen früh wird er hier unten sein.

***

The Man on the Moon / Came down too soon / And asked his way to Norwich.
(Ein Mann, der sonst wohnt / weit weg auf dem Mond, / der fragte: „Wo geht es nach Norwich?")

- Ein altenglisches Spielmannslied aus dem 13. Jh., zuerst veröffentlicht von Joseph Ritson: Ancient Songs, from the time of King Henry the Third to the Revolution. London 1790, S. 37; später kommentiert von Karl Böddeker (Altenglische Dichtungen des MS. Harl. 2253, Berlin 1878, S. 175–177) u. a. – Letzte Zeile: alter englischer Kinderreim.

Europa

Der Schuster des heiligen Petrus

England

In seinem Schauspiel „Wenn du mich siehst, dann kennst du mich" gibt Samuel Rowley das folgende Gespräch zum besten:

Schuster Prichall. Bestimmt wirst du schlafen wie der Mann im Mond.
Zweiter Nachtwächter. Glaubst du, Nachbar, daß ein Mann im Mond ist?
Erster Nachtwächter. Ich versichere dir, daß ich ihn am klaren Himmel um Mitternacht gesehen habe.
Zweiter Nachtwächter. Welche Beschäftigung hat er denn?
Prichall. Einige meinen, daß er Schäfer ist, wegen seines Hundes, andere sagen, er sei Bäcker, der seinen Ofen mit dem Reis heizt, das er auf dem Rücken trägt. Meiner Meinung nach aber ist er in Wahrheit ein Flickschuster, denn du weißt doch, wie es in dem Lied heißt:
    Ich sehe einen Mann im Mond
    Pfui, Mann, pfui!
    Ich sehe einen Mann im Mond,
    Der für Sankt Peter Schuhe flickt.
Erster Nachtwächter. Meiner Treu, er sagt die Wahrheit.
    *
Und das ist – ohne die jeweilige Wiederholung der ersten und letzten Zeile an der gekennzeichneten Stelle – der Wortlaut des ganzen Liedes:
Der Martin sprach zu seinem Mann,
    Pfui, Mann, pfui! (...)
Die Tasse füll, die Kanne ich;
Du hast viel getrunken, Mann,
    Wer ist denn jetzt der Gimpel?

Ich seh ein Schaf, das Hühneraugen schert,
    Pfui, Mann, pfui! (...)
Wie ein Gehörnter bläst sein Horn,
Du hast viel getrunken, Mann,
    Wer ist denn jetzt der Gimpel?

Ich sehe einen Mann im Mond,
    Pfui, Mann, pfui! (...)
Der für Sankt Peter Schuhe flickt;
Du hast viel getrunken, Mann,
    Wer ist denn jetzt der Gimpel?

Ich seh 'nen Hasen, der den Jagdhund jagt,
    Pfui, Mann, pfui! (...)
Die Gans 'ne Schweineschnauz beringt.
Du hast viel getrunken, Mann,
    Wer ist denn jetzt der Gimpel?

Ich seh 'ne Maus auf Katzenfang,
    Pfui, Mann, pfui! (...)
Und Käse, der 'ne Ratte frißt;
Du hast viel getrunken, Mann,
    Wer ist denn jetzt der Gimpel?

- Das Schauspiel „When you see me, you know me" von Samuel Rowley ist 1605 erstmals erschienen und wird, wie auch das viel ältere Lied, zitiert von Reinhold Köhler: Der Mann im Mond, und eine Stelle in S. Rowley's *When you see me, you know me*, in: Anglia, Bd. 2 (1879), S. 137–140.

Europa

Der Mann mit Laterne, Hund und Dornbusch

England

In seinem Schauspiel „Der Sturm" (The Tempest) macht William Shakespeare Stephano, einen betrunkenen Kellner, zu einem vom Mond zur Erde zurückgekehrten Mann. Zwischen ihm, dem dienenden Ungeheuer Caliban und dem Spaßmacher Trinculo einerseits und Antonio, dem unrechtmäßigen Herzog von Mailand, und Sebastian, dem Bruder des Königs von Neapel, andererseits, entspinnen sich die folgenden Gespräche:
Antonio: So sagt mir, wer ist denn der nächste Erbe Napels?
Sebastian: Claribella.
Antonio: Sie, Königin von Tunis? Die am Ende der Welt wohnt? Die von Napel keine Zeitung erhalten kann, wofern die Sonne nicht als Bote liefe (denn zu langsam ist der Mann im Mond), bis neugeborene Kinne bebartet sind? (II, 1) -
Caliban: Bist du nicht vom Himmel gefallen?
Stephano: Ja, aus dem Monde, glaub's mir; ich war zu seiner Zeit der Mann im Monde.
Caliban: Ich habe dich drin gesehen und bete dich an. Deine Gebieterin zeigte dich mir und deinen Hund und deinen Busch.
Stephano: Komm, schwöre hierauf! Küsse das Buch! Ich will es gleich mit neuem Inhalt anfüllen. Schwöre!
Trinculo: Beim Firmament, das ist ein recht einfältiges Ungeheuer. – Ich mich vor ihm fürchten? – Ein recht betrübliches Ungeheuer! – Gut ausgedacht, Ungeheuer, meiner Treu.
(II, 2)

Auch im „Sommernachtstraum" (A Midsummer Night's Dream) fehlt es nicht an Anspielungen auf die alte Märchengestalt des Mannes im Mond. Es unterhalten sich „Zettel" (englisch Bottom) und der Zimmermann Squenz (englisch

Quince) einerseits und der Herzog von Athen mit Begleitung und der Mond (englisch Moonshine) andererseits:

Zettel: ... der Mond kann durch den Flügel hereinscheinen.
Squenz: Ja, oder es könnte auch einer mit einem Dornbusch und einer Laterne herauskommen und sagen, die Person des Mondscheins zu defigurieren oder zu präsentieren ... (III, 1)
(Prolog:) ... Der Mann da mit Latern' und Hund und Busch von Dorn den Mondschein präsentiert ...
Mond: „Den wohlgehörnten Mond d' Latern' z' erkennen gibt."
Demetrius: Er sollte die Hörner auf dem Kopfe tragen.
Theseus: Es ist Vollmond; seine Hörner stecken unsichtbar in der Scheibe.
Mond: „den wohlgehörnten Mond d' Latern' z' erkennen gibt; ich selbst den Mann im Mond, wofern es euch beliebt."
Theseus: Das ist noch der größte Verstoß unter allen; der Mann sollte in die Laterne gesteckt werden; wie ist er sonst der Mann im Monde?
Demetrius: Er darf es nicht wegen des Lichtes. Er würde es in Feuer und Flammen setzen.
Hippolyta: Ich bin diesen Mond satt; ich wollte, er wechselte.
Mond: Alles, was ich zu sagen habe, ist, euch zu melden: daß diese Laterne der Mond ist, ich der Mann im Monde, dieser Dornbusch mein Dornbusch und dieser Hund mein Hund. (V, 1)

- William Shakespeare: Werke. Deutsch von August Wilhelm Schlegel und Ludwig Tieck.

Europa

Der vorlaute Lumpensammler

Bretagne

In dem kleinen Städtchen Léon lebte einst eine alte bucklige Frau mit Namen Channet ar Viltansou, vor der sich die anderen Bewohner ängstigten. Sie bekreuzigten sich, wenn sie ihr nachts auf der Straße begegneten. Es hieß, daß sie sich in jeder Woche am Sabbat, also Sonnabend, der Zauberei hingäbe und unter anderem die Tiere ihrer Mitmenschen krank mache. Die gute Frau verübelte den Leuten das Geschwätz nicht, ja, sie war sogar ein wenig stolz darauf, daß man ihr solche Kräfte zuschrieb. Als sie gestorben war, blieben die Leute auch weiterhin ängstlich und erzählten die folgende Geschichte:

In einer Sabbat-Nacht vereinigten sich auf dem Berg Arré unter der Leitung einer alten Hexe Feen, Gnome, Zwerge, Kobolde und böse Viltansou-Windgeister zu einer dem Hexentanz frönenden Runde. Sie stellten sich dabei in zwei Gruppen auf. Die einen sangen: „Montag, Dienstag, Mittwoch", und die anderen erwiderten: „Donnerstag, Freitag!" Sie konnten nicht den Tag des Sabbats und auch nicht den heiligen Sonntag nennen.

Ein Lumpensammler, der seinen Bettelsack auf dem Rücken trug, geriet in einer kalten Dezembernacht gegen Mitternacht ganz in die Nähe dieser höllischen Runde. Es versteht sich von selbst, daß er durch die von jedermann gemiedene Annäherung an die versammelten Geister ein großes Wagnis einging und sich unabsehbarer Gefahr aussetzte. Er war aber neugierig geworden, als er die fremden Stimmen immer nur die Tage „Montag, Dienstag, Mittwoch" und dann „Donnerstag, Freitag" wiederholen hörte, und konnte es schließlich nicht lassen, laut hinzuzufügen: „Und dann Sonnabend und Sonntag!" Sogleich sah er sich von den Nachtgeistern umgeben. Er wurde von ihnen fortgeschleppt und dann von dem Drachen des Viltansou-Wirbelwinds in die Wolken emporgehoben und mitsamt seinem Sack auf dem Rücken zum Mond fortgebracht.

Dieser unglückliche Lumpensammler, dessen Umrisse man auf dem Mond immer dann, wenn er seine volle Gestalt hat, gut erkennen kann, muß dort warten, bis der Zauber gebrochen ist; das heißt bis er durch einen anderen Eindringling ersetzt wird, der am selben Tage, zur selben Stunde und am selben Ort wieder einmal vorlaut die Gesänge der höllischen Geister so zu vervollständigen wagt: „Und dann Sonnabend und Sonntag!"

* Revue des traditions populaires. Paris, Bd. 16 (1901), S. 52, nach Youen ar Braz: *Le Clocher breton,* Dezember 1900.

Der aufgespießte Bauer

Savoyen

Unsere Landsleute auf dem platten Land in der Gegend von Chablais haben die alte Gewohnheit, auf den Mond immer dann, wenn er seine volle runde Gestalt hat, mit Fingern zu zeigen und zu sagen: „Da ist Tabazan!"

Tabazan war, so sahen es seine Mitmenschen, ein biederer Bauer, starrköpfig zwar, aber rechtschaffen und ehrlich.

Zu dessen Lebzeiten auf Erden war der Mond noch eine einfache flache Silberscheibe, die in ihrer Mitte keinerlei Fleck hatte und damit auch nichts, was man mit einer menschlichen Gestalt hätte vergleichen können.

Tabazan hatte ein Laster: er trank. Im Rausch stellte er sich eines schönen Abends vor, wie es wohl wäre, wenn der Mond auf einmal nachts verschwände, statt immerfort ohne alle Kosten sein wohltuendes Licht über Chablais auszubreiten, und wie das wohl wäre, wenn er das aus reiner Bosheit selbst bewerkstelligen würde. Das würde ja gewiß kein Mensch ertragen können. Als der Mond dann hinter dem Berg zum

Vorschein kam, nahm Tabazan den Spazierstock in die eine Hand und ergriff mit der anderen eine Mistgabel aus dem Stall und machte sich auf den Weg, um den Berg Hermon zu besteigen. Kaum war er auf dem Gipfel angekommen, da bemerkte er, daß der Mond gerade dabei war, sich schlafen zu legen. Dieser befand sich noch im ersten Viertel, war also eine Sichel, die nach und nach größer werden würde.

Tabazan heftete seine Blicke auf ihn. Und sobald das Gestirn in günstiger Reichweite vorbeizog, sammelte er seine Kräfte und holte aus zu einem kräftigen Schlag nach ihm mit seiner Mistgabel. Weil es etwas neblig war, verfehlte er ihn. Doch als der Mond weiter vorrückte und unser Mann dort noch immer stand und versuchte, sein Gleichgewicht wiederzufinden, drang – zack! – das eine Sichelhorn in seinen Leinenkittel. Und schon wurde der Mann dadurch in die Höhe gehoben.

Er ist nicht zurückgekehrt. Man sagt, daß er es ist, der seither auf der so hell wie Phöbus Apoll glänzenden Mondscheibe in seiner lustigen, wohlbeleibten Gestalt erscheint und Ausschau hält, wo er wieder landen könne.

- O. Jacques, in: Revue des traditions populaires. Bd. 20 (1905), S. 442 f.

Der geizige Barbier

Dauphiné

In einem Alpendorf, nicht weit von Grenoble in der Dauphiné, wohnte einmal ein Barbier, der hieß Bazin. Er ist unvergessen, denn er war so geizig, ... so geizig, ... ja, so geizig, daß er ein Haar in zwei Teile zerlegt hätte, wenn er daraus einen Vorteil hätte ziehen können.

Daß Bazin ein Geizhals war, ... der schlimmste aller Geizhälse, ... war, geht schon daraus hervor, daß er seinen Hund und seine Katze zum Diebstahl abgerichtet hatte. Obgleich die beiden armen Tiere, wenn man sie dabei ertappte, halbtot geschlagen wurden – und das war schon fast zwanzigmal vorgekommen –, kannte er doch kein Erbarmen und machte nicht den geringsten Versuch, ihnen das Stehlen abzugewöhnen.

So werdet ihr, meine lieben Kinder, auch nicht erstaunt sein zu erfahren, was dieser Bazin am Geburtsfest Johannes' des Täufers getrieben hat. In eben der Nacht, wo in den Bergen die Johannisfeuer angezündet werden, kam er auf den Gedanken, abgelegtes Feuerholz heimlich zu entwenden, um sich damit ohne eigene Kosten im Winter am Ofen zu wärmen.

Um dieses Vorhaben in die Tat umzusetzen, schloß er seinen Laden viel früher als gewöhnlich, zog sich, um nicht erkannt zu werden, dunkles, ja, fast schwarzes Zeug an und begab sich auf den nahen Berg.

Aber so sorgsam er überall suchte, ... suchte, ... überall suchte, ... bei jedem Holzstoß, den er fand, hielt sich irgend jemand in der Nähe auf, so daß er nichts stehlen konnte. ... Das machte ihn rasend, ... rasend, ... rasend vor Wut bis tief in sein geiziges Herz hinein.

Schließlich hörte er von allen Seiten die Stimmen von Bauern. Die riefen: „Was macht denn der Martingot?! ... Er soll das Feuer des heiligen Johannes ganz oben auf dem Gipfel des Mont Saint-Eynard anzünden, und sein Feuer soll niemals erlöschen."

Und alle sangen dann laut und vernehmlich:
„Martingot, bist oben du?
Martingot, bist unten du?
Zünde doch dein Feuer an,
Daß es jeder sehen kann!"

Bazin verschwand dann, so schnell er nur konnte. Er stieg auf den Gipfel des Berges, der hoch, ... sehr hoch ist, ... 1360 Meter hoch, doch er hatte fast zehntausend Schritte zu machen, um bis nach oben zu gelangen.

Und er stieg, ... stieg, ... stieg immer weiter und hoffte noch immer, Feuerholz wegtragen zu können.

Auf einmal wußte er nicht mehr, in welcher Richtung er weitergehen sollte, weil er ganz in seiner Nähe ein Schnarchen hörte.

Zuerst zitterte er, ... zitterte er, ... zitterte er, ... wie all solche Menschen, die kein reines Gewissen haben. Dann beruhigte er sich und kam zu dem Schluß: „Das wird Martingot sein, der eingeschlafen ist." Schließlich besann er sich, und er begann ... *petinti* ... *petinta*, ... ganz sachte, ... ganz behutsam, nach den Reisigbündeln zu greifen.

Aber, ... plötzlich rückte der Mond, ... der Mond – der auf dem Gipfel des Berges wohnt – näher, ganz sachte, ... ganz behutsam, ... sehr behutsam, ... und verschlang den Geizhalz Bazin.

Und deswegen, meine Kinder, kann man immer, wenn der Mond ganz rot ist, dort die Gestalt eines Menschen erkennen. Das ist die Gestalt Bazins ... Ja, meine Kinder ... Stehlt niemals, klaut niemals auch nur irgendetwas ... denn es könnte euch sonst so ergehen, wie es Bazin ergangen ist.

● Erzählt von M. Arnoud aus der Dauphiné, aufgezeichnet von Alphonse Certeux, in: Revue des traditions populaires, Bd. 5 (1890), S. 117–119.

Der Mann im Mond

Lot-et-Garonne

Es lebte früher einmal ein Mann, der war sehr geizig, so geizig, daß er Tag und Nacht und selbst an Sonn- und Feiertagen arbeitete, um seinen Erwerb zu vergrößern.

„Mann", sagte eines Tages der liebe Gott zu ihm, „du mißachtest meine Gebote. Du arbeitest Tag und Nacht, selbst an Sonn- und Feiertagen. Was getan ist, ist getan. Ich verzeih' dir deine Sünden. Versuch in Zukunft braver zu sein."

Aber der Mann achtete nicht auf die Warnung des lieben Gottes. Am ersten Sonntag ging alles gut, am zweiten auch.

Am dritten jedoch kam es anders. Als er mit einem Dornenreisigbündel aus dem Wald zurückkam, begegnete er dem lieben Gott.

„Mann, du hast wieder dreimal meine Gebote mißachtet. Um dich zu strafen, werde ich dich einsperren. Du kannst wählen zwischen der Sonne und dem Mond. Auf der Sonne verbrennt man, und auf dem Mond gefriert man zu Eis."

„Lieber Gott, dann wähle ich den Mond."

Da packte der liebe Gott den Mann bei seinem Reisigbündel und sperrte ihn auf den Mond.

Das ereignete sich im Februar. Deshalb nennt man diesen Mann den Februar. Bei Vollmond kann man den Schatten des Mannes und seines Reisigbündels sehen. Februar wollte sich nicht ausruhen, als der liebe Gott es befahl. Deshalb muß er nun bis zum Tage des Gerichts auf dem Mond über den Himmel ziehen.

- „13. Der Mann im Mond", aus: Südfranzösische Sagen. Herausgegeben und übersetzt von Felix Karlinger und Inge Übleis. Europäische Sagen, Band IX, begründet von Will-Erich Peuckert. 1. Auflage 1974, S. 23–24: © Erich Schmidt Verlag, Berlin.

Der Mann, der im Mond gefangen ist

Gers

Es gibt Leute, die haben einen Mann mit einem Reisigbündel auf dem Mond herumgehen sehen. Er befindet sich dort zur Strafe für seine Sünden.

Zu der Zeit, als dieser Mann noch auf der Erde lebte, hat er sonntags oft gearbeitet und wie ein Heide geflucht.

„Nimm dich in acht", sagten seine Nachbarn zu ihm, „böses Tun kann nicht von Dauer sein. Du beleidigst den lieben Gott. Es wird dir einmal ein Unglück zustoßen."

Aber der Mann wollte nicht hören, und er lebte im alten Trott weiter. An einem Osterfeiertag stand er früh auf, nahm seine Axt und ging in den Wald, um Reisholz zu hacken. Als er jedoch ins Dorf zurückkehrte, gerade als das Hochamt zu Ende war, trug ihn der Wind mitsamt seinem Reisigbündel auf den Mond. Der Unglückliche ist dazu verdammt, bis zum Tage des Gerichts dort oben als Gefangener zu leben, wie gesagt, zur Strafe für seine Sünden.

„14. Der Mann, der im Mond gefangen war", aus: Südfranzösische Sagen. Herausgegeben und übersetzt von Felix Karlinger und Inge Übleis. Europäische Sagen, Band IX, begründet von Will-Erich Peuckert. 1. Auflage 1974, S. 23–24: © Erich Schmidt Verlag, Berlin.

Die Buße des Gottlosen

Gascogne

Jedesmal wenn der Mond in seinem vollen Glanze scheint, entdeckt dort das geübte Auge eine menschliche Gestalt. Dafür gibt es zwei Erklärungen. Es handelt sich, sagen die einen, um einen schlechten Christenmenschen, der sich am Sonntag, statt zur Messe zu gehen, damit beschäftigte, sein Feld einzuzäunen. Gott strafte ihn dadurch, daß er ihn in den Mond versetzte. Seit dieser Zeit sieht man ihn in seinem glänzenden Gefängnis den Zaun auf seinen Schultern tragen.

Die anderen sagen, daß es sich bei dem Mann im Mond um Héourèt handelt, den, da es ihm im Winter an Brennholz mangelte, nicht einmal die Ehrfurcht vor dem Weihnachtstag davor zurückhielt, in den Wald zu gehen und sich ein Reisigbündel zu schnüren. Als Buße für die Entweihung eines so großen Festes durch Arbeit gab Gott ihm als neue Wohnstatt den Mond, wo er sich bis zum Jüngsten Gericht aufhalten muß. Jedesmal bei Vollmond sieht man dort Héouèt mit einem Reisigbündel auf seinem Rücken.

- Ludovic Mazeret, in: Revue des traditions populaires, Bd. 26 (1911), S. 404.

Selene und Endymion

Griechenland

Wenn der goldene Sonnenball am Westhimmel untergegangen ist und seine letzten Strahlen an Kraft verlieren, hat bisweilen schon das zunächst noch fade Gegengestirn seine Bahn am Himmel eingenommen. Die im abendlichen Dunkel inmitten immer weiterer Sterne zusehends leuchtender hervortretende Erscheinung gemahnt an eine junge Frau, die mit heller Fackel den anderen Gestirnen den Weg weist. Und weiter lassen die Sinne eine Göttin erahnen; sie ist feingliedrig und in ein glänzendes Gewand gehüllt, und ihr zartes blasses Antlitz ziert eine goldene Krone, deren mildes Licht sich über Himmel und Erde, über Götter und Menschen ergießt.

Die geheimnisvollen, unerklärlichen Dinge des Lebens, die Liebe und die Zauberei, hat man unter ihren Schutz gestellt, dem steten, aber regelmäßigen Wechsel ihres Glanzes und ihres Standes am Abend-, Nacht- und Morgenhimmel einen Einfluß auf Empfängnis und Geburten, ja, auch auf das pflanzliche und tierische Wachstum und Gedeihen zugeschrieben.

Selene oder Luna heißt die liebliche, wohlgestaltete Frau. Ihre Eltern sind die Titanen Hyperion und Theia, ihre Geschwister Sonne und Morgenröte, genannt Helios und Eos. Tagsüber nimmt Selene ein erfrischendes Bad im weltumspannenden Okeanos und rastet an der Stelle, wo West und Ost zusammenfallen. Selene weiß, in welchen Wochen

Europa

sie nicht warten kann, bis Helios nach des Tages langer Fahrt mit seinem goldenen, von vier Rossen gezogenen Wagen diesem Rastpatz naht, sondern schon lange vorher ihren eigenen silbrigen Wagen, ein von weißen Rindern gezogenes Zweigespann, über das Himmelszelt zu lenken hat.

Verharrt sie aber am Rastplatz, so ist sie ihrem Bruder eine liebende Gattin. Vier Kinder hat sie ihm geschenkt, vier im Wesen sehr verschiedene Jungfrauen, eine warmblütige und eine kaltherzige, eine, die frisch und unerfahren ist, und eine, die eher welk und weise wirkt. Sie heißen die Jahreszeiten oder Horen, dürfen aber nicht mit den drei gleichnamigen Töchtern des Zeus und der Titanin Themis verwechselt werden.

In den lang sich hinziehenden Stunden, die Selene fern von ihrem Bruder und Gemahl verbringt, ist es einmal geschehen, daß Zeus, der unersättliche Liebhaber, sie nach ihrem Bade unbekleidet vorfand und von heftigem Verlangen erfüllt wurde. Er teilte mit ihr das Lager, und sie gebar ihm die Tochter Pandia, die bald so schön war, daß sie im Lichte ihres Glanzes selbst den Unsterblichen den Atem zu berauben vermochte.

Selene hat man gelegentlich hinter einem Berggipfel verschwinden sehen. Mancher hat sie bei ihrer eingelegten Rast beobachtet. Auf dem Lykäosberg erspähte sie einmal der in Arkadien lebende Sohn des Hermes, Pan. Häßlich wie er mit seinen Ziegenbeinen und Hörnern und seinem Schwanz auch war, hatte er doch schon einige Nymphen zu verführen gewußt und dachte sich flugs eine besondere List aus, um Selene nahezukommen. Er kannte ihre Vorliebe für strahlendes Weiß und kleidete sich in ein entsprechendes Lammfell. Dann lockte er sie mit brünstigen Rufen tief in einen Hain und trug sie auf seinem Rücken in eine Höhle, wo die Übertölpelte ihn gewähren ließ.

Ein anderes Mal hielt Selene ihr Gespann auf dem Latmos an, einem Berg in Karien im Südwesten von Kleinasien. In einer Felsnische entdeckte sie den Jäger Endymion, der auf seinem Mantel gebettet lag, in der Linken locker einige Jagdspeere hielt und die Rechte um seinen Kopf geschlungen hatte. Seine Augen waren anmutig geschlossen, sein hochgewölbter Mund halb geöffnet. Selene entbrannte in Liebe, legte sich zu dem schönen, jugendfrischen Mann und küßte ihn.

Selene war so zart und behutsam, daß Endymion erst nach geraumer Zeit erwachte. In einem beseligenden Gefühl schlug er die Augen auf und besann sich: „Was ist mir geschehen? War das, was ich erlebte, etwa nur ein Traum, so möchte ich künftig nur noch träumen!" Dann wendete er sich und sah Selene strahlend vor sich stehen und bekennen: „Du hast nicht geträumt, ich, die Mondfrau, liebe dich. Schöneres ist mir nimmer wiederfahren, als dich im Schlaf zu umfangen. Und schön bist du wie ein Gott, ja, schöner als mancher von ihnen." „Holde Frau", stammelte Endymion noch wie benommen, „im Schlaf wurde also meine göttliche Abkunft offenbar?" „Erzähl", drängte Selene, „du stammst von einem Gott ab?" „Ja, das darf ich wohl behaupten, Zeus selbst ist mein Großvater. Ihm hatte Protogenia, die erste nach der großen Flut geborene Frau, Aethlios, meinen Vater geboren! Ich selbst habe mit einer Schar junger Thessalier das Vaterhaus verlassen und in Elis ein Königreich begründet, bin dann aber allein über das Meer gefahren, um mich auf dieses Gebirge zurückzuziehen und nur als Jäger zu leben." „Weißt du, daß auch ich aus Lust an der Jägerei auf die Berge herabsteige?", prahlte Selene. „Durchaus", meinte Endymion, „jeder Jäger weiß von der heimlichen Leidenschaft der Mondfrau. Ich habe gar ein Königreich für die Jägerei geopfert und dachte, dies sei das Höchste, aber nun begehre ich nichts als deine Liebe!" Selene unterbrach ihn: „Ich muß mich nun beeilen, um zu Helios zu gelangen, komme aber immer wieder, wenn ich dich schlummernd finde!"

Es begab sich eben damals, daß Zeus seinen Enkel aufsuchte und ihm einen Wunsch freistellte. Da erbat sich Endymion, seine Jugend in einem immerwährenden Schlaf zu behalten. Das gewährte ihm Zeus. Es war auch die Rede davon, Endymion habe zunächst nur Unsterblichkeit erlangt und sei erst wegen einer Anbändelei mit Hera zu ewigem Schlaf verdammt worden, aber das waren nur böswillige Gerüchte. Nein, geliebt hat er einzig und allein die Mondgöttin. Und die hat fortan auf dem Latmos ihr Gespann angehal-

Europa

ten oder ist mitten aus der Bahn hinabgestiegen, um Endymion zu liebkosen, und hat ihm in schier endlos währenden Jahren der Liebe fünfzig Töchter geboren.

Selene würde den Schlafenden wohl noch in unseren Tagen auf der Erde besuchen, wenn sie ihn nicht irgendwann einmal von dort weggeholt hätte. Genaueres hat kein Sterblicher erfahren. Einige verehrten Selene als Unterweltgöttin und erklärten den Wechsel zwischen Finsternis und heller Beleuchtung des Mondes mit ihrer Wanderung zwischen Unter- und Oberwelt. Von da war es nicht mehr weit zu der Meinung, der Mond sei das Reich der abgeschiedenen Seelen und Endymion ihr König. Oder wäre er gar von Selene zum König eines bewohnten Mondes gemacht worden? So mancher, der in den Mondflecken weniger das Antlitz Selenes als vielmehr schattige Untiefen einer zweiten Erde erblicken wollte, vertrat diese Ansicht. Zu ihnen gehörte offenbar auch Lukian, ein Sophist aus Syrien, der allerdings eine Geschichte verbreitete, mit der er nicht sonderlich ernst genommen werden wollte.

„Mit vier Dutzend Mann Besatzung befand ich mich", so berichtete er, „jenseits der Säulen des Herakles auf stetigem Westkurs, als plötzlich ein Wirbelsturm mein Schiff erfaßte, es umherschleuderte und so in die Höhe riß, daß es mit vollem Wind über den Wolken segelte. Nach einer Luftfahrt von sieben Tagen und sieben Nächten sahen wir am achten Tag ein großes glänzendes, kugelförmiges und hell erleuchtetes Land vor uns liegen. Hier gingen wir vor Anker, stiegen aus und stellten bald fest, daß es bewohnt war. Der König des Landes stellte uns zur Rede. Nachdem wir ihm alles mitgeteilt hatten, begann er von sich selbst zu erzählen, daß er als Mensch Endymion geheißen habe und im Schlaf von der Erde geraubt und König des Landes geworden sei; dies Land sei aber das, welches man von unten für den Mond hält."

● Homer, Hymnen 32 (An Selene); Quintos Smyrnus, Posthomerica 10, 336–342; Vergil, Georgica 3, 391–393; Apollodoros, Bibliothek 1, 7, 5; Pausanias 5, 1.3–5; Lukian, Göttergespräche 11, Eine wahre Geschichte 1, 5–11.

Das Sibyllenorakel

Griechenland

Am Fuße des Parnaß, des Sitzes Apolls und der Musen in der altgriechischen Landschaft Phokis, liegt die Tempelstadt Delphi. Dort wird an dem Felsen beim Rathaus noch heute die Stelle gezeigt, wo die Delphische Sibylle, eine Vorgängerin der berühmten Priesterin Pythia, gesessen haben soll. Sie soll von der östlich benachbarten Landschaft Böotien oder vom Norden her dorthin gelangt sein. Die Delphische Sibylle erregte schon in jungen Jahren Aufsehen durch ihre Weissagung über den Trojanischen Krieg.

Der große Plutarch, der übrigens 125 n. Chr. starb, in dem gleichen Jahr, in dem der oben zitierte Lukian geboren wurde, will Delphi, wie er in seiner Schrift über die „Antwort der Pythia" ausführt, in Begleitung des aus Athen herbeigekommenen Dichters Sarapion und des Mathematikers Boethos besucht haben. Sie führten dort einen Dialog über die Sibyllenorakel:

„Nachdem wir an dem Felsen beim Rathaus haltgemacht hatten, auf dem der Überlieferung nach die erste Sibylle gesessen hat, als sie vom Helikon herkam, wo sie von den Musen erzogen worden war (manche sagen auch, daß sie aus dem Lande der Malier kam und eine Tochter der Lamia, der Tochter Poseidons, war), da gedachte Sarapion der Verse, in denen sie von sich selbst gesungen hat, daß sie, auch wenn sie gestorben wäre, nicht aufhören würde zu weissagen, sondern sie selbst würde auf dem Monde um das auf ihm erscheinende Gesicht umherziehen, ihr Hauch aber würde, mit der Luft sich mischend, in Vorbedeutungen und Stimmen sich verbreiten; aus ihrem in der Erde zerfallenden Körper würden Gras und Kräuter aufwachsen, heilige Tiere würden diese fressen und davon mannigfache Farben, Formen und Eigenschaften an ihren Eingeweiden aufweisen, aus denen sich Offenbarungen der Zukunft für die Menschen ergeben würden.

Hier lachte Boethos noch unverhohlener als vorher; der Fremde aber sagte, wenn dies auch märchenhaft klinge, so legten doch viele Zerstörungen und Verlegungen griechischer Städte, viele Einfälle barbarischer Heere und Vernichtungen von Reichen für die Orakel Zeugnis ab."

Nach einer anderen Schrift, „Späte Vergeltung", gab ein Dämon ihm, Plutarch, dieses ein: „Der Dämon sagte, das sei die Stimme der Sibylle, sie singe von kommenden Dingen, während sie vor dem Gesicht des Mondes umherwandle. Er wolle nun doch noch mehr erlauschen, wurde aber durch den Schwung des Mondes wie in einem Wirbel auf die entgegengesetzte Seite gerissen und hörte nur weniges ..."

- Plutarch: Die delphischen Orakel (Warum weissagt die Pythia jetzt nicht in Versen) 9; ders.: Späte göttliche Vergeltung.

Der Himmel, der Mond und das Meer

Griechenland

In den alten Zeiten war der Himmel so nahe an der Erde, daß die Rinder an ihm lecken konnten. Da nahm eines Tages ein Mensch in seinem Übermut Ochsenmist und warf ihn hinauf zum Mond. Der Mist ist damals am Mond klebengeblieben, und da klebt er auch heute noch. Wir können die dunklen Flecken auf seiner Scheibe sehen. Der Himmel geriet darüber jedoch in Zorn und sprach zum Meer: „Gib du mir Höhe, und ich will dir Tiefe geben."

Denn auch das Meer war zu jener Zeit ganz flach, und man konnte nach allen Richtungen hin auf seinem Grunde gehen. Da gab das Meer dem Himmel Höhe und der Himmel dem Meer Tiefe. So trennten sie sich dereinst voneinander, und der Mond hängt seit damals so hoch oben am Himmel, daß niemand ihn mehr mit Mist bewerfen kann.

- Bernhard Schmidt: Griechische Märchen, Sagen und Volksmärchen. Leipzig 1877.

Wer ist im Mond?

Bulgarien

Die Bulgaren sind sich, wie andere Völker auch, nicht ganz einig, wie das Bild im Mond zu deuten ist. Einerseits soll der Mond selbst ein lebendiges Wesen sein, andererseits nur das Bild, das auf ihm zu sehen ist. Alle, die letzterer Meinung sind, stimmen allerdings darin überein, daß es sich hierbei um einen sehr einsamen Menschen handelt.

Nach einer der Überlieferungen ist dort ein Zigeuner zu sehen. Der lebte zu einer Zeit, als der Mond der Erde noch erheblich näher war, so nahe, daß, wenn ein Mensch auf einen hohen Baum stieg, er ihn mit der Hand erreichen konnte. Da hatte sich der Zigeuner einmal auf einem Baum sehr weit vorgewagt oder hatte sich, wie einige meinen, in einem Birnbaum verfangen und wurde dann mit dem vorbeiziehenden Mond in die Höhe gerissen. Er wird nie mehr zur Erde zurückkehren können und hält seit eh und je einen Spiegel in Händen, in dem wir den Mond in dieser oder jener Gestalt sehen. Ist der Spiegel gerade gegen uns gerichtet, so sehen wir den Mond voll; wendet er den Spiegel ein wenig nach der Seite, so ist der Mond halb oder als Sichel zu sehen; dreht er den Spiegel ganz herum, so sehen wir gar nichts: dann ist also Neumond.

Nach einer anderen Sage hatte ein Bursche eine Pflugschar gestohlen und wurde wegen dieses Vergehens vom Herrgott dazu verdammt, vom Mond aus das Himmelsgewölbe zu pflügen. Die Gestalt, die wir auf dem Monde sehen, ist also dieser Bursche, und je nach der Wendung, die er der Pflugschar gibt, erscheint uns der Mond in dieser oder jener Gestalt.

Es gibt auch die Legende, daß Kain, nachdem er seinen Bruder Abel erschlagen hatte, von Gott als ewiges Zeichen für die Menschen mit den folgenden Worten in den Mond versetzt wurde: „So, Mörder, hier sollst du ewige Pein leiden: immer fünfzehn Tage sollst du sterben und wiederum fünfzehn Tage aufleben."

Eine weitere Sage berichtet von einer in den Mond versetzten jungen Frau: Die Mondfee und ein Mädchen lebten einst lange Zeit glücklich zusammen. Sie waren beide sehr schön, so schön, wie es nirgends ihresgleichen gibt. Aber einmal gerieten sie in Streit, welche von ihnen schöner sei. Während dieses Streites gingen sie zu Tätlichkeiten über, und das Mädchen nahm eine Handvoll Kot und warf ihn ihrer Nebenbuhlerin, der Mondfee, in das schöne Gesicht. Daher hat jetzt der Mond die Flecken im Gesicht.

Schließlich wird noch erzählt, nicht ein junges Mädchen, sondern eine Feldarbeiterin oder eine Spinnerin habe den Mond zu einer Zeit beschmutzt, als er der Erde noch zum Greifen nahe stand. Der einen Frau, die faul war, wurde es infolge des damals noch viel stärkeren Mondscheines bei der Feldarbeit immer sehr heiß. Eines Tages nahm sie, um sein Licht abzuschwächen, eine Handvoll Büffelmist und warf ihn gegen den Mond. Das erregte seinen Zorn; er erhob sich hoch in die Höhe und scheint seither noch schwach in dunkler Nacht. – Über den tief hängenden Mond hat sich, wie gesagt, auch eine Spinnerin geärgert. Denn oftmals blieb, wenn sie mit anderen Frauen spann, der Mond am oberen Ende des Spinnrockens hängen und störte sie dann bei der Arbeit. Aus Ärger über diese häufigen Störungen unterstand sich eine ungeduldige alte Frau einmal, den Mond mit ihrer Spindel zu stoßen und zu stechen. Der Mond stieg darauf ein wenig in die Höhe und fragte die Alte: „Mutterchen, ist es so genug?" Aber die ungehaltene Alte sagte erst dann „genug!", als der Mond schon ganz hoch stand und es dadurch dunkel geworden war.

Wie die Teufel den Mond schwärzten

I. D. Kowatscheff: Bulgarischer Volksglaube aus dem Gebiet der Himmelskunde, in: Zeitschrift für Ethnologie, Bd. 63 (1931), S. 330–332. Bearbeitet.

Der Hirte im Mond

Rumänien

Es war einmal in alten Zeiten ein reicher Bojar. Die Kunde von seinem Reichtum zog über neun Länder und Meere, denn es war, als hätte er auf seinen Gütern alle Schätze der Welt gesammelt. Er hatte einen Palast, dessen Mauern über und über von Gold glänzten, mit Treppen aus Edelsteinen, die die Nacht drei Postmeilen weit zum Tage erhellten, und auch noch andere Reichtümer. Er besaß ausgedehnte Heuwiesen und Ländereien, so groß, daß der Gedanke eines Menschen sie gar nicht umfassen konnte, und auf ihnen weideten unzählige Herden. Und er hatte ein gutes Herz, der Bojar, denn er sättigte jeden Hungernden und half jedem Bedürftigen mit Unterkunft und Nahrung.

Zu diesem Bojaren – so erzählt man – kam eines Tages ein armer Rumäne und bat um einen Dienstplatz. Der Bojar sah ihn an, fand Gefallen an ihm und beschenkte ihn überreichlich. Denn der Bursche war wohlgestaltet und hatte etwas an sich, was die Menschen anzog. Er gab ihm ein Stückchen Land auf einem Hügel und eine Herde von jungen Schafen, auf daß er etwas habe, wodurch er ein leichteres Leben führen könne.

Der Bursche bedankte sich, nahm die Herde und zwei Hunde und zog nach seinem Besitztum ab. Hier baute er sich eine Hütte, um sich vor Wind und Regen bergen zu können, und umschloß eine Schafweide mit einem Zaun, zum Übernachten der Lämmer.

Tagsüber war er stets traurig und sprach mit niemandem, und nur des Abends ging das Feuer seines Herzens auf, wenn er auf seiner kleinen Knochenflöte wehmütige Lieder blies.

Wenn er zu blasen begann, versammelten sich die Schafe und lauschten versunken, die Augen starr auf ihren jungen Hirten gerichtet. Und man sagt, er spielte so wehmütig und süß auf seiner kleinen Flöte, daß auch der Wind seinen Flug unterbrach und das nahe Bächlein seine Wasser anhielt, um zu lauschen.

Sein Gesang war so lockend, daß sogar die Schafe aus der Nachbarschaft sich an seiner Hütte sammelten und nicht mehr nach Hause wollten. Deshalb begannen die anderen Hirten scheel nach ihm zu sehen und wurden ihm feindlich gesinnt, ja, einige von ihnen bedrohten ihn, sie würden ihn bei dem Bojaren verklagen, wenn er ihnen noch länger die Schafe weglocke. Der arme Hirte sah wohl, daß er schuldig sei, aber er konnte sich doch nicht bezähmen zu flöten; denn die Flöte war sein einziger Trost.

Da gingen die Hirten aus der Nachbarschaft, neidisch wie sie auf den Rumänen waren, zum Bojaren und brachten Klage vor, daß er ihnen die Schafe stehle.

Der Bojar betrübte sich in seinem Herzen, als er hörte, daß der Hirte ihm solcherweise seine barmherzige Tat belohnte, und er ließ ihn in den Palast rufen.

Als der Rumäne anlangte, runzelte der Bojar die Brauen und redete ihn folgendermaßen an: „Ei, Mensch, weißt du denn nicht, daß du dich an Gott versündigst, wenn du das Vermögen anderer begehrst, wo du doch deine Schafe und deinen Boden hast, auf dem sie gutes Gras weiden können?"

Da fiel der Hirte ihm zu Füßen nieder und sagte schluchzend: „Es ist so, Euer Gnaden, ich habe gefehlt, aber nicht willentlich, denn ich stehle die Schafe nicht, sondern sie kommen zu mir. Es ist ein Fluch über meinem Haupt, von dem ich mich nicht lösen kann."

Als der Bojar diese Worte hörte, erfaßte ihn das Mitleid, und er erwiderte ihm, trotz all seines Ärgers, in seiner grenzenlosen Gerechtigkeit: „Ich sehe wohl, daß hierbei etwas Besonderes ist, erzähle mir nur alles haarklein!"

Da trocknete sich der Hirte die Tränen ab und sagte: „Als ich in dieses Land kam, kam ich nicht wegen Milch und Honig. Gab es doch auch in unserem Ländchen fruchtbaren Boden, und so jung, wie ich bin, hätte ich mir auch dort mein bescheidenes Brot von heut auf morgen verdient. Aber ich konnte jene Stätten nicht einen Augenblick mehr ertragen, und da floh ich weit, weit weg von ihnen, bis zu eurem Hofe, Euer Gnaden! So war es mir bestimmt, daß ich den größten Kummer kennenlernte, den die Welt kennt, und deshalb muß ich auch heute leiden. Hört mich an, Euer Gnaden, denn meine Worte sind nicht nur leeres Gerede, sie sind die Geschichte des Kummers selbst. Auch ich lernte einmal das Glück der Erde kennen, ich verliebte mich in ein Mädchen, wie es noch kein anderes auf Erden gegeben hatte. Ein ganzes Jahr lang lebten wir Tage süß wie Honig, als sich auf einmal unser Glück verdunkelte. In unserer Blindheit hatten wir vergessen, Gott zu preisen, von dem uns all das Gute gekommen war. Da erzürnte er sich über uns und schickte aus heiterem Himmel eine Krankheit über meine Liebste, die sie in drei Tagen wie eine Flamme auslöschte. Als sie auf dem Sterbebette lag, sagte sie zu mir: ‚Behalte diese Flöte, Stan, auf daß du dich trösten mögest in deiner Qual, und bete zu Gott, daß er unsere Sünden vergebe.' Und dann starb sie und hinterließ mir nichts anderes als diese Wunderflöte. Da fühlte ich, daß ich mit jedem Tag mehr verdorrte; denn jedes Plätzchen erinnerte mich an sie. Und so zog ich fort von dem Orte, wo die Mutter mich geboren hatte, und ich kam her, wo mein einziger Trost diese Flöte ist, aus der ihre Stimme singt. Und jetzt, Euer Gnaden, seht ihr, daß man mich verklagt, daß ich die Schafe des Nachbarn anlocke, die in hellen Scharen kommen, wenn ich auf der Flöte singe. Wenn ihr mich für schuldig haltet, verjagt mich, laßt mir jede Hilfe entbehren, aber laßt mir diese Flöte."

Der Bojar spürte, wie ihn die Tränen übermannten, und er sagte, weich geworden: „Laß nur, Stan, ich werde dir schon Recht verschaffen!"

Und er befahl, daß das Anwesen des Hirten mit einer hohen Mauer umzogen werde, damit die Schafe der Nachbarn es nicht mehr betreten könnten. Dann rief er die anderen Hirten und tadelte sie mit harten Worten wegen ihrer Verleumdungen.

Diese erbosten sich und beschlossen, dem Leben des Rumänen, um dessentwillen sie Schelte erfahren hatten, ein Ende zu bereiten und ihm die Wunderflöte wegzunehmen.

Um Mitternacht, als der Hirte zu blasen aufgehört hatte und sanft eingeschlafen war, schlichen sich einige der neidigen Nachbarn auf sein Anwesen und wollten sein Leben vernichten.

Als sie aber fast so weit waren, ihn totzuschlagen, da begann ein Hund zu bellen, und der Hirte erwachte aus dem Schlaf. In seinem Zorn und in seiner Bitternis riß er einen Hüttenpfosten aus und schwang ihn über dem Haupt, und so war er daran, die elenden Räuber dem Boden gleichzumachen. Aber da gedachte er Gottes und ließ ihnen das Leben. Nun war ihm jener Ort verleidet, er nahm den Pfosten auf die Schultern und machte sich auf den Weg.

Er ging drei Tage und drei Nächte hin und her durch die Wälder. Schließlich fiel er in der Dämmerung des vierten Tages hin, vollständig erschöpft vor Müdigkeit. Da begann er bitterlich zu weinen und bat Gott, sich seiner zu erbarmen und ihn von dieser verhaßten Erde zu nehmen.

Der Herrgott erbarmte sich seiner, als er ihn so reuigen Herzens sah, und er erhob ihn in die Lüfte und stellte ihn auf den Mond.

Unterwegs begann der Hirte noch einmal ein Lied auf seiner sprechenden Flöte zu blasen, und – welches Wunder! – die Schafherden begannen sich zum Himmel zu erheben und zogen dem Lied nach.

Als er aber beim Mond angekommen war und Hand anlegte, um auf ihn zu steigen, entfiel die Flöte seiner Hand und fiel ins Meer. Da blieben die Schafe in der Luft hängen, und seither versuchen sie bis zum heutigen Tage, auf den Mond zu gelangen, der sich immer um sie herumdreht. Aber es ist vergeblich, denn sie können sich nicht so hoch hinauf erheben, und dann beginnen sie bitterlich zu weinen – dann sagen die Menschen, es regnet. Und wenn ihr euch den Mond gut anseht, dann werdet ihr einen Mann sehen, der seine Fußlappen auf dem Pfosten trocknet, den er auf den Schultern trägt ...

Die neidischen Nachbarn aber hatten keine Ruhe und machten sich auf, mit Knütteln und Äxten, den Hirten zu töten; aber den Mond haben sie nie erreichen können. Der gute Gott aber schlug sie für ihren zügellosen Haß und verfluchte sie von Sippe zu Sippe, daß sie, so oft Vollmond am Himmel leuchte, ihm wie von Sinnen nacheilen sollten, mit Äxten und Knütteln in den Händen, und daß sie so, über Berge und Täler dahinrasend, mondsüchtig sein sollten.

- „2. Der Hirte im Mond", aus: Rumänische Sagen und Sagen aus Rumänien. Herausgegeben und übersetzt von Felix Karlinger und Emanuel Turczynski. Europäische Sagen, Band XI, begründet von Will-Erich Peuckert. 1. Auflage 1982, S. 23–26: © Erich Schmidt Verlag, Berlin.

Begegnung in der Hütte des alten Zigeuners

Siebenbürger Zigeuner

In einem kleinen Dorf lebte ein armer, alter Zigeuner, der jeden Tag ins Gebirge ging und dort Reisig sammelte, das er den Dorfbewohnern verkaufte. Für das Geld, das er verdiente, beschaffte er sich Maiskorn, kochte tagtäglich Pallukes (Maisbrei) und aß ihn. Eines Tages kam er spät am Abend mit Reisig beladen in seine Hütte, fand deren Tür weit geöffnet vor und erblickte im Glanze des Mondscheines einen alten Mann mit langem, grauen Haar und Bart am Herd sitzen und Pallukes essen. Erbost stürzte sich der alte Zigeuner auf den Fremden und schrie: „Räuber! Dieb! Wie kannst du es wagen, meinen Pallukes zu essen, den ich mir sauer verdiene?"

Der Greis antwortete: „Ich bin müde und hungrig, und als ich diesen schönen gelben Pallukes sah, konnte ich nicht widerstehen und aß davon!"

Europa

„So", sagte darauf der Zigeuner, „wenn du die gelbe Farbe so gern hast, so geh' und friß auch von dem, wenn du kannst!" Und er zeigte auf den Mond, der wundervoll die Gegend beschien.

Der Fremde schwieg, ergriff seinen Stock und wollte sich entfernen, doch unser Zigeuner vertrat ihm den Weg und schrie: „Oh, oho, du Tagedieb! So haben wir nicht gewettet, Freundchen! Her mit dem Geld, her mit sieben Kreuzern! Denn so viel hat der Pallukes gekostet, den du verzehrt hast."

Der Fremde sagte: „Lieber Mann, ich habe kein Geld, aber am Christabend will ich es dir tausendmal vergelten."

„Du elender Vagabund, du, du willst mir nicht zahlen, du willst mich zum Narren halten?", schrie der Zigeuner, warf sich auf den Fremden und schleuderte ihn zu Boden.

Da sprach der Fremde: „Nun, dein Wille geschehe! Wisse, ich bin der heilige Nikolaus und hätte dir am heiligen Weihnachtsabend so viel Geld beschert, daß du reicher gewesen wärest als der Graf, der dort oben im Schloß wohnt und mich armen Mann drei Tage und drei Nächte lang beherbergt hat, ohne mich hinauszuwerfen oder Geld zu verlangen. Dafür soll er noch reicher und glücklicher werden. Du aber empfange auch deinen Lohn! Im Mond kannst du wohnen und den Mond essen!" Sprach's und ging weiter.

Der Zigeuner aber wurde in den Mond versetzt und ißt von ihm jahraus, jahrein, und er hätte bis jetzt gewiß den ganzen Mond aufgezehrt, wenn unser Herrgott ihn nicht stets nachwachsen ließe.

• Heinrich von Wlislocki: Märchen und Sagen der Transsilvanischen Zigeuner. Berlin 1886, S. 7 f.

Die feuchten Fußlappen

Siebenbürgen

Ein Schäfer wusch, als es schon dunkel war, seine abgetragenen Fußlappen. Dann legte er sie auf einen Dornbusch, mußte aber nach einer ganzen Weile feststellen, daß sie nicht trockneten. Er schaute hinauf zum Mond und fragte sich grimmig, warum dieser nicht stärker scheine, damit seine Fußlappen trocknen konnten. Dabei fluchte er. Das hätte er besser nicht getan; denn sogleich wurde er samt dem Dornbusch vom Mond aufgesogen.

Die gut sichtbaren Flecken hält man seither für die zum Trocknen aufgehängten Fußlappen des Schäfers, und es heißt: „Du sollst nicht fluchen, sonst saugt dich der Mond auf, so wie den Schäfer."

Es gibt aber auch die Meinung, bei den Flecken handele es sich gar nicht um die Fußlappen eines Schäfers, sondern um die zum Trocknen aufgehängten Strümpfe des Königs David. Kein Mensch weiß, wie denn die Strümpfe dort hingelangt sind. Daß David geflucht habe, wird aber niemand behaupten.

- Tekla Dömötör: Volksglaube und Aberglaube der Ungarn (A magyar nép hiedelemvilága, deutsch). Budapest 1981, S. 221. – Iván Balassa, Gyula Ortutay: Ungarische Volkskunde (Magyar néprajz, deutsch). Budapest, München 1982, S. 728, 731.

Europa

David und Cäcilie

Ungarn

In einem großen Teil des ungarischen Sprachraumes glaubt man, bei den Mondflecken handele es sich um den König David, der dort säße und Geige oder Harfe spiele. Eine volkstümliche Redensart besagt:
 König David sitzt im Mond,
 Spielt die Geige wie gewohnt.
 Viele meinen überdies, König David spiele auf dem Mond Geige und die heilige Cäcilie tanze dazu.
 Andere aber sagen, es handele sich bei David und Cäcilie gar nicht um biblische Gestalten, also weder um den Hirtenknaben aus Bethlehem, der dann Zitherspieler bei König Saul wurde, den Riesen Goliath erschlug und nach dem Tode Sauls König von Juda wurde, noch um die christliche Blutzeugin, die später Schutzpatronin der Musik, der Sänger und Dichter wurde. Es sollen ganz einfach zwei Geschwister dieses Namens gewesen sein, die heute im Mond zu sehen sind.

• Iván Balassa, Gyula Ortutay: Ungarische Volkskunde (Magyar néprajz, deutsch). Budapest, München 1982, S. 728. – Tekla Dömötör: Volksglaube und Aberglaube der Ungarn (A magyar nép hiedelemvilága, deutsch). Budapest 1981, S. 220. – Am Ur-Quell, Bd. 4 (1893), S. 55.

Der heilige Georg auf dem Mond

Polen

Als der heilige Georg, der bekannte Drachentöter und Märtyrer, in den Himmel kam, war er sehr neugierig, wie wohl ein Teufel aussieht. Und Jesus Christus ließ es drauf ankommen und erlaubte es ihm, das Ohr eines Teufels zu Gesicht zu bekommen. Das aber war so hell, daß der heilige Georg aus Furcht nach hinten sprang und dabei auf den Mond hinunterstürzte, wo er dann bleiben mußte. Von der Zeit an war er überaus traurig und spielte, um sich abzulenken, auf seiner Geige. Denn würde er immer nur auf den Mond blikken, so müßte er am Ende noch den Verstand verlieren.

Diese Legende, die so oder so ähnlich im südlichen Polen erzählt wird, hat in der Überlieferung der Leute am Rabafluß östlich von Krakau einen etwas anderen Inhalt: „Im Mond sitzt auf auf einem Hügel der heilige Georg und spielt Geige, während ein anderer Heiliger, dessen Beine nur bis zu den Knien reichen, dazu tanzt. Es wird gesagt, daß der heilige Georg während seines irdischen Lebens ein großartiger Musikant war und stets einem seiner Freunde aufspielte. Dieser tanzte so leidenschaftlich, daß er sich die Beine schließlich bis zu den Knien abgetreten hatte. Und weil das Leben der beiden Freunde auf Erden tugendhaft und gottesfürchtig war, hat der Herrgott sie auf den Mond versetzt, wo sie nun bis zum Ende der Welt das machen können, was ihnen zeit ihres Lebens so viel Freude bereitet hat."

So kann man den Heiligen und seinen Freund, der ihm gefolgt war, noch immer sehen, wenn der Mond voll ist.

● Seweryn Udziela, in: Wisła. Bd. 12 (1898), S. 137 f. (Jan Świętek: Lud nadrabski ‚od Gdowa po Bochnie'. Kraków 1893, S. 543).

Europa

Der Zauberer Twardowski

Polen

Twardowski war ein angesehener Edelmann, der das Schwert ebensogut zu gebrauchen verstand wie den Spinnrocken. Er wollte klüger sein als andere ehrbare Leute und eine Medizin gegen den Tod finden, denn er hatte keine Lust zu sterben.

In einem alten Buch hatte er einmal gelesen, wie man den Teufel herbeiruft; und eben deswegen schlich er sich in tiefer Nacht aus Krakau, wo er die Heilkunde betrieb, hinaus, stieg auf den Berg Krzemionki und rief mit lauter Stimme den Bösen herbei. Der so laut Gerufene kam auch flugs herbei, und beide schlossen sie entsprechend den Gepflogenheiten jener Zeit einen Pakt. Der Teufel ging in die Knie und faßte eine Schuldverschreibung ab, die Twardowski mit dem Blut aus seinem Mittelfinger unterschrieb.

Die wichtigste der Vereinbarungen war, daß niemand einen Anspruch auf den Leib und die Seele von Twardowski habe, wenn er nicht in Rom gefaßt würde.

Kraft dieses Vertrages wurde also der Teufel sein Diener. Als erstes ließ er ihn alles Silber aus ganz Polen an einem Ort zusammentragen und mit Sand bedecken. Das sollte in Olkusch sein. Gehorsam führte er den Befehl aus, und so entstand die berühmte Silberhütte von Olkusch.

Als zweites befahl er ihm, einen hohen Felsen nach Pieskowa Skała zu tragen und ihn dort mit der Spitze nach unten hinzustellen. Der beflissene Knappe erfüllte, was der Herr von ihm verlangt hatte, und so steht der umgedrehte Berg dort noch heute und heißt Sokola Skała.

Was er auch immer forderte, es wurde sogleich ausgeführt. So ritt er auf einem gemalten Pferd, flog ohne Flügel durch die Luft, ritt weite Strecken auf einem Hahn, der schneller war als ein Pferd, er ruderte mit seiner Liebsten ohne Ruder oder Segel gegen den Strom auf der Weichsel, und er vermochte selbst hundert Meilen entfernte Dörfer mit einem Brennglas in Brand zu setzen.

Twardowski fand eines Tages Gefallen an einem jungen Mädchen und wollte es heiraten; das Mädchen bewahrte aber in einer Flasche eine Larve auf und erklärte, nur den zu heiraten, der errate, was für ein Tier das sei.

Twardowski war kein Dummkopf. Er verkleidete sich als Bettler und machte sich auf den Weg zu der jungen Frau. Sobald er sich näherte, hob sie die Flasche empor und fragte ihn:

„Wird das 'ne Schlange oder einen Käfer geben?
Nur dem, der das errät, reich' ich die Hand fürs Leben."

Twardowski antwortete ihr: „Das, verehrtes Fräulein, wird eine Biene!"

Er hatte es richtig herausgefunden und vermählte sich mit ihr.

Frau Twardowski errichtete am Marktplatz in Krakau ein Haus aus Ton. Darin verkaufte sie Töpfe und Schüsseln. Twardowski kam, als reicher Mann verkleidet, mit der ganzen Dienerschaft seines Gutshauses angefahren und befahl dieser, alles kurz und klein zu schlagen. Als seine Frau voller Wut und mit erhobenen Fäusten alles, was lebte, verwünschte, saß er nur fröhlich in seiner prächtigen Kutsche und lachte voller Inbrunst.

Gold hatte er wie Sand am Meer, denn der Teufel schaffte ihm alles, was er wünschte, herbei. Einmal trieb er es zu weit; ohne jedes Zaubermittel schritt er gedankenverloren durch einen finsteren Wald, als ganz plötzlich der Teufel erschien und ihn aufforderte, sich unverzüglich geradenwegs nach Rom zu begeben. Das erzürnte den Magier, und kraft seiner Zauberformeln zwang er den Bösen zu fliehen. Dieser knirschte vor Wut mit seinen langen Eckzähnen, riß eine Kiefer samt Wurzeln aus dem Boden und schlug Twardowski damit so heftig gegen die Beine, daß das eine davon zerschmettert wurde. Von da an lahmte er und erhielt den Spottnamen „der Hinkende".

Schließlich nahm der Böse, der schon so lange auf die Seele des Zauberers warten mußte, die Gestalt eines Höflings an, der den erfahrenen Arzt um Hilfe für seinen krank daniederliegenden Herrn ersuchte. Twardowski folgte eilig dem Boten in ein benachbartes Dorf, ohne zu wissen, daß das dortige Wirtshaus den Namen „Rom" trug.

Kaum hatte er die Schwelle der Gaststube überschritten, ließen sich unzählige Raben, Eulen und Uhus auf dem ganzen Dach nieder und gaben ein ohrenbetäubendes Getöse von sich. Twardowski erkannte blitzschnell, welcher Gefahr er sich ausgesetzt hatte. Er nahm ein gerade erst getauftes Kind aus seinem Bettchen und wiegte es auf seinen Armen hin und her. In dem Augenblick kam der Böse in seiner tatsächlichen Gestalt in die Stube gerannt.

Obwohl er fein gekleidet war – mit einem Dreispitz auf dem Kopfe, einem deutschen Frack und einer langen, über den Bauch reichenden Weste, einer kurzen und engen Hose sowie Schuhen mit Schnallen und Bändchen, erkannten ihn doch alle, denn man sah seine Hörner unter dem Hut, seine Krallen in den Schuhen und hinten seinen Schwanz.

Gerade als er Twardowski entführen wollte, bemerkte er das kleine Kind auf dessen Armen, über das er keine Macht hatte. Für den Bösen gab es indessen bald eine Lösung. Er trat dem Zauberer näher und sagte: „Du bist ein Edelmann, also denn: verbum nobile debet esse stabile."

Twardowski war sich im klaren, daß er sein Ehrenwort nicht brechen durfte. Er legte das Kind in die Wiege zurück und flog mit seinem Begleiter ohne Umweg durch den Kamin empor unter dem jetzt fröhlichen Gekrächze der Eulen, Raben und Uhus auf dem Dach.

Sie flogen höher und höher. Twardowski hatte seinen Mut nicht verloren; er blickte nach unten und sah die Erde. Sie flogen indessen so hoch, daß die Dörfer so klein wie Mücken und große Städte wie Fliegen erschienen, und selbst Krakau wirkte nicht größer als zwei Spinnen zusammen.

Tiefe Trauer erfüllte sein Herz, konnte er doch alles sehn, was ihm lieb und teuer war. Als sie beide schließlich auf ihrem Flug eine Höhe erreicht hatten, wo nicht einmal die Geier und Karpatenadler ihre Schwingen bewegten und wohin kein Auge reichte, preßte er mit letzter Kraft seine Brust zusammen und begann mit gerade noch hörbarer Stimme ein frommes Lied zu singen.

Es war ein Kirchenlied, das er in seiner Jugend, als er noch über keine Zauberkraft verfügte und eine reine Seele hatte, zu Ehren Mariens gedichtet und täglich gesungen hatte.

Die Stimme klang immer wieder ab, obwohl er von ganzem Herzen sang, aber die Berghirten, die tief unten auf den Almen die Schafe hüteten, hoben verwundert die Köpfe und wollten wissen, wo das durch die Wolken klingende fromme Lied herkam. Seine Stimme schallte also nicht nach oben, sondern zur Erbauung der menschlichen Seelen hinunter auf die Erde.

Nach Beendigung des ersten Gesanges stellte er verwundert fest, daß er nicht mehr höher hinaufflog, sondern an derselben Stelle hängenblieb. Er blickte sich um und konnte seinen Begleiter nicht mehr entdecken. Er hörte nur dessen Stimme in einer dunklen Wolke über sich donnern: „Dort wirst du hängen bis zum Jüngsten Tag!"

Und so schwebt Twardowski bis heute an dieser Stelle. Obwohl er seine Stimme verloren hat, so daß niemand mehr seine Worte vernehmen kann, erinnern sich doch die Alten, deren Erinnerungen sehr weit zurückreichen, an den Tag, als die Gestalt Twardowskis erstmals als schwarzer Fleck vor dem Vollmond zu sehen war, die dort bis zum Tage des Gerichtes weiter schweben wird.

- Klechdy, storożytne podania i powieści ludu Polskiego i Rusi. Wójcicki, Kazimierz Władysław. Warschau 1972. Übers. v. Zofia Blunck.

Der Bärenkopf

Litauen

Bereits vor der Zeit des Heidentums gab es die Sage, daß die Sippe der dunkelhaarigen Menschen mit dunkler Haut, die die Kurische Nehrung einst bewohnten, einen Vertrag mit dem Großen Bären, dem Gebieter des Mondes, abgefaßt hatten: Wenn Fische ins Meer hinausschwimmen, ruft der Bär einen Sturm hervor, jagt den Fischen Angst ein, so daß diese zum Ufer zurückkehren, gerade ins Fangnetz der Fischer. Dafür lassen die Fischer die allerbesten und allergrößten Fische an einer heiligen Stelle im Wald für den Bären zurück.

So geschah es denn. In jeder Vollmondnacht stieg der Bär zu der heiligen Stelle hinab, verzehrte die Fische und kehrte zum Mond zurück.

Dann geschah es einmal, daß viele Jahre nacheinander Fische beim Ufer blieben und die Menschen die Hilfe des Bären nicht mehr zu brauchen glaubten. Wozu sollten sie denn noch einen Teil der Beute dem Bären abgeben? Als der Bär nun dem Vertrag zuwider an seiner Stelle keinen Fisch mehr vorfand, beschloß er, den Menschen eine Lehre zu erteilen; er versetzte sie in einen tiefen Schlaf und nahm während dieser Zeit alle Mädchen der Sippe mit. Nach dem Erwachen begriffen die Menschen schnell, wie es dazu gekommen war, und bereuten ihre Habgier zutiefst. Weinen und Gejammer vernahm man in jedem Haus.

Ein Jüngling namens Grazvydas, dessen Liebste auch entführt worden war, beschloß die Mädeln zu retten. Er ging in den Wald zum Hexenmeister und bat um Rat und Hilfe. Der Zauberer gab ihm einen Talisman und erklärte, wie sich dessen Träger zu verhalten habe.

Am Tage vor der nachfolgenden Vollmondnacht gelang es Grazvydas, mit Hilfe des Talismans einen unvorstellbar großen Fisch zu fangen. Er nahm ihn an der Küste aus und versteckte sich im Bauch mit einer Axt in der Hand. Der Hexenmeister nähte den Bauch des Fisches zu und brachte ihn am Abend in den Wald. In der Nacht fand der Bär diesen ihm dargebrachten Fisch vor, schluckte ihn herunter und kehrte zum Mond zurück.

Als Grazvydas die Zeit für gekommen hielt, kroch er aus dem Fisch heraus, wobei er dessen Inneres zerhackte. Er schlachtete den Bären, köpfte ihn und warf den Kopf auf die Erde. Die Mädchen fand er dann alle im Hause des Bären vor. Grazvydas hieß sie, sich gegenseitig die Zöpfe abzuschneiden, und ließ diese zu einem starken Seil flechten. So kamen alle vom Mond herunter.

Nach einiger Zeit wurde es offenbar, daß alle Mädchen vom Bären geschwängert waren. Später brachte jedes von ihnen ein Mädchen und einen Jungen zur Welt. Diese Kinder waren sehr kräftig und unterschieden sich von anderen dadurch, daß sie blondes Haar, helle Haut und blaue Augen hatten. Solchen Menschen begegnete man hier früher nie. Als Erwachsene besiedelten sie das ganze Land.

Der Bärenkopf, der an der Küste liegenblieb, wurde vom Wind mit Sand verweht, und die so entstandene Düne erhielt den Namen „Bärenkopf". Den getöteten Körper des Bären kann man auch jetzt noch dunkel sehen, wenn man den Vollmond aufmerksam betrachtet.

- Nach einer Übersetzung von E. Aperavitschjene.

Die anzügliche Wasserträgerin

Lettland

In alten Zeiten leuchtete der Mond ebenso makellos wie die Sonne. Da gingen einmal des Nachts zwei junge Mädchen zum Brunnen, um Wasser zu holen. Sie führten beide zwei Eimer mit sich, die an einem Brett hingen, das auf ihren Schultern lastete. Der volle Mond stand in seiner ganzen Schönheit hoch am Himmel. Die Mädchen blickten zu ihm auf, und das eine sagte: „Oh, wie prächtig ist er!" Das andere antwortete: „Mein Hintern ist viel prächtiger als er" und zeigte, den Rock anhebend, ihr nacktes Gesäß.

Die Strafe des so Beleidigten folgte auf dem Fuße; der Mond hob das spottende Mädchen zu sich in die Höhe. Und da blieb es auch. Dort, wo sich jetzt der dunkle Fleck auf dem Mond befindet, kann man noch immer das Mädchen sehen, wie es ein Brett auf den Schultern trägt. So hat sich der Mond gerächt und mußte doch auch selbst schwere Folgen tragen, indem er nun mit diesem Makel behaftet blieb.

- Revue des traditions populaires, Bd. 7 (1892), S. 553. Bearbeitet.

Die keifende Wasserträgerin

Estland

Eine Frau war an einem Sonntagabend, als der Mond bereits am Himmel stand, mit zwei Eimern Wasser unterwegs. Das Gewicht drückte sie, und da ein junger Ritter weit und breit nicht zu sehen war, wandte sie sich keuchend und schimpfend an den Mond: „Elender, warum bist du mir nicht beim Tragen behilflich und blickst nur faul zu mir herunter?!" Der Mond leistete ihr augenblicklich Hilfe, doch anders als sie es sich vorgestellt hatte. Zornig zog er sie, die den Sonntag schändete, mit ihren beiden Eimern zu sich empor, und da blieb sie auch, wie jedermann noch heute sehen kann.

- Géza Róheim: Mondmythologie und Mondreligion. Wien 1927, S. 442. Aus: *Imago* Bd. 13 (1927). Bearbeitet.

Die Eheleute mit dem Teereimer

Ösel (Estland)

An einem Samstagabend gingen ein Mann und sein Weib aus, um zu stehlen. Sie wollten in eines Bauern Klete (Speicher) einbrechen, aber da der Mond so hell schien, wagten sie sich nicht an die Kletentüre heran. Da kam dem Mann ein guter Gedanke; er sagte: „Frau, der Mond steht noch niedrig, nehmen wir diesen Teereimer auf die Tragstange zwischen uns und klettern wir, bevor der Mond höher steigt, auf diesen Heuschober. Dort werden wir schon so hoch hinaufreichen, daß wir den Mond mit Teer anstreichen können!"

Wie gedacht, so getan. Sie kletterten auf den Heuschober hinauf, sahen aber, daß der Mond immer noch weiter war, als sie geglaubt hatten, doch blieben sie oben, um weiter zu beratschlagen. Aber wie wunderbar! Mann und Weib schritten Hand in Hand auf den Mond zu, den Teereimer auf der Tragstange, und gingen bis auf den Mond, konnten ihn aber nicht teeren und auch selbst nicht mehr zurückkommen. Und so stehen sie bis zum heutigen Tage nebeneinander auf dem Monde, zwischen ihnen der Teereimer, was jeder bei Vollmond an klaren Abenden sehen kann.

- Jaan Jögewer (Jogever): Eesti Kirjam. Seltsi astaraam. Tartu 1889, Beilage S. 26 f.

Wie die Teufel den Mond schwärzten

Estland

Altvater hatte schon die ganze Welt erschaffen, aber noch war sein Werk nicht vollkommen, wie es sein sollte, denn noch mangelte es der Welt an reichlichem Licht. Des Tages wandelte die Sonne ihre Bahn am himmlischen Zelt, aber wenn sie abends unterging, so deckte tiefe Finsternis Himmel und Erde. Alles was geschah, verbarg die Nacht in ihrem Schoße.

Bald sah der Schöpfer diesen Mangel und gedachte dem abzuhelfen. So gebot er denn dem Ilmarinen, dafür Sorge zu tragen, daß es fortan auch in den Nächten auf Erden hell sei.

Ilmarinen gehorchte dem Befehl, trat hin zu seiner Esse, wo er vordem schon des Himmels Gewölbe geschmiedet, nahm viel Silber und goß daraus eine gewaltige runde Kugel. Die überzog er mit dickem Gold, setzte ein helles Feuer hinein und hieß sie nun ihren Wandel beginnen am Himmelszelt. Darauf schmiedete er unzählige Sterne, gab ihnen mit leichtem Golde ein Ansehen und stellte jeden an seinen Platz im Himmelsraum.

Da begann neues Leben auf der Erde. Kaum sank die Sonne, da stieg auch schon am Himmelsrand der goldene Mond auf, zog seine blaue Straße und erleuchtete das nächtliche Dunkel nicht anders als die Sonne den Tag. Dazu blinkten neben ihm die unzähligen Sterne und begleiteten ihn wie einen König, bis er endlich am anderen Ende des Himmels anlangte. Dann gingen die Sterne zur Ruhe, der Mond verließ das Himmelsgewölbe, und die Sonne trat an seine Stelle, um dem Weltall Licht zu spenden.

So leuchtete nun Tag und Nacht ein gleichmäßiges Licht auf die Erde nieder. Denn des Mondes Angesicht war ebenso klar und rein wie der Sonne Antlitz, nur gleicher Wärme ermangelten seine Strahlen. Am Tage brannte aber die Sonne oftmals so heiß, daß niemand eine Arbeit verrichten mochte. Um so lieber schafften sie dann unter dem Schein des nächtlichen Himmelswächters, und alle Menschen waren von Herzen froh über das Geschenk des Mondes.

Den Teufel aber ärgerte der Mond gar sehr, denn in seinem hellen Lichte konnte er nichts Böses mehr verüben. Zog er einmal auf Beute aus, so erkannte man ihn schon von fern und trieb ihn mit Schanden heim. So kam es, daß er sich in dieser Zeit nicht mehr als zwei Seelen erbeutet hatte.

Da saß er nun Tag und Nacht und sann, wie er's wohl bewerkstelligen sollte, damit es ihm wieder glücke. Endlich rief er zwei Gesellen herbei, aber die wußten auch keinen Ausweg. So ratschlagten sie denn zu dritt voll Eifer und Sorge, es wollte ihnen aber nichts einfallen. Am siebenten Tage hatten sie keinen Bissen mehr zu essen, saßen seufzend da, drückten den leeren Magen und zerbrachen sich die Köpfe mit Nachdenken. Und siehe, endlich kam dem Bösen selbst ein glücklicher Einfall.

Wie die Teufel den Mond schwärzten

„Wir müssen den Mond wieder fortschaffen, wenn wir uns retten wollen. Gibt es keinen Mond mehr am Himmel, so sind wir wieder Helden wie zuvor. Beim matten Sternenlicht können wir ja unbesorgt unsere Werke betreiben!"

„Sollen wir denn den Mond vom Himmel herunterholen?", fragten ihn die Knechte.

„Nein", sprach der Teufel, „der sitzt zu fest daran, herunter bekommen wir ihn nicht! Wir müssen es besser machen. Und das beste ist, wir nehmen Teer und schmieren ihn damit, bis er schwarz wird. Dann mag er am Himmel weiterlaufen, das wird uns nicht verdrießen."

Dem Höllenvolke gefiel der Rat des Alten gut, und alle wollten sich sogleich ans Werk machen. Es war aber zu spät geworden, denn der Mond neigte sich schon zum Niedergang, und die Sonne erhob ihr Angesicht. Am nächsten Tag aber schafften sie mit Eifer an ihrer Arbeit bis zum späten Abend. Der Böse war ausgezogen und hatte eine Tonne Teer gestohlen, die trug er nun in den Wald zu seinen Knechten. Indes waren diese geschäftig, aus sieben Stücken eine lange Leiter zusammenzubinden, und ein jedes Stück maß sieben Klafter. Darauf schafften sie einen tüchtigen Eimer herbei und banden aus Lindenbast einen Schmierwisch zusammen, den sie an einen langen Stiel steckten.

So erwarteten sie die Nacht. Als nun der Mond aufstieg, warf sich der Böse die Leiter samt der Tonne auf die Schulter und hieß die beiden Knechte mit Eimer und Borstwisch folgen. Als sie angekommen waren, füllten sie den Eimer mit Teer, schütteten auch Asche hinzu und tauchten dann den Borstwisch hinein. Im selben Augenblick lugte auch schon der Mond hinter dem Wald hervor. Hastig richteten sie die Leiter auf, der Alte aber gab dem einen Knecht den Eimer in die Hand und hieß ihn hurtig hinaufsteigen, indes der andere unten die Leiter stützen sollte.

So hielten sie nun unten beide die Leiter, der Alte und sein Knecht. Der Knecht aber vermochte der schweren Last nicht zu widerstehen, so daß die Leiter zu wanken begann. Da glitt auch der Mann, der nach oben gestiegen war, auf einer Sprosse aus und stürzte mit dem Eimer dem Teufel auf den Hals. Der Böse prustete und schüttelte sich wie ein Bär und fing an, schrecklich zu fluchen. Dabei gab er auf die Leiter nicht mehr acht und ließ sie los, so daß sie mit Donner und Gekrach zu Boden fiel und in tausend Stücke schlug.

Als ihm nun sein Werk so übel geraten und er selbst anstatt des Mondes vom Teer begossen ward, da tobte der Teufel in seinem Zorn und Grimm. Wohl wusch und scheuerte, kratzte und schabte er seinen Leib, aber Teer und Ruß blieben an ihm haften, und ihre schwarze Farbe trägt er noch bis auf den heutigen Tag.

So kläglich schlug dem Teufel sein Versuch fehl, aber er wollte von seinem Vorhaben nicht ablassen. Darum stahl er anderntags wiederum sieben Leiterbäume, band sie gehörig zusammen und schaffte sie an den Waldsaum, wo der Mond am tiefsten steht. Als der Mond am Abend aufstieg, schlug der Böse die Leiter fest in den Grund ein, stützte sie noch mit beiden Händen und schickten den anderen Knecht mit dem Teereimer hinauf zum Mond, gebot ihm aber streng, sich fest an die Sprossen zu hängen und sich vor dem gestrigen Fehltritt zu hüten. Der Knecht kletterte so schnell wie möglich mit dem Eimer hinauf und gelangte glücklich auf die letzte Sprosse. Eben stieg der Mond in königlicher Pracht hinter dem Wald auf. Da hob der Teufel die ganze Leiter auf und trug sie eilig bis hin an den Mond. Und welch in Glück! Sie war wirklich gerade so lang, daß sie mit der Spitze an den Mond reichte.

Nun machte sich des Teufels Knecht ohne Säumen ans Werk. Es ist aber nichts Leichtes, oben auf einer solchen Leiter stehen und dem Mond mit einem Teerwisch ins Gesicht fahren zu wollen. Zudem stand auch der Mond nicht still auf einem Fleck, sondern wandelte ohne Unterlaß seines Weges. Darum band sich der Mann da oben mit einem Seil fest an den Mond, und da er also vor dem Fallen geschützt war, ergriff er den Wisch aus dem Eimer und begann den Mond zuerst von der hinteren Seite zu schwärzen. Aber die dicke Goldschicht auf dem reinen Monde wollte keinen Schmutz annehmen. Der Knecht strich und schmierte, daß ihm der Schweiß von der Stirne troff, bis es ihm nach vieler Mühe endlich doch gelang, des Mondes Rücken mit Teer zu überziehen.

Der Teufel unten schaute mit offenem Mund der Arbeit zu, und als er das Werk zur Hälfte vollendet sah, sprang er vor Freude von einem Fuß auf den andern.

Als er so den Rücken des Mondes geschwärzt hatte, schob sich der Knecht mühsam nach vorn, um auch hier den Glanz des Himmelswächters zu vertilgen. Da stand er nun, verschnaufte ein wenig und dachte nach, wie er es anfinge, um mit der anderen Seite leichter fertig zu werden. Es fiel ihm aber nichts Gescheites ein, und er mußte es wie zuvor machen.

Schon wollte er sein Werk wieder beginnen, als gerade Altvater aus kurzem Schlummer erwachte. Verwundert nahm er wahr, daß die Welt um die Hälfte dunkler geworden, obgleich kein Wölkchen am Himmel stand. Wie er aber schärfer nach der Ursache der Finsternis ausschaute, erblickte er den Mann auf dem Mond, der eben seinen Wisch in den Teertopf tauchte, um die erste Hälfte des Mondes der zweiten gleichzumachen. Unten aber sprang der Teufel vor Freude wie ein Ziegenbock hin und her.

„Solche Streiche macht ihr also hinter meinem Rücken!", rief Altvater zornig aus. „So mögen denn die Übeltäter den verdienten Lohn empfangen! Auf dem Monde bist du und sollst du ewig mit deinem Eimer bleiben, allen zur Warnung, die der Welt das Licht rauben wollen."

Altvaters Worte gingen in Erfüllung. Noch heute steht der Mann mit dem Teereimer im Monde, der deswegen nicht mehr so hell leuchten will wie sonst. Oft wohl steigt der Mond hinab in den Schoß des Meeres und möchte sich reinbaden von seinen Flecken, aber sie bleiben ewig an ihm haften.

- Harry Jannsen: Märchen und Sagen des estnischen Volkes. Riga u. Leipzig 1888.

Die Tochter des Mondes und der Sohn der Sonne

Lappland

Tag für Tag fährt Vater Sonne in seinem Schlitten über den blauen Himmel und beobachtet seine Welt. Viel hat er zu tun: Allem, was geboren werden soll, muß er Leben geben, er muß den Bäumen, Sträuchern und Gräsern bei ihrem Wachstum helfen, muß sein Licht auf Tiere, Menschen und Vögel werfen, damit sie wachsen und gedeihen.

Eines Tages ging Peivalké Sonnenstrahl, der Sohn der Sonne, zu seinem Vater und teilte ihm mit, daß für ihn die Zeit zum Heiraten gekommen sei. Allerdings fehle ihm noch die Braut. Zwar habe er seine goldenen Stiefel jeder Jungfrau, die auf der Erde lebe, anzupassen versucht, doch könne keine sie tragen, noch könne eine mit ihnen durch die Lüfte fliegen.

Der Vater antwortete, er werde Mutter Mond befragen, die gerade eine Tochter geboren habe. Beide seien zwar sehr arm, ärmer als Sonne und Peivalké, doch immerhin lebten sie im Himmel.

Vater Sonne wartete auf den Tag, an dem die Mondin des Morgens aufging, und unterbreitete ihr seinen Vorschlag. Mutter Mond war darüber sehr aufgebracht. Das Kind sei doch noch so klein – warum solle es jetzt schon heiraten? Vater Sonne fegte derartige Bedenken unwirsch beiseite. Die Tochter, sagte er, könne in seinem eigenen prunkvollen Haus aufwachsen, in dem sie gut gehegt und ernährt werde. „Komm, zeige es einmal meinem Sohn Peivalké", schlug Vater Sonne vor.

„Oh, nein!", verwahrte sich die Mondin; sie befürchtete, daß Peivalké ihr zartes Mädchen verbrennen könnte. Und sie erklärte ihm auch, daß ihr Kind schon längst Nainas von den Nordlichtern versprochen sei.

Da wurde Sonne böse und erzeugte in jäher Wut ein schweres Unwetter mit Donnern, brausenden Stürmen und hohen Wellen, die sich an den Stränden brachen. Die Erde erzitterte, und die Menschen kauerten in ihren Sommerhäusern, den *Vezhas*.

Die Mondin beschloß, ihre Tochter zu verstecken. Zu diesem Zweck suchte sie sich einen alten Mann und dessen Frau aus, die auf einer kleinen Insel eines Sees lebten. Das Ehepaar fand eines Tages eine silberne Wiege in den Ästen einer Tanne. Sie schien leer, bis die Stimme eines kleinen Kindes ertönte: „Niekia – ich bin nicht da! Doch jetzt – bin ich da!" Und das Kind erschien in der Wiege.

Das überglückliche Paar brachte das Kind ins Haus und zog es liebevoll auf, bis es zu einem schönen, strahlenden jungen Mädchen herangewachsen war. Sie nannten es Niekia, denn immer, wenn das Mädchen spielen gehen wollte, pflegte es zu sagen: „Niekia, ich bin nicht da!" – und verschwand. Nachts ging sie in den Garten und streckte die Arme dem Mond entgegen. Dann erstrahlte sie in lichtem Glanz.

Zufällig hörte Vater Sonne von einer Jungfrau von unvergleichlicher Schönheit, die auf einer Insel wohnen sollte. Er schickte also seinen Sohn, um sie zu suchen und zu finden. Peivalké verliebte sich auf der Stelle in Niekia. Als sie aber in seine goldenen Stiefel schlüpfte, versengten diese ihre Füßchen. Peivalké wollte sie dennoch mit sich nehmen. Doch sie machte sich unsichtbar und verschwand.

Niekia verbarg sich im Wald. Sobald die Mondin aufgegangen war, folgte jene ihren Strahlen zu einem verlassenen Haus am Ufer des Sees. Drinnen war es sehr schmutzig, und so machte sich Niekia daran, alles zu säubern. Nachdem sie ihre Arbeit beendet hatte, verwandelte sie sich in eine alte Spindel und schlief auf der Stelle ein.

In der Morgendämmerung wurde sie von silbernen Kriegern geweckt, als diese das Haus betraten. Es waren die Brüder des Nordlichts, unter ihnen Nainas, ihr wahrer Verlobter. Die Krieger waren von der Sauberkeit der Hütte tief beeindruckt, und Nainas rief nach der Unbekannten und bat sie, sich zu zeigen. Wenn sie jünger wäre als er selbst, versprach er, würde er sie zu seiner Braut machen. Niekia

Europa

offenbarte sich und erklärte sich schüchtern einverstanden, Nainas' Frau zu werden. Gerade in diesem Augenblick ging jedoch die Sonne auf, und die Nordlichter mußten weichen.

Nun kamen die Nordlichter jeden Abend nach Niekias Heim und veranstalteten dort ungestüme Kriegsspiele, wobei sie riesige Blitze und bunte Lichter an den Himmel warfen. In der Morgendämmerung jedoch mußten sie immer wieder fliehen.

Niekia überlegte angestrengt, wie sie Nainas auch tagsüber bei sich behalten könnte. Sie nähte einen dunklen Vorhang aus Rentierhaut, bestickte ihn mit der Milchstraße und warf ihn schließlich über das Dach ihres Hauses, um das Nahen des Morgens zu verbergen.

So kam es, daß Nainas einmal die Zeit verschlief. Nachdem es Tag geworden war, ging Niekia in den Garten, ließ aber versehentlich einen Sonnenstrahl durch die Tür herein. Als nun Nainas in großer Angst aus dem Haus rannte, entdeckte ihn Vater Sonne und nagelte ihn mit seinen Strahlen am Boden fest. Niekia eilte zu ihm und bedeckte ihn mit ihrem eigenen Körper, so daß er entkommen konnte. Er löste sich in Luft auf.

Der Sonnenmann aber ergriff Niekia und versengte sie mit einem wütenden Blick. Er rief nach Peivalké. Laut schluchzend weigerte sich Niekia, Peivalké zu heiraten, selbst wenn Vater Sonne sie töten würde. Der aufgebrachte Sonnenvater warf sie schließlich in die Arme von Mutter Mond zurück.

Ihre Mutter fing sie auf und drückte sie an ihr Herz, wo sie bis in die heutige Zeit geblieben ist. Den Schatten ihres Gesichtes kann man immer noch auf dem Mond sehen. Nachts aber beobachtet Niekia mit großer Sehnsucht die Nordlichter und ihre erstaunlichen Luftschlachten.

- A. Yelagina: Daughter of the Moon and Son of the Sun. Lappish fairytales. Moskau 1979, S. 3–9.

Asien

Oben: Der Hase im Mond, nach japanischen Darstellungen. Rechte Vignette nach einem japanischen Holzschnitt rekonstruiert, nach Hugo Kunike, *Das Kaninchen im Monde*, in: Die Sterne, H. 11/12 (1925), S. 273. *(Abbildung zu S. 87f.)*

Unten: Kröte und Hase im Mond. Links nach einem chinesischen Relief aus dem 1. Jhd. v. Chr., nach Stephen Wootton Bushell, *Chinese Art*, Bd. 1 (1906). Rechts Ausschnitt aus einem Seidenbanner aus dem Grab Nr. 1 von Mawangdui, in: Michael Loewe, *Ways to Paradise*, 1979, Fig. 7. *(Abbildung zu S. 96f.)*

Links: Der japanische Mondgott Gatten mit Mondscheibe samt einem Hasen, Malerei auf Seide, 17./18. Jh., aus der Serie *Die zwölf Gottheiten, Juni-ten* im Museum für Ostasiatische Kunst in Köln. *(Abbildung zu S. 87f.)*

Rechts: Die chinesische Mondgöttin Ximu, beziehungsweise Xiwangmu, „Mutter des Westens", mit Hasen, die mit einem Stößel in einem Mörser stampfen, Reliefdarstellung aus Shandong, wahrscheinlich 3. Jh. n. Chr., in: Michael Loewe, *Ways to Paradise*, 1979, Fig. 21. *(Abbildung zu S. 89f.)*

Heng O, die das für ihren Mann Shen I bestimmte Lebenselixier geschluckt hatte und dadurch zur Herrin des Mondes wurde, der sein Licht von der Sonne empfängt. Terrakotta-Statuette aus Kanton im Musée Guimet, Paris. *(Abbildung zu S. 95f.)*

Der Mondhase, der in einem Mörser Reis und allerlei Zutaten zerstampft, aus denen das Elixier der Unsterblichkeit zubereitet wird. Detail einer bestickten kaiserlichen Robe aus dem 18. Jh., verwahrt in der Michael Holford Library. *(Abbildung zu S. 89f.)*

Der Mond mit dem Mondgott. Aus einer thailändischen Miniatur in den Staatlichen Museen Berlin.

Der iranische Mondgott Mah auf einem Silberteller aus sassanidischer Zeit.

Asien

Der gefangene Schamane

Turuchansk

Die Naturvölker in den unwirtlichen Gegenden des Gebietes Turuchansk (am Jenissei) sind auf Gedeih und Verderb den Gefahren einer rauhen Witterung ausgesetzt, wissen aber auch um höhere Mächte, die ihnen Hilfe und Heilung gewähren können. Ein Stammesangehöriger ist jeweils dazu berufen, nach stundenlangen Tänzen bei gleichförmiger, eintöniger Musik die Kraft zu gewinnen, mit der jenseitigen Welt, mit den Seelen der Verstorbenen und den Tiergeistern, in Verbindung zu treten. Als Schamanen, als Zauberkundige, genießen sie Hochachtung und großes Vertrauen. Ein Zeichen ihrer Würde ist die Trommel, ein Sinnbild des Weltalls und der Sitz der Hilfsgeister.

Einmal, so wird erzählt, setzte sich ein Schamane über die ihm gesetzten Grenzen hinweg. Die Tänze hatten ihn in eine solche Raserei versetzt, daß er jedermann hemmungslos angreifen zu können glaubte. Er erdreistete sich gar, als Bogenschütze gegen den Mond zu kämpfen. Sobald dieser sich am abendlichen Himmel zeigte, zog er überschwenglich los und rührte die Trommel. Kaum daß er in die Nähe des nächtlichen Gestirns gekommen war, verflog sein Hochmut wie der Rauch im Wind. Der Mond ergriff ihn und machte ihn zu seinem Gefangenen. Seither ist der Schamane mit seiner Trommel im Mond zu sehen.

● P. I. Tret'jakov: Turuchanskij kraj, ego privoda i žiteli. St. Petersburg 1871, S. 201. Bearbeitet.

Die Erlösung des gequälten Waisenkindes

Jakuten

In einem Land mit endlos weiten Wäldern und Sümpfen, in dem die Sommer kurz und die Winter sehr lang sind, lebte einmal ein kleines Mädchen, dessen Eltern früh verstorben waren. Ein Jäger und seine Frau, die kinderlos waren, hatten es in ihre Obhut genommen. Der Stiefvater war tagsüber auf der Jagd, und die Stiefmutter legte die Hände in den Schoß und ließ die Kleine, laut scheltend, die Stuben putzen.

Täglich mußte das Mädchen mit einem Joch auf den Schultern, an dem zwei Eimer hingen, einen weiten Weg durch Gestrüpp zu einem See machen, um Wasser zu schöpfen und heimzutragen. So war es auch an einem bitterkalten Tage, als Schnee den unzugänglichen Weg und die vereinzelten Bäume bedeckte. Was die Waise am Leibe und auf dem Kopf trug, bot ihr nur wenig Schutz, und weil sie in ihrer Armut noch nicht einmal Schuhe trug, fror sie Stein und Bein; schon das geringste Verweilen ließ ihre Glieder erstarren. Am See angekommen, schlug sie ein Loch in die dicke Eisdecke und füllte ihre Eimer.

Auf dem Heimweg begann es bereits zu dunkeln. Da stolperte sie versehentlich über Weidengestrüpp und verschüttete einen großen Teil des Wassers. Das Mädchen befand sich in höchster Not. Aussichtslos schien es, bei Dunkelheit und eisiger Kälte zum See zurückzukehren, und unmöglich, mit zur Hälfte geleerten Eimern vor die gestrenge Stiefmutter zu treten. Welche Strafe würde ihr dann blühen! Tieftraurig blickte sie zum Mond auf, der in voller Größe tief am Himmel stand. Der Mond erbarmte sich der Verzweifelten. Er stieg herab, hob sie an seine Brust und stieg wieder zum Himmel auf. Dieses Mädchen steht auch heute im Mond mit Eimern am Tragjoch auf den Schultern, und um sie herum wachsen Taljiki-Weiden, mit denen zusammen sie entrückt worden war. Wunderbar ist sie, die man die Waise oder die Seele des Mondes nennt, im Halbmond zu sehen.

Bei zunehmendem Mond kann man gut verfolgen, daß in dem Maße, wie das Waisenkind größer wird, der Mond ebenfalls wächst. Sobald der Mond abnimmt, ist das ein Zeichen dafür, daß der Erretter ins Haus eintritt, wo er mit dem Waisenkind wohnt; sobald es Vollmond ist, ist er mit dem jungen Mädchen unterwegs, um Wasser zu holen. Es sind Wölfe und Bären, die den Mond verschlingen, um auf diese Weise die Waise emporzuheben. Alle 28 Tage wächst er wieder, aber dann beginnen die Tiere wieder, ihn anzufressen.

- Wacław Sieroszewski: Du Chamanisme d'après les croyances des Yakoutes, in: Revue de l'histoire des religions, Bd. 9/10 (1902), S. 216; ders.: Jakuty. St. Petersburg 1896, S. 667 f. Bearbeitet.

Das verwunschene Waisenkind

Burjäten

Es war einmal ein kleines Waisenmädchen, das hatte eine strenge und hartherzige Stiefmutter. Es mußte den lieben langen Tag für sie arbeiten. Tagein, tagaus mußte es einen weiten Weg zu einem See zurücklegen, um von dort an einem Joch zwei Eimer voll Wasser nach Hause zu bringen.

Als die kleine Waise einmal bei großer Kälte länger als gewöhnlich unterwegs war, wartete die Stiefmutter bereits vor dem Haus auf sie und begann, sobald sie sie sah, fürchterlich zu schimpfen. In einem Wutausbruch schrie sie: „Oh, sollen dich doch die Sonne und der Mond holen!"

Am nachfolgenden Tag war die Kleine wieder unterwegs zum Wassertragen. Als es dämmerte, bemerkte sie, wie die Sonne und der Mond zu ihr herabstiegen. In ihrer Angst klammerte sie sich an einen Weidenbaum. Als die Sonne dabei war, sie zu ergreifen, sagte der Mond: „Du wanderst am Tag und ich in der Nacht. Du würdest das Mädchen mit deinen heißen Strahlen verbrennen, bei mir kann sie dagegen gut weiterleben. Es beginnt jetzt bald die Nacht, die Zeit meiner Herrschaft. Gib also das Mädchen mir." Die Sonne stimmte dem Verlangen des Mondes einsichtig zu. Der hob dann das Kind mit seinen Eimern an dem Joch und auch den Weidenbusch, an den es sich klammerte, empor, und dort kann all das auch heute noch gesehen werden.

- S. Šaškov: Samanstvo v Sibiri, in: Zapiski Russkago Geograficeskogo Obscestva 1864. Bd. 2, St. Petersburg 1864, S. 14f; Grigorij Nikolaevič Potanin: Očerki severo-zapadnoj Mongolii, Bd. 4, St. Petersburg 1993, S. 191.

Wie der Menschenfresser in den Mond kam

Altai-Tataren

Die Altai-Tataren erzählen, daß vor undenklichen Zeiten ein Menschenfresser namens Džel'begen auf Erden gehaust hatte. Die Menschen waren ihm schutzlos ausgeliefert und lebten in ständiger Angst. Wo immer er hinkam, fielen sie ihm reihenweise zum Opfer. Die Menschen flehten den Gott Učburchan und die anderen Mächte des Himmels um Hilfe an.

Die Bewohner des Himmels waren selbst in Sorge und wünschten, die Menschen zu retten. Sie versammelten sich, um Rat zu halten. Die Sonne sagte: „Ich würde nur zu gern herabsteigen, um die armen Menschen von diesem Monster zu befreien, wäre nicht meine Hitze für sie schädlich." Der Mond sagte: „Ja, durch die Hitze würden die Menschen wahrscheinlich verbrennen, aber meine Kälte kann ihnen nichts anhaben." Er wußte also, was er zu tun hatte. Er stieg zur Erde herab und entdeckte schon bald den Menschenfresser, der gerade dabei war, Hagedornbeeren zu pflücken und zu verschlingen. Ohne zu zögern, bemächtigte sich der Mond des teuflischen Wesens und hob es mitsamt dem Strauch in den Himmel empor.

Die Menschen, von denen nur acht überlebt hatten, vermehrten sich dann schnell. Im Mond aber können noch jetzt der Menschenfresser und der Hagedornbusch gesehen werden.

● Grigorij Nikolaevič Potanin: Očerci severo-zapadnoj Mongolii, Bd. 4, St. Petersburg 1883, S. 190 f.

Das Wasser des Lebens geht verloren

Burjäten, Tuwiner

Die Burjäten in der russischen Mongolei am Baikalsee wissen so manche Geschichte vom Kampf des Monsters Aracho gegen Sonne, Mond und Sterne. Der göttliche Očirvani, erzählen sie, wollte dereinst seinen Menschen und Tieren das Leben versüßen. Unbeschwert, bei guter Gesundheit und ohne Todesfurcht sollten sie leben. In dieser Absicht ließ er die Sonne und den Mond für sie das Wasser des Lebens zubereiten. Noch ehe das wunderbare Wasser auch nur einem Menschen und einem Tier zugute kam, machte sich das Monster Aracho über das Gefäß her, trank es aus und beschmutzte es. Očirvani erkundigte sich beim Mond, dem auf Erden nichts entgeht, nach der Stelle, wo das Biest hauste. Er erfuhr es, eilte dorthin und schlug es in zwei Teile. Der vordere Teil, der bereits unsterblich geworden war, verfolgte den Mond. In seinen Flecken kann der Körper des Monsters gesehen werden.

Wie die Teufel den Mond schwärzten

Die Tuwiner nennen den Aracho Mangys. Sie erzählen: Očirvani-tengri würde uns in seinem unendlichen Wohlwollen mit dem Wasser des Lebens ein ewiges, glückliches Dasein beschert haben, hätte es nicht der Mangys zunichte gemacht. Das kam so. Očirvani trug der Sonne und dem Mond auf, dieses Elixier „arakšin'" zu kochen, machte sich aber, ehe es angesetzt war, auf Reisen. Er war auch bald hinter einem Bergzug außer Sicht gekommen. Kaum war das Elixier „arakšin'" zubereitet worden, da drang der Mangys in das Haus ein, verschlang es und wusch sich auch noch in der Schüssel, in der sich dieses Gericht befand. Dann fragte er die Köche: „Wohin hat sich Očirvani begeben?" Die Sonne schwieg, aber der Mond gab Auskunft. Der Mangys nahm nun die Spur Očirvanis auf. Der aber kam auf einem anderen Wege zurück und fragte die beiden, was sich in seiner Abwesenheit zugetragen habe. Sie erzählten es ihm. Očirvani eilte aus dem Haus und holte den Mangys auf einem Berg ein. Er schleuderte mit Zaubersprüchen Wurfgeschosse auf ihn und brachte ihm sieben Verletzungen bei. Er traf Gesicht, Arme und Oberkörper und machte dabei Augen, Hände und Rücken zuschanden. Dann schlug er dem Mangys die untere Hälfte ab. Der oberen Hälfte führte er einen bijl in die Nase, einen Stab, wie ihn die Kamele in ihren Nüstern haben, und gab ihn der Sonne und dem Mond zum Festhalten. Seither halten die beiden die obere Hälfte fest. Sie ist bis auf unsere Tage in den Flecken des Mondes sichtbar und wird Mangys oder Taičžin-Arachy genannt.

● Grigorij Nikolaevič Potanin: Očerci severo-zapadnoj Mongolii, Bd. 4, St. Petersburg 1883, S. 190f. und 209.

Asien

Hase und Dachs

Japan

Ein alter Mann lebte mit seiner Frau in einem Haus am Fuße eines Berges. Auf einem Feld in der Nähe baute er Getreide an. Beim Säen rief er immer: „Ein Same werde eintausend." Kaum daß er das gesagt hatte, kam jedoch jedesmal vom Berg her ein Dachs herbei, ließ sich auf einem Stein nieder und versuchte, den Ertrag des Feldes zunichte zu machen, indem er rief: „Verdorben seien alle Samen!" Unmöglich schien es, den Dachs zu fangen, da er es wieder und wieder schaffte, sich rechtzeitig im Dickicht des Berges zu verkriechen. Schließlich bestrich der zornig gewordene Mann einmal vor dem Säen den Stein, auf den sich der Dachs zu setzen pflegte, mit Vogelleim. Der Dachs rannte auch wirklich zu dem Stein hin und konnte, als der alte Mann herbeikam, nicht mehr fliehen. Der Mann ergriff ihn und hängte ihn bei den Beinen an einem Pfosten seines Hauses auf.

Dann ging er in den Wald, um Holz aufzuschichten, während seine Frau zu Hause blieb und für die Abendgrütze Weizen stampfte. Da flehte der Dachs die alte Frau an, ihn doch loszubinden, dafür würde er ihr auch die Arbeit des Stampfens abnehmen. Gutmütig wie sie war, tat sie es. Der Dachs begann zu stampfen, schlug aber die Frau, sobald sie abgelenkt war, mit der Keule tot. Dann schnitt er das Fleisch der Frau ab, kochte es, verkleidete sich wie sie und wartete auf die Heimkehr des Alten.

Als der alte Mann nach Hause kam, war er erstaunt, daß der Dachs bereits zu Kochfleisch verarbeitet zu sein schien. Und er hatte auch den Eindruck, daß es seine liebe Frau war, die ihn aufforderte, von der Dachssuppe zu kosten. Diese mundete ihm so sehr, daß er den Teller vollständig leerte. Nach dem letzten Schluck nahm der Dachs seine wahre Gestalt an und sagte: „Du alter Tor; sieh dir nur die Knochen unter dem Ausguß an, um zu wissen, wen du verzehrt hast!"

und rannte davon. Der Mann erkannte die Lage, verfolgte den Bösen wie von Sinnen bis in die Berge, vermochte ihn aber nicht mehr einzuholen.

Der Alte ließ sich verzweifelt weinend nieder. Da kam ein weißer Hase auf ihn zu, der seit der Zeit, als er ihn vor dem Todesbiß eines Jagdhundes bewahrt hatte, zu seinem treuen Freund geworden war. Er hörte, was geschehen war, und versprach, den Tod der guten Frau zu rächen. Das war für den Mann sehr tröstlich.

Der Hase ging in den Wald und traf bald den Dachs an, der mit einem Bündel Brennholz auf dem Rücken einherging. Der Hase schlug Feuer und setzte heimlich das Holz auf dem Rücken des Dachses in Brand. Als der Dachs das Knistern des Feuers „knick knack" vernahm, rief er: „Sag, was ist das für ein Geräusch?" „Ja, ja", antwortete der Hase, hier ist immer so ein Geräusch, die Gegend heißt ja auch der Knick-Knack-Berg." Es dauerte aber nicht lange, da versengte das Feuer dem Dachs den Rücken. Mit Schmerzesschreien rannte er zu einem Fluß, um seine Wunden zu kühlen.

Nach einigen Tagen suchte der Hase mit mitleidiger Miene den Dachs in seinem Krankenlager auf und gab vor, er habe ein vorzügliches Mittel gegen Brandwunden zubereitet. Der Dachs zeigte sich erfreut und ließ den Hasen gewähren. Der aber legte ihm ein Pflaster aus Senf und Pfeffer auf den Rücken und verschwand eilends.

Der Dachs lag nun mit noch größeren Schmerzen danieder. Die Zeit aber heilt alle Wunden, und eines Tages war es soweit, daß er sich zu dem Hasen begab, um ihn wegen des üblen Hausmittels zur Rede zu stellen. Er traf ihn an einem See an, gerade im Begriff, sich ein Boot zu bauen, ein zweites lag bereits fertiggestellt am Ufer. Der Dachs war so erstaunt, daß er sein Anliegen vergaß und den Hasen nur fragte, was er denn mit den Booten vorhabe. Der Hase erklärte, er wolle mitten im See abheben und nach der Hauptstadt des Mondes reisen. Er habe noch keinen Reisegefährten, ob er ihn nicht in dem zweiten Boot begleiten wolle. Der Dachs fühlte sich damals sehr einsam und stimmte freudig zu. Als der Mond eine Linie gleißenden Lichtes über den nächtlichen See warf, waren die beiden startbereit und legten ab. Das Boot des

Dachses war im Gegensatz zu dem hölzernen des Hasen nur aus Lehm gemacht. Infolgedessen sank das Boot schon bald und riß den Dachs mit in die Tiefe. Der Hase aber ruderte zurück und begab sich zu dem alten, trauernden Mann. Er erzählte ihm alles, was sich zugetragen hatte. Der Alte bedankte sich von Herzen, lobte den Hasen wegen seiner Klugheit und meinte, der Tod seiner Frau sei nunmehr hinreichend gerächt.

In dieser Geschichte versinnbildlicht der brandgefleckte Dachs den Mond, der sich in seinem für den Untergang bestimmten Boot auf dem See des Himmels bewegt, während der weiße Hase in seinem gediegenen Boot den zunehmenden Mond verkörpert.

- Algernon Bertram Freeman Mitford: Tales of Old Japan. 3rd ed. London 1876. – Paulus Cassel: Aus dem Lande des Sonnenaufgangs. Japanische Sagen. Berlin 1885, S. 19–22. Zusammenfassung.

Ein Wunsch geht in Erfüllung

China

Vor langer Zeit, es mögen tausend Jahre her sein, soll der damalige Kaiser von China eines Nachts einen sonderbaren Traum gehabt haben, der ihm wie ein wirkliches Erlebnis in Erinnerung bleiben sollte. In einer herrlichen Mondscheinnacht ging er mit seinem Lieblingspriester, einem dem Übernatürlichen zugewandten Taoisten, durch ein Hügelland spazieren, als er plötzlich von der Sehnsucht ergriffen wurde, den „Mann im Monde" zu besuchen. Kaum hatte der Herrscher seinem Begleiter gegenüber diesen Wunsch geäußert, da wurde er auch schon erfüllt. Der Priester warf nämlich seinen Stab in die Höhe, der sich, weil ihm eine zauberische

Kraft innewohnte, augenblicklich in eine Jaspis-Brücke verwandelte, auf der der Kaiser zum Mond gelangte.

Die wunderschönen Szenen, die der Kaiser auf dem Nachbargestirn sah, beeindruckten ihn so sehr, daß er seine Dichter Schauspiele schreiben ließ, die alles, was sich dort begeben hatte, sehr anschaulich darstellten. Die Stücke wurden dann von Höflingen aufgeführt. Im Anschluß an die Darbietungen wurde jedem der Beteiligten ein mit Goldblatt verzierter mondförmiger Kuchen als Belohnung überreicht.

Dies soll der Ursprung der „Mondkuchen" sein, die untrennbar zu dem Mondfest dazugehören, das die Chinesen am 15. Tage ihres achten Monats feiern. Auf diesen Kuchen ist ein Hase gemalt, der auf eine noch ältere Überlieferung zurückgeht, wonach ein Jadehase, also ein grünlicher Hase auf dem Mond lebt und Geistern dient, indem er in einem Mörser Reis und allerlei Zutaten zerstampft, aus denen ein Elexier der Unsterblichkeit zubereitet wird. Der Hase ist denn auf den Kuchen vielfach mitsamt seinem Mörser abgebildet, gleich ob es sich um Pastetenkuchen oder um bloßes ungenießbares Kinderspielzeug handelt.

Auf jene Zeit geht auch der Brauch zurück, daß die alten Kaiser auf ihrer Festkleidung einen aufgestickten Vollmond trugen, auf dem im Schatten eines Baumes, dem Sinnbild langen Lebens, ein Hase in einem Mörser Körner zerstampft.

● Bruno Navarra: China und die Chinesen. Bremern 1901, S. 375. – Girard de Rialle, in: Revue des traditions populaires. Bd. 3 (1888), S. 136.

Der Kassienbaum

Ostchina

Im Mond gibt es, glauben die Chinesen seit alters her, Bäume, und sie alle sind Zimtbäume, genauer gesagt: Kassienbäume.

Asien

In der Mitte des achten Monats, zu der Zeit, wo die Chinesen das Mondfest feiern, öffnen sich die Blüten des Kassienbaumes. Sie sind kugelförmig, weiß und rein wie der Glanz des Mondes und verströmen einen einzigartigen Wohlgeruch. Würzig riecht auch die Baumrinde, aus der das Zimtöl gewonnen wird. So stand der Kassienbaum in alter Zeit in dem Ruf, die wichtigste aller Heilpflanzen zu sein. Man glaubte, daß er, der immergrüne Baum, das Leben verlängere. Man mischte Zimtöl mit dem Saft vom Bambusrohr oder dem Hirn eines Wasserfrosches und hielt es für möglich, daß man sieben Jahre nach dessen Genuß auf dem Wasser gehen und das Leben bis zur Unsterblichkeit verlängern könne.

Als Sinnbild der Unsterblichkeit galt insbesondere einer der Kassienbäume, der unweit des Palastes der Gebieterin des Mondes stehen soll. Er ist, heißt es, so hoch und üppig gewachsen, daß sein Schatten das Bild eines Baumes auf der Mondscheibe sichtbar werden läßt. Der große Yu-Yang berichtet schon im 8. Jahrhundert, daß er 500 Klafter hoch sei. Auf dem Boden vor diesem Baum steht, schreibt er, ein betagter Mann, der unaufhörlich mit der Axt auf ihn einschlägt. Doch immer, wenn er gerade eine Kerbe in den Stamm geschlagen hat, schließt sie sich wieder auf geheimnisvolle Weise. Weshalb gibt dieser Mann nie auf? Will er Zimtöl gewinnen oder gar den Baum fällen, damit die Nächte auf Erden nicht so dunkel sind?

Niemand wird es je wissen. Denn der Mann wird, was immer er vorhat, sein Ziel nie erreichen. Wir wissen aber, wer dieser Mann ist und warum er sich so abrackert. Der Mann ist Wu Kang aus der Stadt Siho in der heutigen Provinz Kansu. Als junger Student ist er vom geraden Pfade abgekommen und deswegen zu der furchtbaren Strafe verdammt worden, im Mond auf den Kassienbaum einzuschlagen.

Wu Kang war, als er studierte, ehrlich bestrebt, ein kluger Mann zu werden. Durch ein streng enthaltsames Leben und tiefe innere Versenkung wollte er letztlich Unsterblichkeit erlangen und den Rang der Götter erreichen. Hatte er einmal diesen Vorsatz gefaßt, so durfte er nie einen Fehler begehen, niemals auch nur eine der Vorschriften mißachten. Wu Kang aber war dieser Aufgabe nicht gewachsen. Er fehlte und mußte, statt als Unsterblicher das höchste Glück zu erlangen, nun für immer schmachten. Denn wer besonders hoch hinaufstrebt, der kann auch besonders tief fallen.

● Johann Jacob Maria de Groot: Les fêtes annuellement célébrées à Émoui (Amoy), in: Annales du Musée Guimet. Paris. Bd. 12 (1886), S. 501–509. Auszug.

Der unheilvolle Baum

Miao (Südostchina)

Der Überlieferung der Miao, der Urbevölkerung der Provinz Kweitschou, zufolge hat es vorzeiten einen geheimnisvollen Baum gegeben, dem man die Schuld daran gab, daß immer wieder von den benachbarten Anhöhen ein bösartiges Wesen herabstieg und sich Menschen zum Fraß holte. Die in Angst lebenden Bewohner des Landes kamen schließlich überein, diesen Baum zu fällen. Es gelang ihnen aber nicht. Dann boten eine Krabbe und ein Adler ihre Dienste an, um den für die Menschen so schrecklichen Zustand zu beenden. Doch auch ihre Bemühungen blieben ergebnislos. Zuletzt machte sich eine schöne junge Frau auf den Weg und verdrehte dem Ungeheuer so sehr den Kopf, daß sie seine Gebieterin wurde. In einem günstigen Augenblick schnitt sie ihm Hände und Füße ab, floh nach dem Baum und wurde dabei samt diesem in den Mond versetzt, wo man sie noch heute sehen kann.

● Alphonse Schotter: Notes ethnographiques sur les tribus de Kong-schéou, in: Anthropos, Bd. 3 (1908), S. 421. Bearbeitet.

Asien

Das Mißgeschick eines Tugendhelden

Südchina

Vor langer Zeit ging einmal ein betagter Mann namens Yi in der Mittagszeit auf einem Feldweg spazieren, als ihm ein Geist begegnete. Der wußte sehr wohl, was für ein tugendhafter Mann, ja, wahrer Tugendheld der Alte war, und beabsichtigte daher, ihm den Zugang zum Himmel zu ermöglichen. Er drückte ihm zwei Pillen in die Hand und sagte: „Nimm diese hier mit, bewahre sie bis zum 15. Tag des achten Monats und warte die jetzige Mittagsstunde ab. Wenn du dann den Südhimmel genau betrachtest, wirst du bemerken, daß sich dort ein Tor öffnet. Sobald das geschieht, schlucke die beiden Pillen, und du wirst geradeswegs in den Himmel fliegen und in einen Geist verwandelt werden." Kaum hatte er das gesagt, da verschwand er auch schon. Yi steckte die Pillen ein und machte sich auf den Heimweg. Zu Hause vertraute er das Geheimnis seiner Frau Tschang O an, und das war kein glücklicher Einfall, denn es sollte ihm zum Schaden gereichen.

Als der festgelegte Tag gekommen war, war Yi, wie immer, wenn die Mittagszeit anbrach, noch nicht ins Haus zurückgekehrt. Tschang O aber war vor Neugierde so in Aufregung, daß sie nicht mehr warten wollte, und beschloß, die Wirksamkeit der Pillen auch allein zu prüfen. Sie nahm sie in die Hand, und wirklich begann sich, während sie zum Südhimmel blickte, vor ihren Augen langsam ein Himmelstor zu öffnen. Ihr Mann war aber, als das Tor schließlich offenstand, noch immer nicht zurückgekehrt. Sie dachte an seine Worte, schluckte aber nur die eine der Pillen und ließ die andere für ihren Mann zurück. Alsbald senkte sich aus dem offenen Himmelstor ein Stuhl zu ihr herab. Die gute Frau nahm darauf Platz und wurde dann sogleich in den Himmel fortgetragen.

Kurze Zeit später kehrte der Ehemann in großer Eile zurück, um noch vor dem Ende der besagten Stunde zu vollführen, was ihm verheißen war. Wie groß war sein Kummer, als er seine Frau und die eine der Pillen nicht mehr vorfand! Er suchte sorgsam den Südhimmel ab, da wo die Sonne mittags am höchsten steht. Aber nirgends öffnete sich ein Tor. Kurz vor dem Ende der angegebenen Stunde schluckte er, um nur ja nichts zu verpassen, dennoch die verbliebene Pille. Wieder senkte sich ein Stuhl herab und blieb vor ihm stehen. Yi wurde wie seine Frau emporgehoben, gelangte auch zum Himmelstor, doch war dieses bereits geschlossen und öffnete sich nicht mehr. Verzweifelt wartete der Unglückliche draußen vor den mächtigen verschlossenen Flügeln. Der Himmelswächter war von diesem Mißgeschick berührt und verwandelte ihn in einen Geist. Als Aufenthaltsort gab er ihm den Kuang-Han-Kong oder „Palast der eisigen Unendlichkeit". Dort, in der öden Einsamkeit des Mondes, ist er noch immer zu sehen.

Tschang O aber war, als sie die Schwelle zum Himmel übertreten hatte, zu einer Fee geworden. Einmal im Jahr, immer zum Jahrestag der Trennung von ihrem Gemahl, öffnet sie das Himmelstor und blickt aus nächster Nähe auf den Unglücklichen herab. Sie tröstet ihn und ermutigt ihn, sein schweres Los gefaßt zu tragen. Wenig einfühlsam fügt sie dann hinzu, er sei im Himmel nicht vergessen; man trinke auf seine Gesundheit und belustige sich, wenn für den Mond das Mittherbstfest gefeiert wird. In Wahrheit war aber im Himmel gar nicht der alte Mann im Mond eine Zielscheibe des Spottes. Das war vielmehr Tschang O selbst. Die betrügerische Art, mit der sie ihrem Mann das Mittel entzogen hatte, mit dem er im Himmel Unsterblichkeit erlangen sollte, war und blieb der Gegenstand von Witzen und Anspielungen, die mit Gelächter aufgenommen wurden.

● William Frederick Mayers: The Chinese Reader's Manual. Shanghai 1874, S. 838. Bearbeitet.

Asien

Die Mondfee

Südchina

Eine Legende handelt von Yin und Yang, den weiblichen und männlichen Grundregeln des Handelns, die am Himmel durch den Mond und die Sonne verkörpert sind, und auf der Erde einst durch Heng O und Shen I.

Heng O war mit Shen I, einem hochgestellten Soldaten, verheiratet. Als er einmal zum Kampf ausgezogen war, entdeckte sie kurz vor seiner Rückkehr ein von ihm in dem gemeinsamen Haus verwahrtes Lebenselixier, ergriff es neugierig und schluckte es herunter. Da stellte sie fest, daß sie in der Lage war zu fliegen. Gerade in dem Augenblick kehrte Shen I zurück. Sie bekam es mit der Angst, weil das Mittel ja für ihn bestimmt war, und öffnete das Fenster, durch das sie hinausflog. Ihr Mann rannte hinter ihr her, sprang in die Höhe und hätte sie fast ergriffen, hätte ihn nicht ein Windstoß auf den Boden zurückgeworfen. So aber konnte er nur noch mit ansehen, wie sie geradewegs auf den vollen Mond zuflog.

Heng O flog weiter und weiter, bis sie eine riesige kalte, leuchtende Kugel erreichte. Dort gab es Zimtbäume, aber sonst keinerlei Leben. Heng O faßte den Entschluß, an diesem Ort, dem Mond, zu verbleiben.

Shen I erlangte trotz der bösen Tat seiner Frau als Belohnung für seine tapferen Kämpfe für immer einen Platz am Himmel, und zwar den Palast der Sonne. Er erhielt auch einen Talisman, mit dem er den Mond besuchen konnte. Als Heng O, die Mondfee, ihn zum erstenmal auf einem Sonnenstrahl kommen sah, war sie drauf und dran davonzulaufen, doch er versicherte ihr, nur Sehnsucht zu empfinden und keinen Groll mehr gegen sie zu hegen. Gemeinsam bauten sie einen Palast. Die Mondfee war allerdings nicht in der Lage, die Sonne zu besuchen. Deswegen stammt das Mondlicht von der Sonne, und der Mond ist, je nachdem, ob er

besucht wird oder nicht, hell oder dunkel. Shen I besucht
Heng O in der Mitte eines jeden Monats. Es ist das Zusammentreffen von Yin und Yang, des Männlichen und Weiblichen, das den Vollmond verursacht.

Heng O ist seither die Herrin des Mondpalastes, die Königin der Feen, Gattin des Himmelssohnes der Sonne. Sie ist das Licht der Nacht, dem der Himmelssohn jedes Jahr zur Herbst-Tagundnachtgleiche bei Sonnenaufgang Weihegeschenke darbringt. Sie ist auch das Sinnbild der Kaiserin und der hohen Staatsdiener, die Schirmherrin der Liebenden und vor allem die der Eheschließenden, die von ihr mit einem Vorschuß an Glück bedacht werden. Ein chinesisches Sprichwort besagt, daß die Ehe im Himmel beschlossen ist, daß das Eheversprechen aber der Mondfee gegeben wird, die über dessen Einhaltung wacht.

● Girard de Rialle, in: Revue des traditions populaires, Bd. 3 (1888), S. 134f. – Diana Brueton: Many Moons. New York usw. 1991, S. 41f. Zusammenfassung.

Hung Ngo, die Kröte im Mond

Südchina

Heou I, der erfolgreichste aller Bogenschützen, war Hauptmann im Dienste des Kaisers Yao. Seine Fähigkeiten, die an ein Wunder grenzten, setzte er voll und ganz zum Nutzen seines Herrn ein. Als sich einmal eine Mondfinsternis ereignete, schoß er seine Pfeile gen Himmel und befreite das Gestirn. Ein andermal gingen zehn Sonnen gleichzeitig am Himmelsgewölbe auf, die schienen so hell und brannten so heiß, daß Wüsten auf der Erde entstanden und die Menschen sterblich wurden. Heu I richtete auf Geheiß seines Herrn seine Pfeile gegen die überzähligen neun Lichter, und siehe da, sie alle verschwanden.

Dem so starken Helden Heou I erschien eines Tages Kwunlun, die königliche Mutter des Westens und Herrin aller Seelen und Schutzgeister, und gewährte ihm, wie allen, denen sie besonders gewogen war, das Kraut der Unsterblichkeit. Das könne er, sobald er seine Aufgabe auf der Erde als erfüllt ansähe, verzehren. Er verbarg das Kraut in seinem Haus, wo er mit seiner schönen jungen Frau Hung Ngo zusammenlebte. Durch Zufall oder weil, wie einige sagen, das Elixier den Dachboden des Hauses mit einem köstlichen Duft erfüllte, wurde sie in der Abwesenheit ihres Mannes auf das Versteck aufmerksam. Aus reiner Habgier raubte sie den kostbaren Schatz und floh damit in den Mond und verbarg ihn dort.

Als Heou I den Verlust seines Krautes bemerkte, war er voller Trübsal. Denn er wußte nicht, wie und wo er jemals wieder daran gelangen könnte; es war unwiederbringlich und damit von anderer Art als der Verlust von Feuer, das man mit Hilfe der Sonne und eines Spiegels neu zu entfachen vermag, oder von Wasser, das man durch das Ausheben eines Brunnenschachtes gewinnen kann.

Hung Ngo wurde in der Einsamkeit des Mondes bald von Zweifeln geplagt, ob sie dort für immer verweilen oder zur Erde zurückkehren solle. Da griff der Wahrsager Yeou Hoang in ihr Schicksal ein, indem er ihr sagte: „Du stehst unter einem günstigen Zeichen: Wenn du dich auf dem Wege nach dem Westen befindest, dann brauchst du angesichts eines dunklen und grenzenlosen Himmels nicht bestürzt oder ängstlich zu sein, weil du immer weißt, daß du später wieder ganz dem Licht ausgesetzt sein wirst." Daraufhin blieb Hung Ngo auf dem Mond zurück, erlangte mit Hilfe des Krautes Unsterblichkeit, entging aber auf höhere Weisung der Strafe für den Diebstahl nicht, indem sie in eine Kröte verwandelt wurde. Daher kommt es, sagen die Leute, daß die Mondflecken die Form dieses Tieres haben.

- Johann Jacob Maria de Groot: Les fêtes annuellement célébrées à Emoui (Amoy), in: Annales du Musée Guimet. Paris. Bd. 12 (1886), S. 480–484 u. S. 493. Auszug.

Der Ehestifter (I)

Südchina

Yue-Lao, der alte Mann, dessen Bild auf der Mondscheibe zu sehen ist, hat die Aufgabe, Menschen in die Ehe zu führen und mit einem Faden aus roter Seide zu verbinden, den allein der Tod trennen kann. Dazu ist folgende Legende überliefert.

Einem gewissen Wei-Ku fiel, als er einmal nachts durch die Stadt Sungtsching wanderte, ein Greis auf, der im Mondschein saß und ein Buch in den Händen hielt. Er fragte ihn, wovon das Buch handele, und erhielt zur Antwort, darin seien die Eheschicksale aller Menschen eingetragen. Der Alte zeigte ihm einen roten Faden und erklärte: „Mit diesem hier verbinde ich Mann und Frau an den Füßen miteinander. Es ist unabwendbar vorbestimmt, wer zu wem gehört; das Schicksal führt die Auserwählten auch dann zusammen, wenn sie aus verfeindeten Familien oder aus entfernten Gegenden stammen. Erst mit dem Ende des Menschenlebens reißt dieser Faden." Nach einer Weile fügte er hinzu: „Ich sage dir jetzt, wo du deine Frau finden wirst." Er wies auf ein jenseits der Straße etwas tiefer liegendes Haus und sagte: „Die Tochter der alten Frau, die dort in dem Laden Gemüse verkauft, das wird einmal deine Frau sein."

Neugierig geworden, begab sich Wei-Ku nach dem angegebenen Laden und sah dort eine Frau von nicht gerade erfreulichem Anblick, die auf den Armen ein zweijähriges Kind trug. Um die Erfüllung der Prophezeiung unter allen Umständen zu verhindern, beauftragte er einen Kopfjäger damit, das Kind zu töten. Der Meuchelmörder holte auch skrupellos zu einem Schlag auf sein Opfer aus, verfehlte aber, ohne daß er es wußte, dessen Gesicht und fügte ihm nur eine Wunde unter dem Auge zu. Vierzehn Jahre später verliebte sich Wei-Ku in ein schönes, junges Mädchen, das nur einen Makel hatte, eine Narbe unter dem einen Auge. Bald nach der Heirat wurde ihm bewußt, daß es sich um die gleiche Frau handelte, die er hatte töten wollen, als sie noch ein kleines Kind war.

- William Frederick Mayers: The Chinese Reader's Manual. Shanghai 1874, S. 883. – Johann Jacob Maria de Groot: Les fêtes annuellement célébrées à Émoui (Amoy), in: Annales du Musée Guimet. Paris. Bd. 12 (1886), S. 507f.

Der Ehestifter (II)

Annamiten (Vietnam)

Bei den Annamiten hat sich der unter chinesischem Einfluß entstandene Glaube gehalten, daß es im Mond einen Greis (*trang già*) gibt, der die Ehesuchenden zusammenführt und die buddhistischen „roten Söhne" dazu anleitet, die Brautpaare zu trauen. Das zeigt ein Liebeslied, das von Ruderern und Arbeitern gern gesungen wird:

Ich steige eine Leiter hoch, den Himmelsherrn zu fragen;
ich packe den Mondgreis
und schlage zehnmal auf ihn ein mit Händen und mit Füßen.
Ich frage den Mondgreis:
„Wo sind die ‚roten Söhne', Jünger, die ein Brautpaar trauen?"
Ich warne den Mondgreis:
„Sei auf der Hut, mich nicht an eine alte Frau zu binden,
sonst leg ich dir, Mondgreis,
ein Feuer vor die Türe, um dein Haus in Brand zu setzen!"

- L. Cadière: Philosophie populaire annamite, in: Anthropos, Bd. 3 (1908), S. 251.

Der Bootsbauer im Mond

Annamiten (Vietnam)

Nach dem Volksglauben der Annamiten wurde einst ein männliches Wesen namens Cuoi oder Coi, auf den Mond versetzt. Sein Name bedeutet ganz harmlos soviel wie Geisterbild, doch ist es die Verkörperung von Lug und Trug. Sprichwörtlich sagt man „so lügen wie ein Cuoi". Auch ist im Volksmund die Rede von einem „so genannten Cuoi, der in der Mitte des Mondes ist", also von einem Wesen, das in die Mitte des Mondes versetzt worden ist. Daß es ein Holzfäller sein soll, geht aus einem Wiegenlied hervor, das man den Kindern vorsingt:

> Hört, wie es rattert und knattert im Mond!
> Den Lärm macht ein Wirrkopf, der mittendrin wohnt.
> Er hält in den Händen ein blitzblankes Beil,
> Messer sehr scharf und auch einen Keil,
> um, wo er wohnt, einen Baum abzuhau'n
> und gleich aus dem Stamm eine Barke zu bau'n,
> die er dann den Menschen vermietet und borgt,
> bis er vom Geld sich sein Essen besorgt.

Nach einer anderen Legende soll dieser Cuoi im Mond auf einer Bananenstaude sitzen und dort einen Büffel weiden.

- L. Cadière: Philosophie populaire annamite, in: Anthropos, Bd. 3 (1908), S. 251.

Asien

Der Mann mit dem Feigenbaum

Vietnam

Es waren einmal zwei Brüder, die bauten ein Floß und begaben sich in den Wald, um Holz zu schlagen. Der Ältere schlug das Holz, und der andere Bruder bewachte das Floß. In einem Dickicht fand er ein Tigerjunges. Er hielt es für einen Hund, trug es fort, schabte es ab, um es zu kochen. In diesem Augenblick kam der ältere Bruder vom Wald zurück. Er erkannte den kleinen Tiger und sagte zu seinem Bruder, er möge ihn in das Dickicht zurückbringen, aus Angst, sie könnten den Zorn der Tigermutter auf sich ziehen. Der jüngere Bruder gehorchte. Kaum hatte er das Tigerjunge ins Dickicht zurückgebracht, als die Tigerin zurückkam und ihr Junges vollkommen abgeschabt und tot vorfand. Sie nahm einige Blätter des Baumes, kaute sie und spie sie auf ihr Junges, das sogleich wieder zum Leben erwachte. Kurz danach liefen beide davon und ließen den Rest der Blätter hinter sich.

Der junge Mann hatte vom Baum herunter diesen Vorgang beobachtet. Als die Tigerin mit ihrem Kind nicht mehr zu sehen war, sammelte er den Rest der Blätter und kehrte zum Floß zurück, aber er erzählte seinem Bruder nichts von dem, was er erlebt hatte. Als sich die Brüder auf den Heimweg machten, sahen sie einen Hundekadaver, der auf dem Fluß schwamm und schon vollkommen aufgedunsen war. Der jüngere Bruder kaute die mitgenommenen Blätter und spie sie auf den Hund. Dieser belebte sich sofort und folgte ihm.

Dieser Hund war ganz besonders klug. Eines Tages hörte er einen reichen Alten jammern, denn seine Tochter war dem Tode nahe. Der Alte versprach in seiner Verzweiflung demjenigen, der seiner Tochter das Leben wiedergeben würde, das ganze Vermögen mitsamt der Tochter. Der Hund suchte seinen Herrn und zog ihn an einem Zipfel seiner Kleidung zum Hause des reichen alten Mannes. Das Mädchen wurde wieder zum Leben erweckt, und der Vater gab sie dem Retter zur Frau mit all seinem Besitz. Dieser führte seine Frau heim in sein Haus.

Er hatte einen heiligen Feigenbaum gepflanzt, und er ermahnte seine Frau, bei seiner Abwesenheit niemals zu vergessen, ihn zu bewässern.

Eines Tages, als der Ehemann fortgegangen war, sagten einige neugierige Menschen, die von den Wundertaten gehört hatten: „Laßt uns seine Frau töten, dann werden wir sehen, ob er sie wieder zum Leben erweckt." Als der Ehemann zurückkam, fand er seine Frau tot vor. Ohne Mühe rief er sie ins Leben zurück. Die Mißgünstigen waren von dieser Tat überrascht, und um seine Kraft aufs neue unter Beweis zu stellen, töteten sie wiederum seine Frau, öffneten ihren Körper und entnahmen die Eingeweide, die sie weit wegwarfen. Als der Ehemann wieder heimkam und seine Frau tot vorfand, wußte er nicht, wie er die entwendeten Eingeweide ersetzen sollte.

Er rief seinen Hund und sagte zu ihm: „Ich habe dich wie einen Vater ernährt und habe dich gerettet und zum Leben zurückgerufen; jetzt, da die Eingeweide meiner Frau nicht mehr auffindbar sind und ich nicht weiß, wie ich sie ersetzen soll, lege dich hin, damit ich deinen Leib öffne und die Eingeweide mit den deinigen ersetze." Der Hund gehorchte seinem Herrn, und dieser nahm die Eingeweide des Hundes und ersetzte die seiner Frau. Er pflückte sogleich Blätter von seinem Feigenbaum und spie sie als Brei auf seine Frau, die sofort zum Leben erwachte. Für den Hund formte er Eingeweide aus Ton und erweckte ihn ebenfalls zum Leben.

Aus diesem Grund hat die Frau das Gebaren eines Hundes, und der Hund nimmt das geringste Geräusch auf der Erde wahr.

Eines Tages, als sich der Ehemann vom Hause wegbegeben mußte, beauftragte er seine Frau, den Feigenbaum zu bewässern. Die Frau vergaß es zu tun, aber als sie ihren Mann zurückkommen sah, erinnerte sie sich plötzlich daran, lief zum Baum, kauerte nieder, um die Erde zu befeuchten. Bei dieser unreinen Berührung flog der Baum davon. Der Ehemann lief und versuchte, mit einer Axt den Baum einzuschlagen, um einige Zweige zu bekommen, die er später wieder hätte pflanzen können. Aber die Axt blieb im Stamm des Baumes haften, und der Mann wurde mit seinem Baum, der „Der Feigenbaum des Thang kuoi" genannt wird, zum Mond getragen.

Man sagt, daß der Feigenbaum auf dem Berg sprießt. Jedes Jahr fällt eines seiner Blätter ins Meer und wird vom Delphin verschluckt.

Man sagt: „Wenn man Tieren Gutes tut, lohnen sie es, wenn man aber Menschen Gutes zufügt, schaden sie dir." Man sieht es an dieser Geschichte.

Märchen aus Vietnam. Aus dem Vietnamesischen übertragen und hrsg. v. Otto Karow. Düsseldorf, Köln: Diederichs, 1972, S. 7–10 (= Märchen der Weltliteratur, 93).

Die Amme unter dem Birkenfeigenbaum

Süd-Sulawesi (Celebes)

Es wird erzählt, daß es früher einmal im Himmel ein Reich gab, das von einem Raja (Fürst) mit seiner Gemahlin und den drei Söhnen regiert wurde. Wegen seiner Lage im Himmel erhielt das Reich den Namen „Himmelland". Weiter wird erzählt, daß Himmelland ein blühendes Reich war, wenn viele Kaufleute und Händler dorthin zu Besuch kamen. Unter den Kaufleuten und Händlern, die kamen, waren auch solche aus Erdenland anzutreffen, dem größten Feind von Himmelland. Die ankommenden Kaufleute und Händler vergaßen nie, dem klugen und weisen Herrscher von Himmelland Geschenke und Gaben als Dankeszeichen zu übergeben.

Es verwundert nicht, wenn der Herrscher von Erdenland mißgünstig die schnelle Entwicklung in Himmelland ansah und immer nach einer günstigen Gelegenheit suchte, es zu vernichten. Allerdings mußte der Herrscher von Erdenland eine recht lange Zeit auf die von ihm ersehnte Gelegenheit warten. Der Herrscher von Erdenland beabsichtigte nämlich, seinen Feind erst dann anzugreifen, wenn der eine erwachsene Tochter besitze, um sodann die Prinzessin zu entführen und zu seiner Königin zu machen.

Doch zurück zum Leben der Familie des Herrschers von Himmelland. Schon lange sehnte sich der Herrscher nach einer Tochter, und eines Tages, so wird berichtet, versammelte er die Ulama, die Weisen, die Minister und die Generale und auch alle anderen Würdenträger des Landes um sich. Er wünschte von ihnen Auskunft darüber zu erhalten, ob er einmal eine Tochter bekommen werde. Da trat einer der Anwesenden hervor, küßte des Herrschers Hand, gab sie wieder frei und untersuchte sie dann voller Aufmerksamkeit. Dann fiel er auf die Knie, verneigte sich und sprach: „Mein Herr! Zunächst möchte ich Euch meine Ergebenheit bekunden und um Gnade wegen meiner Dreistigkeit bitten, Euch zu prophezeien, was sich mit Euch zutragen wird. Nach Betrachtung der Rillen und Linien in Eurer Hand, mein Herr, werdet Ihr wohl in Kürze eine Tochter bekommen. Diese Tochter wird ein schönes und anmutiges Mädchen werden, und kein Mensch im ganzen Erdenland wird sich mit ihr an Schönheit messen können. Doch Gnade, mein Herr! Tausendfach Gnade", verneigte sich der Weise und fuhr in seiner Prophezeiung fort: „Durch diese Tochter, die demnächst geboren wird, wird Euer ruhmreiches Land zugrunde gehen, denn ein Herrscher von Erdenland, der Himmelland schon immer beneidet, wird Euch angreifen, weil er Euch Eure Tochter, die Ihr auf Händen tragt, entreißen will. Dann werdet Ihr, Herr, mit dem von Euch geliebten Himmelland und zusammen mit den Ministern, den Generalen, den Bürgern und dem gesamten Staat zugrunde gehen."

Dann – nicht lange darauf – bewahrheitete sich die Prophezeiung für den Herrscher. Nachdem der Zeitpunkt gekommen war, den die allmächtigen Götter vorausbestimmt hatten, gebar die Königin dem Herrscher die langersehnte, reizende und anmutige Tochter. Alle Palastangehörigen und die gesamte Bevölkerung von Himmelland freuten sich mit und begrüßten die Geburt der Prinzessin. In allen Ecken des Landes hielten die Bürger Festlichkeiten ab, veranstalteten Wettkämpfe und die verschiedensten Spiele als Zeichen ihres Jubels und ihrer Mitfreude über das Glück, das die Angehörigen des Herrscherhauses durch die Geburt der Prinzessin erfahren hatten. Man verhätschelte die neugeborene Prinzessin und übergab sie einer Amme, die sie ordentlich versorgen und pflegen sollte. Und immer, wenn der Herrscher Zeit hatte, rief er nach der Amme, und die brachte dann die Prinzessin, damit der Herrscher sie sich anschauen konnte. So groß war die Liebe des Herrschers zu seiner neugeborenen Tochter.

Als dann die Prinzessin herangewachsen war, so wird erzählt, erinnerte sich der Herrscher an die Prophezeiung des Weisen damals in dem Palast, der erklärt hatte, Erdenland werde einmal sein Land angreifen und es vernichten, um die Prinzessin zu bekommen. Im Herzen des Herrschers entstand der Wunsch, die Prinzessin an einen Ort zu bringen, der als sicher angesehen werden konnte, wenn Erdenland tatsächlich einmal einen Angriff unternehmen sollte. Aber es sah so aus, als gäbe es keine andere Möglichkeit, die als sicher gelten konnte, als die Prinzessin zu nehmen und auf dem Mond zu verstecken und dort für einige Zeit zu lassen. Da befahl der Herrscher, auf dem Mond einen prächtigen Palast zu bauen; und an einem Tag, der vorher festgelegt worden war, brach die Prinzessin gemeinsam mit ihrer Amme zum Mond auf, begleitet mit aller Würde, wie es herrschaftlicher Brauch ist. Der Herrscher und die Königin – Begleiter der von ihnen sehr geliebten Prinzessin – vergossen nur Tränen und vermochten nicht das geringste zu sagen. All dies hatte seinen Grund in der Liebe des Herrschers zu der Prinzessin, der er ersparen wollte, in die Hände des als roh bekannten Herrschers von Erdenland zu fallen.

Unterdessen verbreitete sich unter den Bewohnern der Erde die Nachricht, daß der Herrscher von Erdenland eine große Armee zur Vorbereitung eines Angriffs auf Himmelland aufstellte, denn er begehrte sehr die Tochter des Herrschers von Himmelland. Jeden Tag wurden Militärübungen abgehalten, und auch eine Art Wehrpflicht für alle Bürger des Reiches wurde eingeführt. Alle Vorbereitungen für den Krieg wurden getroffen, um einen glänzenden Sieg davontragen zu können. Als der vorher festgelegte Zeitpunkt dann gekommen war, drangen die Truppen von Erdenland in das Gebiet von Himmelland ein, und, von flammender Begeisterung getragen, marschierten sie auf seinen Palast zu. Der Angriff auf den Palast wurde vom Herrscher von Erdenland selbst geführt, und als sie ihn erreicht hatten, suchte er sogleich nach der Prinzessin. Sehr groß wurde der Zorn des Herrschers von Erdenland, als er erkannte, daß die Prinzessin versteckt worden war, um sie dem Zugriff der Erdenleute zu entziehen. Der Herrscher von Himmelland wurde zusammen mit seiner Königin, sämtlichen Ministern, den Generalen und den Palastangehörigen durch die Streitkräfte von der Erde getötet, auch die Gebäude rings um den Palast wurden völlig zerstört und dem Boden gleichgemacht. Zunächst hatten die Armeen von Himmelland noch den Angriffen der Streitkräfte von Erdenland widerstehen können, doch weil dessen Truppen immer zahlreicher wurden, konnten die Heere im Himmel den entsetzlichen Angriffen nicht standhalten.

Es dauerte nicht lange, und die traurige Nachricht erreichte die auf dem Mond wohnende Prinzessin, und ihr Schmerz war groß, als sie hörte, daß Vater, Mutter und alle Palastangehörigen von den Armeen aus Erdenland getötet worden waren. Sie wünschte, das Grausame, das ihr der Herrscher von Erdenland angetan hatte, zu vergelten, doch was sollte sie tun? Sie, eine Prinzessin, dazu noch ohne Reichsinsignien und mit zerstörtem Kriegsgerät. Jetzt besaß sie nur noch eine Amme, die sie sehr liebte. Seitdem die Prinzessin die Unglücksbotschaft vernommen hatte, war sie immer traurig. Tagsüber war ihre einzige Tätigkeit, an einem Fenster des Palastes zu sitzen, zu grübeln und dorthin zu starren, wo früher der jetzt zerstörte Palast ihres Vaters gestanden hatte. Währenddessen suchte die Amme ständig nach einem Mittel, um die Prinzessin zu trösten, doch alles war vergeblich, denn die Prinzessin dachte immer nur an das Antlitz ihrer Eltern und an den Glanz ihres Palastes.

Eines Tages dann, so wird erzählt, als die Prinzessin so ins Leere starrte und an die ruhmvollen Zeiten früher in ihres Vaters Reich dachte, da fiel ihr Blick plötzlich auf eine Blume, die sich auf der Erdoberfläche entfaltete. Die Blume sah äußerst prächtig aus und funkelte, von den Strahlen der Sonne getroffen. Die Prinzessin wünschte sich, sie zu besitzen, doch was sollte sie tun? Die Blume befand sich auf der Erde, im Gebiet des Landes, das früher das Reich ihres Vaters zerstört hatte. Sie wollte gerne hinuntergehen, fürchtete aber, der Herrscher von Erdenland könne sie ergreifen. Dennoch bat sie die Amme, ihr die Erlaubnis zu geben, auf die Erde hinabzusteigen und jene Blume zu holen. Die Amme riet ihr, auf keinen Fall einen Fuß auf den Boden zu setzen, denn wenn sie einmal dorthin gegangen sei, werde sie bestimmt nicht mehr nach oben kommen können.

Die Prinzessin beachtete den Rat ihrer Amme nicht, und eines Tages stieg sie herab auf die Erde, ohne ihrer Amme vorher Bescheid zu geben, um die Blume, nach der sie sich schon lange sehnte, zu holen. Groß war ihre Reue, denn das, was sie als eine Blume angesehen hatte, waren offensichtlich nichts anderes als hier und dort verstreute Zuckerrohrabfälle. Auch erkannte sie, daß sie sich in eine Falle begeben hatte und daß Abfall und Schmutz nur ein Köder gewesen waren. Sie versuchte, zurück zum Mond zu fliegen, aber was sollte sie tun? Auf einmal konnte sie ihre Flügel nicht mehr bewegen. Da entfernte sie sich von jenem Ort und setzte sich verlassen und grübelnd unter einen Baum, wobei sie aus Furcht, ein Bewohner der Erde könne sie sehen, verborgen hielt. Als sie über ihr Geschick nachdachte, schoß es ihr auf einmal in den Sinn, den Baum zu ersteigen und von dort zu versuchen, zurück zum Mond zu fliegen. Offensichtlich war es der Prinzessin aus dem Himmel aber vorbestimmt, immer, wenn sie hochflog, zurückkehren zu müssen, denn ihre Bemühungen, zum Mond zu gelangen, blieben erfolglos. Dabei verwandelte sich ihr Körper, ohne daß sie sich dessen bewußt wurde, Stück für Stück in den eines Vogels, und mit der Zeit wurde sie zu einer richtigen Eule.

Das ist der Grund, warum man bei Vollmond immer eine Eule schreien hören kann, die dabei von Baum zu Baum fliegt und sich bemüht, zu ihrer Amme zurückzukehren.

Die Amme im Mond wartet schon lange auf ihre Ankunft, doch niemand kommt. So sitzt sie sinnend unter einem großen Waringin-Baum, und das ist es, was man bei Vollmond deutlich sieht: einen Waringin (Birkenfeigenbaum) und unter ihm einen sitzenden Menschen.

- Indonesische Märchen. Hrsg. und aus dem Indonesischen übertragen von Ernst Ulrich Kratz. Düsseldorf, Köln: Diedrichs, 1973, S. 162–166 (= Märchen der Weltliteratur, 96).

Der Bucklige unter dem Feigenbaum

Malaysia, Sundainseln

Der Glaube, auf der Mondscheibe sei ein weit ausladender Baum und an seinem Fuß ein Mensch zu erkennen, findet sich bei so manchen Naturvölkern der Malaiischen Halbinsel und des Malaiischen Archipels. Die Überlieferungen unterscheiden sich freilich hinsichtlich der Art des Baumes, des Geschlechtes und Alters des bei oder unter dem Baum stehenden Menschen und seiner Tätigkeit.

Die im Großraum der Stadt Malakka heimischen Mentra sehen in den dunklen Flecken des Mondes einen nicht näher bezeichneten Baum, unter dem der Mondmann Moyang Bertang sitzt. Der Mond Kundi, das heißt Großmutter, ist seine Frau, und die Sterne sind ihre Kinder. Vor der Sonne müssen sie ihre Kinder sorgsam verbergen. Moyang Bertang, der Feind der Sonne, ist auch ein Feind der Menschen. Er möchte sie fangen und vernichten; unablässig ist er dabei, Schnüre zu verknoten, um Schlingen zum Fangen herzustellen. Aber das will nicht gelingen. In seiner Nähe halten sich nämlich viele Mäuse auf, die sich der Menschen erbarmen und emsig immer wieder die Schnüre durchbeißen.

In anderen Gebieten Malaysias heißt es, im Mond säße ein buckliger Mann unter einem Banian, einem indischen Feigenbaum. Bevor dieser Mann – niemand weiß, warum – in den Mond versetzt wurde, war seine hauptsächliche Nahrungsquelle, wie die so vieler seiner Mitmenschen an der Malaiensee, der Fischfang. Im Mond hegt er weiterhin die Absicht, mit einer Angel aus den Meeren, Seen und Flüssen der Erde Fische in rauhen Mengen zu sich hochzuziehen, als gälte es, in der Einsamkeit dieses Gestirns ein ganzes Volk zu ernähren. Aber dazu kann es nicht kommen, so sehr ist er damit beschäftigt, eine Angelschnur zu flechten. Sie erreicht niemals die erforderliche Länge, weil sie am anderen Ende von einer Ratte angenagt wird. Für die Fischer der Erde ist das ein glücklicher Umstand.

Abweichend davon wird in Sumatra von einem Mann im Monde erzählt, der beständig spinnt, dem aber jede Nacht eine Ratte die Fäden zernagt. Die Bimas sehen in den Mondflecken Baumzweige, unter denen ein Vogelfänger sitzt, Schlingen verfertigend.

- Walter William Skeat, Charles Otto Blagden: Pagan Races of the Malay Peninsula. Bd. 2, London 1906, S. 319f. – Adolf Bastian: Reisen im Indischen Archipel. Singapore, Batavia, Manilla und Japan. Jena 1869 (= Bastian: Die Völker des östlichen Asien. 5).

Das Obstparadies

Besisi (Malaien-Halbinsel)

Den Naturvölkern der Malaiischen Halbinsel gemeinsam ist der Glaube, daß am Himmel die Sonne den Mond wutentbrannt verfolgt und sie ihn – wie die Finsternisse zeigen – zeitweilig auch erreicht und verschlingt. Die Feindschaft rührt seit der Zeit her, als der Mond die Sonne überlistete, ihre Kinder, die Tagsterne, zu verschlingen, der Vereinbarung zuwider seine eigenen Kinder aber nicht verschlang, sondern sie fortan nur tagsüber versteckte. Die Sonne ist eine Frau am Gängelband ihres Gebieters und den Menschen freundlich gesonnen; der Mond ist ebenfalls eine Frau, deren Mann sich jedoch den Menschen gegenüber feindlich verhält.

Die Besisi, die das Küstengebiet nördlich und südlich von Kuala Lumpur bewohnen, nennen die Mondfrau Gendui, das heißt Großmütterchen, und ihren Mann Nenek Kabayan (oder Si Bayan). Die Besisi erzählen, ihr göttlicher Stammvater Gaffer Engkoh (oder Jongkoh) sei einst zusammen mit seinem Hund in der Nähe des Dorfes Sepang Kechil vom Himmel gefallen. Bei dieser Gelegenheit, sagen sie, ist ihm Atiyau, der Wächter der Pauh-janggi-Kokospalme, in die Hände gefallen, der für sieben Tage und Nächte das Bewußtsein verlor. Diese Zeit seines bewußtlosen Zustandes nutzte Gaffer Engkoh dazu, eine Girlande zu flechten, die schon bald eine Leiter wurde, die bis zum Mond reichte. Auf dieser Leiter stieg er zusammen mit Atiyau nach oben, und als er oben angekommen war, ließ er letzteren heimlich wieder nach unten rutschen, und mit ihm wurde die Girlande nach unten gezogen.

Nenek Kabayan, der Mann der Mondfrau, floh vor dem neuen Herrn des Mondes in den Bereich der Sonne und verfolgte nun den Mond mit Flüchen gegen Gaffer Engkoh, der auf der Erde seine Pauh-janggi-Kokospalme gefällt hatte. Und weil er sich nicht an ihm selbst rächen konnte, verdammte er dessen Hund, den er auf der Erde zurückgelassen hatte, mit den Worten: „Du sollst fortan solche Wesen, die ein Fell haben, fressen, dich aber sollen die Glatthäutigen verschlingen!" Damit wurde dieser Hund Gaffer Engkohs zu einem heiligen Tiger, dessen Fußstapfen bis heute in Bukit Bangkong bei Sepang Kechil gesehen werden können.

Den Seelen der verstorbenen Menschen stand nun auf dem Mond ein Paradies offen, in dem sie unter dem Schutz Gaffer Engkohs stehen und zu dem sie ohne Schaden gelangen können, da die Seelenbrücke dorthin von dem heiligen Tiger bewacht wird. Allerdings gilt es zuvor einen umgefallenen Baumstamm zu überqueren, hinter dem sich an einer Weggabelung der große Tiger-Hund aufhält. Nur die Seelen schlechter Menschen lassen sich von dem wilden Tier erschrecken und schlagen den falschen Weg ein, auf dem sie schließlich ins Wasser fallen, in einen kochenden See, der sich in einem weiten Kessel befindet.

Die Guten aber gelangen in das im Mond befindliche Paradies. Den Hinterbliebenen auf der Erde kündet ein Donnergeräusch an, daß die Seele des Verstorbenen in den Himmel aufgestiegen ist und das Mondparadies erreicht hat. Das Paradies ist ein einziger großer Obstgarten, wo die Seelen für immer verbleiben. Dort fällt kein Hagel, kein Regen und kein Schnee, und es weht auch kein scharfer Wind. Unübersehbar weit erstrecken sich mit Früchten überladene Durian-, Rambutan- und Mangobäume und Bäume mit all den verschiedenen Früchten des Dschungels. Dort gibt es auch viele gerade Straßen, in die zu beiden Seiten mit Bananen- und Ananasstauden bepflanzte Alleen münden. In dem Obstbaumwald gibt es zwar Tiger und andere wilde Tiere, doch verweigert ihnen Gaffer Engkoh, irgend jemanden, der dort geht oder zurückgelehnt musiziert, zu belästigen. Das alles ist gut bekannt, weil die Zauberer des Stammes in der Lage sind, im Trancezustand das Obstbaumparadies zu besuchen und Früchte von dort mitzubringen.

Eine Gefahr lauert auch hier, und die zeigt sich bei einer Mondfinsternis. Die Besisi glauben, daß der Erdschatten auf dem Mond ein Geist oder Dämon sei, der ihre Vorfahren vernichtet. Diese Vorstellung versetzt in furchtbaren Schrecken; sie ziehen mit lautem Wehgeschrei in den Dschungel. Sie schlagen ihre Buschtrommeln, schlagen mit ihren Dschungelmessern die Bäume und flehen dabei ihren Gott an, die Vorfahren im Mond freizugeben. Nicht nur die Besisi, alle Sakai kennen das Gebet, das noch immer Erfolg hatte:

„Der Mond ist von Rahu verfinstert worden,
wir rufen zum Mond, wir rufen zu Rahu –
O Rahu, laß unsern Mond los!"

- Walter William Skeat, Charles Otto Blagden: Pagan Races of the Malay Peninsula. Bd. 2, London 1906, S. 320, 338, 298–300, 235.

Der Kampf um die schöne Fee

Batak (Sumatra)

Die Batak – das sind altmalaiische Stämme im Innern Sumatras – erzählen folgende Legende:

Mitten unter den Menschen lebte einst eine schöne Fee mit Namen Si Boru Dagang (*Tochter aus der Fremde*). Ein Radscha, Si Bulan (*Mondkönig*), verliebte sich in sie und sollte bald das Glück haben, die Liebe mit ihr zu teilen.

Sein Stiefbruder, Si Radscha Perkutsapi, verfolgte das mit neidischen Blicken, weil er ebenfalls zu der schönen Fee in Liebe entbrannt war. Da er wie kein anderer in der Welt die Gitarre zu spielen verstand, gelang es ihm, sie zu bezaubern und nicht weniger heftig begehrt zu werden.

Si Bulan empfand heftigen Schmerz und hatte nur noch den einen Gedanken, seine Vielgeliebte zurückzugewinnen. Um das zu erreichen, ließ er sich von einem Zauberer ein Liebesgetränk, genannt *Durma*, in der Absicht zubereiten, bei ihr einen Sinneswandel herbeizuführen und sich damit erneut zum glücklichsten aller Menschen zu machen. Es half.

Als Radscha Perkutsapi das herausbekam, wurde er nun seinerseits von heftiger Eifersucht gequält, und er dachte über Mittel und Wege nach, wie er von neuem das schönste Wesen auf Erden sein eigen nennen könnte. Er nahm seinerseits bei einem angesehenen Zauberer Zuflucht, der ihm ein Getränk zubereitete, das noch wirksamer als Durma war und *Hodjar-Hadjar* hieß. Dieser Trank hatte die Eigenschaft, mit tödlicher Sicherheit *gila* zu werden, das heißt sich hemmungs- und willenlos zu verlieben. Diese Wirkung sollte auf wundersame Weise an Si Boru Dagang bewiesen werden.

Der Zauberer ließ über ihr einen weißen Vogel kreisen, der einem Munok-manok bulan (*Mondhuhn*) ähnlich war und auf ihre Sinne eine günstige Wirkung ausübte, indem Si Boru Dagang nur noch Perkutsapi und den Vogel sehen wollte.

Si Bulan befürchtete nun, kein Mittel mehr zu finden, mit dem er seinen Gegenspieler besiegen könnte, aber sein Zauberer kannte einen Ausweg: Er unterwarf Si Boru einem Zauber und war in der Lage, die Wirkung des eingenommenen Getränkes auf Perkutsapi vergehen zu lassen, indem er plötzlich in Liebe zu dem weißen Vogel entbrannte und seine Augen nur noch ihn suchten.

Eines Tages ging er am Ufer des Meeres entlang, als auf einmal der Munok-manok bulan über ihn hinwegflog. Er sah sein Spiegelbild im Wasser und stürzte, als er irrtümlich danach greifen wollte, in die Fluten und ertrank.

Der Kampf war also beendet; der Zauberer von Perkutsapi zog sich zurück, voller Wut im Herzen, weil er solch eine Niederlage erlitten hatte. Si Bulan heiratete seine schöne Fee, die ihm nun niemand mehr streitig machte. Doch im Rausche seines Glücks vergaß er, den Zauberer, wie es landesüblich war, zu entlöhnen, und zog sich daher dessen Groll zu. Dieser verband sich mit seinem alten Widersacher; beide fielen hinterlistig über Si Bulan her und ermordeten ihn.

Si Boru wurde deswegen mit heftigem Schmerz erfüllt. Sie warf sich weinend auf den blutbedeckten Leichnam ihres Lieblings, klammerte sich an ihm fest und wollte sich nicht von ihm trennen. Plötzlich – oh Wunder! – verschwanden beide. Debata, der höchste Gott, hob sie empor und versetzte sie als Mond an den Himmel; noch heute kann man in ihm das freudestrahlende Gesicht von Si Boru sehen.

In der folgenden Nacht hatten die Zauberer den gleichen Traum. Sie wandten sich Debata zu, der mit ihm sprach und ihnen sagte, daß sie ein schweres Unrecht begangen hätten, als sie aus Rache und aus Gründen eigenmächtiger Vergeltung Si Bulan töteten. Um ihre Schuld zu sühnen, sollten sie sich ihrem Oberhaupt gegenüber selbst anklagen und ihm die Entscheidung überlassen. Das sagte er deswegen, weil er sich zum Schutze des schuldlos Verfolgten mit dem Mond verbündet hatte.

Die Batak sagen auch, daß dann, wenn wir in Not seien, in Armut oder Angst lebten, eine Frau oder ein schwaches Wesen es wie ein Kind wagen solle, in die Nacht hinauszugehen und den Mond so lange zu betrachten, bis Debata für die Schwachen Abhilfe schafft und wir wieder Mut gewinnen.

- René Basset, in: Revue des traditions populaires, Bd. 20 (1905), S. 23f.

Das beschmutzte Mondgesicht

Assam

Das so verschiedene Aussehen der hellstrahlenden Sonne und des befleckten Mondes wird überall in Assam auf sehr ähnliche Weise erklärt. Die Mishmi, ein Stamm der Bodo im Bundesstaat Arunachel Pradesh, erzählen: Sonne und Mond waren Mann und Frau. Der Mond wollte gegenüber seiner Frau nicht benachteiligt sein und verlangte von ihr einen Anteil an ihrer Hitze. Sie wies ihn jedoch ab und erklärte, sie brauche alle Wärme für ihre Kinder, die Menschen. Um vor dem Mond künftig Ruhe zu haben, warf sie ihn in einen Teich; der Schlamm haftet noch jetzt am Gesicht des Mondes. Der gedemütigte Mond wagt sich seither am Tage nicht heraus und wartet, bis die Sonne hinter den Bergen untergegangen ist.

Bei den Khasi im Bundesstaat Meghalaya sind Sonne und Mond blutsverwandt: In alter Zeit lebte eine Frau, die drei Töchter und einen Sohn hatte, Ka Snigi, die Sonne, Ka Um, das Wasser, Ka Ding, das Feuer, und U Bynai, den Mond. Als dieser sich seiner Schwester Ka Snigi nähern wollte, ward sie zornig, bedeckte ihn mit Asche und warf ihn aus dem Haus. Seither war sein Licht nur noch schwach. Andere Khasi sagen, der Mond habe seine Schwiegermutter geliebt und diese, gesetzt und sittsam wie sie war, ihm deswegen Asche ins Gesicht geworfen.

Asien

Bei den Garo, ebenfalls in Meghalaya, ist nicht Liebe, sondern Neid im Spiel: Sonne und Mond waren Geschwister, lebten aber in Zwietracht. Denn das Mädchen, der Mond, war glänzender und schöner als sein Bruder, die Sonne. Sie war stolz darauf, und das machte ihn eifersüchtig. Eines Tages, als die Mutter der beiden fort war, gerieten sie miteinander in Streit; die Sonne nahm Erde und warf sie der Schwester ins Gesicht. Diese hätte nun den Schmutz abwaschen und sich als die Klügere mit der Sonne vertragen können. Aber das tat sie nicht. Sie wartete vielmehr in diesem Zustand auf die Rückkehr der Mutter, damit der Bruder die gebührende Schelte bekäme. Die Mutter aber durchschaute diese Bosheit, ärgerte sich und strafte ihre Tochter, indem sie ihr zu verstehen gab, die Erde werde nun immer an ihrem Gesicht haften bleiben. Seitdem ist der Mond weniger hell als die Sonne.

Bei den Rengma Nagas im Bundesstaat Nagaland sind Sonne und Mond nicht verwandt: Gott hatte den Mond und die Sonne als ein gleiches Paar geschaffen, so daß beide die gleiche Hitze auf der Erde verbreiteten. Gott erschuf dann die Menschen und erkannte, daß sie unter diesen Umständen kaum in der Lage sein würden, die Nacht vom Tage zu unterscheiden und ihr Leben danach einzurichten. Daher ließ er einen Baum auf dem Mond wachsen, der in seiner vollen Größe schließlich viel von dessen Licht zurückhielt. Andere Rengma Nagas sagen: Früher war der Mond ebenso hell wie die Sonne. Einst kämpften beide miteinander, und da die Sonne stärker war, verdunkelte sie den Mond, indem sie ihm Asche aufs Gesicht schmierte.

Die Lhota Nagas im Nagaland glauben, Mond und Sonne hätten die Rollen getauscht: Am Anfang war die heutige Sonne der Mond, und der jetzige Mond war die Sonne. Die einstige Sonne war so heiß, daß die Erde versengt wurde. Der damalige Mond mochte das nicht mit ansehen. Er beschmierte ihr Gesicht mit Kuhdung, wechselte aber, um ihren Zorn zu besänftigen, mit ihr den Körper. So entstanden auch die Flecken auf dem Mond.

Die Lakher im Bundesstaat Mizoram haben eine andere Erklärung für die Mondflecken: Der Mond, seine Frau, die

Sonne, und ihr gemeinsames Kind waren eine traute Familie. Der Mond strahlte ebenso hell wie seine Frau, die Sonne. Die Menschen auf der Erde schwitzten und stöhnten unter der nicht enden wollenden Hitze, die von den beiden ausging. Die Tage und Nächte unterschieden sich nur durch das Gestirn, das am Himmel stand. Eines Nachts ließ eine Witwe ihr Kind auf der Terrasse schlafen, ohne seine Schlafstelle zu überdachen. Der Mond und sein Kind stiegen auf, und ihr Licht war so stark, daß das Kind der Witwe starb. In ohnmächtiger Wut rächte sie sich, indem sie einen Speer auf das Kind des Mondes schleuderte und den Bodensatz aus ihrem Reisbiertopf dem Mond ins Gesicht warf. Deswegen ist er weniger hell als die Sonne.

* (Mishmi:) John Henry Hutton: Some astronomical beliefs in Assam, in: Folk-Lore, Bd. 36 (1925), S. 117. – (Khasi:) Philipp Richard Thornhagh Gurdon: The Khasis. 2. Aufl. London 1914, S. 172. Am Ur-Quell, Bd. 4 (1893), S. 55. – (Garo:) Alan Playfair: The Garos. London 1909, S. 85. – (Rengma Nagas:) James Philipp Mills: The Rengma Nagas. London 1937, S. 243f. – (Lhota Nagas:) James Philipp Mills: The Lhota Nagas. London 1922, S. 196. – (Lakher:) Nevill Edward Parry: The Lakhers. London 1932, S. 492.

Die Prüfung der vier Freunde

Benares (Nordindien)

Zu der Zeit, als Brahmadatta in Benares regierte, begab es sich, daß der Bodhisattwa als ein junger Hase zur Welt kam und in einem Wald lebte. Auf der einen Seite lag dieser Wald am Fuß eines Berges, auf der anderen an einem Fluß, an einer dritten Seite an einem Grenzdorf. Der Hase hatte drei Freunde – einen Affen, einen Schakal und eine Otter. Diese vier klugen Geschöpfe lebten zusammen; jedes von ihnen suchte sich seine Nahrung auf seinem eigenen Jagdgrund, und am Abend trafen sie sich. In seiner Weisheit predigte der Hase seinen drei Gefährten die Wahrheit, indem er lehrte, daß Almosen gegeben werden sollen, daß das Sittengesetz eingehalten werden soll und Feiertage bewahrt werden sollen. Sie nahmen seine Ermahnung an und gingen jeweils in ihren eigenen Teil des Dschungels hinein und wohnten dort.

Die Zeit verging, und als der Bodhissattwa eines Tages den Himmel beobachtete, stellte er bei der Betrachtung des Mondes fest, daß der nachfolgende Tag Fasttag sei; er sprach seine drei Gefährten an und schärfte ihnen ein: „Morgen ist Fasttag. Unterwerft euch alle drei den Sittengeboten, haltet den Feiertag ein. Wer unbeirrbar an den sittlichen Bräuchen festhält, dem wird das Almosengeben eine große Belohnung bringen. Ernährt also alle Bettler, die sich bei euch einfinden, indem ihr ihnen vom Essen eures eigenen Tisches abgebt." Sie stimmten bereitwillig zu und verblieben jeweils an ihrem eigenen Wohnplatz.

Andertags zog die Otter frühmorgens auf Beutesuche los und gelangte weiter abwärts zum Ufer des Ganges. Nun begab es sich, daß ein Fischer sieben rote Fische an Land brachte, sie auf einer Weidenrute zusammenschnürte und schließlich an einer bestimmten Stelle im Sand des Flußufers eingrub. Die Otter, die die vergrabenen Fische roch, hob den Sand aus, bis sie auf diese stieß und rief dabei lauthals: „Gehören jemandem diese Fische?" Und weil sie keinen Eigner zu Gesicht bekam, hielt sie die Weidenrute mit den Zähnen fest und legte die Fische an der Stelle des Dschungels ab, wo sie wohnte, in der Absicht, sie bei passender Gelegenheit zu verzehren. Und dann legte sie sich mit dem Gedanken nieder, wie rechtschaffen sie doch gehandelt hatte.

Der Schakal zog ebenfalls auf Nahrungssuche fort und entdeckte in der Hütte eines Försters zwei Bratspieße, eine Eidechse und einen Topf Dickmilch. Und nachdem er dreimal laut gerufen hatte: „Wem gehört dieses?" und sich kein Eigentümer meldete, legte er das Seil auf seinen Nacken, um den Topf zu heben, ergriff die Bratspieße und die Eidechse mit den Zähnen, brachte sie in sein eigenes Lager, legte sie dort ab und dachte bei sich: „In der harten Jahreszeit werde ich das alles verschlingen!" Dann legte er sich mit dem Gedanken nieder, wie rechtschaffen er gehandelt hatte.

Der Affe begab sich zu einer Baumgruppe, pflückte einen Bund Mangos, legte sie in seinem Teil des Dschungels ab und gedachte sie in der harten Jahreszeit zu essen. Dann legte er sich mit dem Gedanken nieder, wie rechtschaffen er gehandelt hatte.

Es kam aber die Zeit, wo der Bodhisattwa die Absicht hatte zu äsen, und zwar Kuça-Gras abzufressen. Als er im Dschungel lag, kam ihm ein Gedanke: „Ich kann unmöglich irgendeinem Bettler Gras anbieten, das so aussehen würde, habe ich doch weder Öl noch Reis oder dergleichen. Sollte mich irgendein Bettler um Hilfe bitten, so müßte ich ihm schon mein eigenes Fleisch zu essen geben."

Bei dieser prächtigen Entfaltung wahrer Tugend wies Sakkas weißer Marmorthron Zeichen übermäßiger Wärme auf. Sakka dachte scharf nach, erkannte die Ursache und beschloß, seinen königlichen Hasen und dessen Freunde einer Prüfung zu unterziehen. Als erstes ging er zum Wohnplatz der Otter, stand dort in der Verkleidung eines Brahmanen, und als er gefragt wurde, warum er dort stünde, antwortete er: „Weiser Herr, wenn ich jetzt nach dem Ende der Fastentage etwas zu essen bekommen könnte, werde ich alle meine priesterlichen Pflichten erfüllen." Die Otter antwortete: „Gut, ich will dir etwas zu essen geben", und als sie sich mit ihm unterhielt, sprach sie die erste Strophe:

In des Ganges Fluten fing ich sieben rote Fische,
O Brahmane, bleib bei mir im Wald an reich gedecktem Tische.

Der Brahmane sagte: „Laß uns bis morgen warten. Ich komme darauf nach und nach zurück."

Als nächstes ging er zum Schakal, und als er gefragt wurde, warum er dort stünde, gab er die gleiche Antwort. Auch der Schakal versprach ihm bereitwillig eine Mahlzeit, und als er mit ihm sprach, sagte er die zweite Strophe auf:

Eine Echse und ein Topf voll Milch, des Wärters Abendessen,
Spieße für den Braten, den zu stehlen ich mich hab vermessen.

O Brahmane, gnädig bleib im Wald und labe
dich an allem, was zu essen ich hier habe.

Sagte der Brahmane: „Laß uns bis morgen warten. Ich komme darauf nach und nach zurück."

Dann ging er zum Affen, und befragt, was es damit auf sich habe, dort zu stehen, gab er die gleiche Antwort wie zuvor. Der Affe bot ihm bereitwillig etwas zu essen an, und als er mit ihm sprach, trug er die dritte Strophe vor:

Reife Mangos iß am kühlen Fluß im Schatten hoher Bäume,
hier vergnügt mit mir zu wohnen in der Lichtung nicht versäume.

Sagte der Brahmane: „Laß uns bis morgen warten. Ich komme darauf nach und nach zurück."

Dann ging er zu dem weisen Hasen, und als er gefragt wurde, warum er dort stehe, gab er die gleiche Antwort wie zuvor. Der Bodhisattwa war hocherfreut, als er hörte, was er wünsche, und sagte: „Brahmane, du hast wohlgetan, zu mir zum Essen zu kommen. Heute will ich dir einen wahren Segen erteilen, den ich nie zuvor erteilt habe, doch sollst du nicht das Sittengesetz brechen, indem du einem Tier das Leben nimmst. Geh, Freund, und sobald du einen Holzscheit errichtet und mit Feuer angezündet hast, laß es mich wissen, denn dann will ich selbst mich opfern, indem ich mitten in die Flammen springe. Wenn mein Körper gebraten ist, sollst du mein Fleisch essen und deine priesterlichen Aufgaben ausführen." Während der Hase so sprach, sagte er die vierte Strophe auf:

Sesam, Bohnen oder Reis als Speise kann ich dir nicht geben,
brat im Feuer drum mein eigen Fleisch, wenn du in mir willst leben.

Als Sakka hörte, was er sagte, ließ er mit seiner wundertätigen Kraft einen Haufen brennender Kohlen erscheinen, kam zurück und erzählte es dem Bodhisattwa. Nachdem er sich aus seinem Lager aus Kuça-Gras erhoben hatte und zu dieser Stelle gekommen war, schüttelte er sich dreimal, damit irgendwelche Insekten, sollten sie in seinem Fell sitzen, dem Tode entkommen könnten. Indem er seinen ganzen Körper als Preis vergab, sprang er auf und fiel wie ein königlicher Schwan, der sich auf einem Büschel Lotus niederläßt, freudig-verzückt auf den Haufen glühender Kohle. Aber die Flammen vermochten nicht einmal die Poren des Haares auf dem Körper des Bodhisattwa zu erhitzen; es war, als hätte er einen Raum des Frostes betreten. Dann wandte er sich an Sakka mit den Worten: „Brahmane, das Feuer, das du angezündet hast, ist eiskalt; es vermag nicht einmal die Poren des Haares auf meinem Körper zu erhitzen. Was soll das bedeuten?"

„Weiser Herr", antwortete er, „ich bin kein Brahmane. Ich heiße Sakka und bin gekommen, deine Tugend auf die Probe zu stellen." Der Bodhisattwa sagte: „Wenn nicht nur du, Sakka, sondern alle Bewohner dieser Erde versuchen würden, mir auf diese Weise Almosen zu geben, dann würden sie mich niemals abgeneigt finden zu geben", und dabei stieß der Bodhisattwa einen Jubelschrei wie ein brüllender Löwe aus.

Dann sagte Sakka zum Bodhisattwa: „O weiser Hase, möge deine Tugend ein ganzes Äon hindurch bekannt sein." Er quetschte mit der Hand die Berge und beschmierte mit der dabei gewonnenen Essenz das Zeichen eines Hasen auf die Scheibe des Mondes. Und nachdem er den Hasen auf ein Bett jungen Kuça-Grases in demselben Waldbereich des Dschungels gelegt hatte, kehrte Sakka zu seinem eigenen Platz im Himmel zurück.

Und die vier befreundeten weisen Geschöpfe wohnten glücklich und einträchtig zusammen, kamen den Forderungen des Sittengesetzes nach und hielten die Feiertage ein, bis sie verschieden, um ihren Taten gemäß gelöhnt zu werden.

***

Die Chinesen erzählen abweichend, bei den einträchtig zusammenlebenden Tieren habe es sich um einen Fuchs, einen Affen und einen Hasen gehandelt; der Hase sei nicht auf den Mond gemalt, sondern von Sakra/Tschakra als Gebratener auf den Mond versetzt worden, wo er für alle Zeiten als Sinnbild der Nächstenliebe dient.

Im übrigen soll nach alter Überlieferung Buddha selbst erklärt haben, daß zu jener Zeit Ananda die Otter, Moggallana der Schakal, Sariputta der Affe und er selbst in einer früheren Menschwerdung (Inkarnation) der weise Hase gewesen sei.

● The Jataka or stories of the Buddha's former births. Translated from the Pali. Buch 4, Nr. 316. Oxford 1990, S. 34–37. – (China:) Girard de Rialle, in: Revue des traditions populaires. Bd. 3 (1888), S. 136.

Die Prüfung der vier Einsiedler

Singhalesen (Sri Lanka)

Vor langer Zeit hatten sich einmal ein Hase, ein Affe, ein Bläßhuhn und ein Fuchs als Einsiedler in die Wildnis zurückgezogen und geschworen, niemals irgendein lebendes Wesen zu töten. Der Gott Sakkraia, dem das, so mächtig wie er war, nicht verborgen bleiben konnte, gedachte, ihre Standfestigkeit unter Beweis zu stellen. Er nahm also die Gestalt eines Brahmanen an, erschien bei dem Affen und bat um Almosen. Der brachte ihm sogleich eine Handvoll Mangopflaumen und schenkte sie ihm.

Der vorgebliche Brahmane ging, als er den Affen verlassen hatte, zu dem Bläßhuhn und stellte ihm die gleiche Bitte. Dieses schenkte ihm eine Menge Fische, die es zuvor am Ufer eines Flusses, wo sie offenbar von einem Fischer vergessen worden waren, gefunden hatte.

Der Brahmane ging dann zum Fuchs, der sich sogleich auf die Suche nach Nahrung machte und schon bald mit einem Topf Milch und einer getrockneten Frucht zurückkehrte; beides hatte er auf einem Feld gefunden, wo es offensichtlich von einem Hirten vergessen worden war.

Schließlich ging der Brahmane zu dem Hasen und bat ihn um Almosen. Der Hase antwortete: „Mein Freund, ich ernähre mich nur von Gras, aber das dürfte dir nicht von Nutzen sein." Der vorgebliche Brahmane entgegnete: „Wenn du ein wahrer Einsiedler bist, dann kannst du mir doch in der Erwartung jenseitigen Glücks dein eigenes Fleisch geben. Der Hase stimmte, ohne zu zögern, zu und sagte dem angeblichen Brahmanen: „Ich gewähre dir, was du verlangst: Du kannst mit mir machen, was dir beliebt." Der Brahmane antwortete dann: „Da du bereit bist, meine Bitte zu erfüllen, so will ich denn ein Feuer entzünden, und zwar drüben am Fuße des Felsens, von dem du dann dort hineinspringen kannst, denn das wird mir die Mühe ersparen, dich zu schlachten und dein Fleisch zuzubereiten."

Der Hase stimmte bereitwillig zu und sprang, sobald das Feuer von dem Fremden entfacht worden war, von der Spitze des Felsens darauf zu. Ehe er aber die Flammen erreichte, warden sie gelöscht, und der Brahmane erschien in seiner wahren Gestalt als Gott Sakkraia, schloß den Hasen in seine Arme und zeichnete dessen Abbild auf den Mond. Fortan sollte es ein jedes Lebewesen überall in der Welt sehen können.

Mahanama: The Mahávansi, the Rája-Ratnácari, and the Rájá-Vali, forming the sacred and historical books of Ceylon. Hrsg.: Edward Upham. Bd. 3. London 1833, S. 309–311.

Asien

Wie der Betel auf die Erde kam

Singhalesen (Sri Lanka)

Über den großmütigen Hasen gibt es bei den Singhalesen verschiedene Überlieferungen. Einige erzählen: Während Buddha, der Erleuchtete, als Einsiedler auf Erden weilte, verirrte er sich eines Tages im Wald. Nach langem Umherwandern begegnete er einem Hasen, der ihn anredete: „Kann ich dir nicht helfen, schlag den Pfad zur rechten Hand ein, ich will dich aus der Wildnis geleiten." „Dank dir", versetzte Buddha, „aber ich bin arm und hungrig, ich vermag deine Gefälligkeit nicht zu belohnen." „Bist du hungrig", sagte der Hase, „so zünde ein Feuer an, töte, brate und iß mich." Buddha machte Feuer; gleich hüpfte der Hase hinein. Nun bewies Buddha seine göttliche Kraft, riß das Tier aus den Flammen und versetzte es in den Mond. Seitdem ist in dem Mond immer ein Hase zu sehen.

Andere Singhalesen erzählen abweichend, der Hase selbst sei der Bodhisattwa, der später als Buddha wiedergeborene Erleuchtete, gewesen und Sakraya, der große Gott, dem er sich selbst geopfert hatte, habe dann das Bildnis des Hasen auf den Mond gemalt: Reste der Farbe fielen auf die Erde nieder, und aus ihnen ging der Betel hervor, das so erfrischende würzig bittere Kaumittel, das den Speichel rot und die Zähne schwarz färbt.

Es heißt aber auch, der Pinsel, mit dem Sakkraya das Bild des Hasen gemalt habe, sei auf die Erde herabgeworfen worden: Mucalinda, ein Naga-Fürst, entdeckte den Pinsel und aß ihn wegen des würzigen Duftes der an ihm haftenden Farbreste auf. Durch diese Farbreste wurde Mucalinda binnen sieben Tagen getötet; aus seinem Leichnam ging der Betel hervor. Bekanntlich wird er seither aus einem Stück Betelnuß, einem Blatt vom Betelpfeffer und etwas gebranntem Kalk gewonnen.

- Jacob Gimm: Deutsche Mythologie. Bd. 2. Göttingen 1854, S. 679.
- Götter und Mythen des Indischen Subkontinents. Hrsg.: Hans Wilhelm Haussig. Stuttgart 1989, S. 564. (= Wörterbuch der Mythologie, Abt. 1, Bd. 5.)

Der schlaue Hase

Indien

Im *Pantschatantra*, einer Sammlung von Sanskrit-Fabeln, findet sich die folgende Geschichte:

In einem Wald lebte einst ein mächtiger Elefant namens Chaturdanta, der König einer Herde. Einmal gab es eine lange Dürrezeit, so daß Weiher, Wasserbecken, Sümpfe und Seen ausgetrocknet waren. Da entsandten die Elefanten auf der Suche nach Wasser Kundschafter. Ein ganz Junger entdeckte einen ausgedehnten, von Bäumen eingesäumten See, genannt Mondsee (*Chandrasaras*). Dort wimmelte es nur so von Wasservögeln. Erfreut über die Aussicht, mit einer unerschöpflichen Menge Wasser versorgt zu werden, bewegten sich die Elefanten zu dieser Stelle hin und fanden ihre kühnsten Erwartungen übertroffen.

In dem sandigen Boden rund um den See gab es unzählige Hasensiedlungen. Als sich die Elefantenherde nun zum Wasser bewegte und dabei in einem weiten Bereich auf den Boden stampfte, wurden viele der Hasen erheblich verletzt oder sogar getötet; unter den schwergewichtigen Fußtritten der Waldungeheuer brachen ihre Höhlen zusammen, wurden ihre Köpfe, Läufe und Rücken zerdrückt.

Sobald sich die Herde nach reichlichem Wassergenuß in ein Waldgebiet begeben hatte, versammelten sich die erbärmlich zugerichteten Hasen bei ihrem König Silimukha; einige waren blutverkrustet oder hatten noch frische Wunden, einige hielten die leblosen Körper ihrer so gehegten Kinder fest, einige beklagten die Zerstörung ihrer Behausungen, alle aber vergossen bittere Tränen und riefen heulend: „Ach, wir sind verloren! Die Elefantenherde wird wieder und wieder zurückkehren, weil es für sie weit und breit kein anderes Wasser gibt, und das wird für uns alle der Tod sein!"

Der Hasenkönig sann bekümmert nach, wie er für Abhilfe sorgen könnte, und wandte sich dann in Gegenwart der versammelten Hasen an Vijaya, den schlauesten von allen: „Geh du zum Elefantenkönig, denn du kannst am ehesten einschätzen, was zweckdienlich ist, und bist redegewandt wie kein anderer. Was immer du bisher in die Hand genommen hast, ist von Erfolg gekrönt gewesen."

Der kluge und umsichtige Vijaya sagte zu, die Trampelherde zu vertreiben, und machte sich in aller Ruhe auf den Weg. Er begab sich zu den Elefanten, machte deren König ausfindig und verschaffte sich, gewandt wie er war, die Gelegenheit zu einem Gespräch. Er kletterte auf eine Anhöhe und sprach den mächtigen Herrscher mit dem Brustton der Überzeugung an: „He, he, Elefantenboß! Was hat dich und die deinen so unbedachtsam an diesen See verschlagen? Ihr habt hier nichts zu suchen!"

Als der König der Elefanten das vernahm, fragte er entrüstet: „Zum Teufel, wer bist du?"

„Ich", antwortete Vijaya, „werde der Kühlstrahlende und der Gefleckte genannt und bin der Hase, der im Mond wohnt. Seine Exzellenz der Mond schickt mich als Botschafter zu dir. Ich spreche mit dir im Namen des Mondes."

„Soso, Hase", sagte der große Elefant etwas verwundert, „und welche Botschaft hast du mir von Seiner Exzellenz dem Mond zu bringen?"

„Du hast heute meinen See besudelt, einige Hasen getötet und etliche verletzt. Ist dir nicht bewußt, daß es sich um Schützlinge von mir handelt? Wenn dir dein Leben lieb ist, dann wage dich nicht noch einmal in die Nähe des Sees. Widersetzt du dich meinem Befehl, dann nehme ich mein mildes Licht in der Nacht von euch weg, und eure Körper werden von ständigem Sonnenlicht verzehrt werden."

Der Elefant dachte einen Augenblick nach und erwiderte: „Freund! Ich gebe zu, daß ich gegen die Rechte Seiner Majestät des Mondes verstoßen habe. Ich möchte mich dafür entschuldigen; wie kann ich das machen?"

Der Hase antwortete: „Komm mit mir mit, und ich werde es dir zeigen."

Der Elefant fragte: „Wo befindet sich denn Seine Exzellenz gegenwärtig?"

Der kleine Schlaue antwortete: „Er hält sich jetzt am späten Abend in dem See auf und hört sich die Beschwerden der verstümmelten Hasen an."

„Wenn das der Fall ist", sagte der Elefant demütig, „dann geleite mich zu meinem Herrn, damit ich ihm meine Ergebenheit zeigen kann."

Also führte der Hase den König der Elefanten an den Rand des Sees und sagte, indem er ihn auf die Spiegelung des Mondes im Wasser aufmerksam machte: „Dort steht unser Herr inmitten des Wassers in tiefer Versenkung; zeige ihm demütig deine Ehrfurcht, und dann entferne dich geschwind."

Daraufhin stieß Chaturdanta, der Elefant, seinen Rüssel ins Wasser und murmelte ein inständiges Gebet. Unwillentlich setzte er dabei das Wasser in leichte Bewegung, so daß die Spiegelung des Mondes überall zitterte.

„Siehe", rief Vijaya, der Hase, aus, „Seine Majestät bebt vor Wut über dich!"

„Warum ist Seine erhabene Exzellenz wütend auf mich?", fragte der Elefant.

„Weil du das Wasser in Bewegung gesetzt hast. Bete ihn an und dann entferne dich!"

Der Elefant ließ seine Ohren herabhängen, beugte seinen großen Kopf zur Erde, brachte sein Bedauern darüber zum Ausdruck, den Mond und den in ihm wohnenden Hasen geärgert zu haben, und gelobte, das Gebiet des Mondsees nie wieder zu verunsichern. Dann stapfte er davon.

Der Hasenkönig Silimukha hatte alles aus der Entfernung mit angesehen. Er verlieh seinem Botschafter eine hohe Auszeichnung. Und das Hasenvolk hat seither an dem See ungestört leben können.

- Somadeva Bhatta: The Ocean of Story, hrsg. v. Norman Mosley Penzer. Bd. 5, 2. Aufl. Delhi, Patna, Varanasi 1923, S. 101f. – Sabine Baring-Gould: Curious myths of the middle ages. London 1877, S. 204–208.

Asien

Tänze zu Ehren des heiligen Georgs

Georgien

Die Georgier glauben, den Schutz- und Namenspatron ihres Landes im Mond zu erkennen. Überall im Lande wurden einst im Sommer für den heiligen Georg große Feste gefeiert, ein Hauptfest mit zwei- oder dreimaliger Wiederholung in Abständen, die den Mondphasen entsprechen. Die heute wieder hier und da auflebenden Feierlichkeiten fallen in die Nacht und werden im allgemeinen am Montag, dem „Tag des Mondes" begangen, galt doch dieses alte Fest ursprünglich dem Mondgott.

Der heilige Georg, sagt man, hat selbst veranlaßt, als Höhepunkt dieses Festes einen Tanz aufzuführen, das, wo es auch stattfindet, einen sehr ähnlichen Verlauf hat. Pilger und Gläubige strömen von nah und fern zu einer Kirche und gehen mit Gesang um die Kirchhofsmauer herum. Sobald die Glokken ertönen, begeben sich alle auf den Hof und gehen dann barhäuptig um die Kirche herum. Weißgekleidete Pilgerinnen, die wie Sklaven eine schwere Kette vom St. Georg am Halse tragen, setzen, auf den Knien rutschend, diesen Gang allein fort und heften brennende Kerzen an die Kirche. Eine von ihnen aber tanzt mit großer Leidenschaft, und das bis zur völligen Erschöpfung.

Wurde ehedem dem Mondgott ein Mensch geopfert, so wird dem heiligen Georg ein unblutiges Opfer dargebracht. War es einst ein in Ketten gelegter Sklave, der ein Jahr lang zur Opferung gemästet wurde, um dann erstochen und getreten zu werden, so wirft sich nunmehr ein Pilger vor den Eingang der Kirche hin, so daß niemand, auch nicht der Pfarrer, in das Innere gelangen kann, ohne ihn zu treten. Ganz unbeweglich und unhörbar wie ein Toter bleibt er dort liegen und geht als letzter in die Kirche hinein.

Der heilige Georg vergilt die frommen Handlungen mit viel Gutem; den jungen Männern etwa verheißt er eine glückliche Ehe.

* T. von Margwelaschwili: Der Kaukasus und der alte Orient, in: Zeitschrift für Ethnologie, Jg. 69 (1937), S. 325 und 361f.

Bissige Hunde

Karatschaier

Will man den Erzählungen der Karatschaier im Nordkaukasus Glauben schenken, so gibt es auf dem Mond einen Burschen mit zwei Hunden. Der junge Mann führt, wie man beim genauen Hinsehen erkennen soll, die Hunde mit beiden Händen getrennt an je einer kurzen Leine und muß sich fortwährend unter Aufbietung aller seiner Kräfte mühen, daß sie ja nicht zusammengeraten; denn andernfalls würden sie sich bis aufs Blut bekämpfen.

* M. Pröhle: Karatschajische Studien, in: Keleti szemle. Budapest. Bd. 10 (1909), S. 266.

Der Mond und das Wetter

Tschetschenen

Der Fleck, den man auf dem vollen Mond erkennt, vermag uns eine Menge über das Wetter auf Erden zu sagen. Man muß nur ganz genau hinsehen. Er stellt nämlich ein Pferd dar: Wenn sein Maul breiter wird, gibt es einen kurzen

Sommer und einen langen Winter; wenn es kleiner wird und das Pferd dunkler, gibt es einen langen, regenreichen Sommer und einen kurzen Winter.

- Adolf Dirr, B. Dalgat: Die alte Religion der Tschetschenen, in: Anthropos. Bd. 3 (1908), S. 1071.

Die Macht des Fürsten

Hamdaniden (Syrien/Irak)

In einem chawal 338 (März–April 950) datierten Stück zu Ehren des hamdanidischen Fürsten Saif ed Daoulah, der im 4. Jahrhundert mohammedanischer Zeitrechnung (im 10. Jh. n. Chr.) in dem Raum Haleb (Aleppo) und Mosul regierte, schreibt der Dichter El Montanabbi:

Die Macht von Saif ed Daoulah erstreckt sich bis zur Sonne, und sein Zeichen gilt bis auf den Mond.

Der Kommentator El' Aroudhi vermerkt, daß es sich bei dem Zeichen um die dunklen Flecke handelt, die man auf dem Mond erkennt, und daß der Dichter eher übertreibend als dreist und durch Schmeichelei, die das nicht weniger ist, das als Besitzmerkmal betrachtet, was Saif ed Daoulah auf den Mond aufgedrückt habe.

- René Basset, in: Revue des traditions populaires, Bd. 23 (1908), S. 220. – Quellen: El Motanabbi, *Diwan* 187 v. ed. Dieterici (*Mutanabbi Carmina*, Berlin 1861, S. 440); Kommentar von El Okbari (*Cherh' et tibyan*). Kairo 1308 islam. Zeitr. Bd. 2, S. 247.

Afrika

Links: Thoth, ägyptischer Gott des Mondes in der Gestalt eines Pavians, Schreiber der Götter.

Rechts: Thoth mit Ibiskopf und Mondsichel, das Urteil über die Toten niederschreibend. *(Abbildungen zu S. 133)*

Afrika

Thoth

Ägypten

In Hermupolis und anderen ägyptischen Städten wurde der Mond schon früh als Gott mit Namen Thoth verehrt. Dargestellt wurde er bisweilen als fratzengesichtiger Pavian, vielfach aber in der Gestalt eines Ibis oder eines Menschen mit Ibiskopf. Der Ibis, dieser langbeinige weiße Vogel mit seinem schwarzen Sichelschnabel und Hals, seinen schwarzen Schwungfederspitzen und Füßen verkörpert in unübertrefflicher Weise den sich bleich und dunkel gefleckt am Himmel bewegenden Mond. Er, der mit seinen Phasen ein zuverlässiger Regler der Zeit ist, galt zugleich als Gott der Rechen- und Schreibkunst. Als zweites Auge des Himmelsgottes hatte er am Ende einer jeden Nacht die Sonne zu wecken. Thoth wurde überdies noch wie der falkengestaltige Sonnengott Re als Segler dargestellt, der mit seinem Boot den himmlischen Ozean überquert.

Thoth war auch aufs engste mit Osiris, dem Gott der Fruchtbarkeit, verbunden. Dieser erschien zugleich als Sonne (wie Re) und Mond, wobei der letztere nur eine andere Erscheinungsform des Herrschers des Tages war. Das änderte sich, als sein Sohn Horus ihn erschlug und dann die Sonne allein verkörperte.

Isis, die Schwester und Gattin des erschlagenen Gottes, aber flehte in innigem Gebet, daß seiner Seele und seinem Leib Leben gegeben werde und „seine Seele sich in den Himmel in die Scheibe des Mondes erheben möge". An seinem Grab sang Isis gemeinsam mit der Todesgöttin Nephtys einen Hymnus, in dem Thoth die Seele des Mondes genannt wird:

Du leuchtest am Himmel für uns jeden Tag,
wir werden nicht aufhörn, dein Strahlen zu schaun,
Thoth ist dein Beschützer,

er bildet deine Seele in der Barke der Nacht,
in diesem deinen Namen, ‚Göttlicher Mond'.

- The book of respirations. Papyrus Nr. 3284 im Louvre, erstmals übersetzt von Samuel Birch, in: Records of the past. Bd. 4. London 1875, S. 121. – Les lamentations d'Isis et de Nephtys. Hellenistischer Papyrus in Berlin, erstmals übersetzt von Philippe Jacques de Horrack. Paris 1866, S. 4. – Vgl. The Mythology of all races. Hrsg.: John Arnott MacCulloch. Bd. 12. Boston 1918, S. 33f.

Die Tränen des Waisenkindes

Kabylen (Nordalgerien)

Vor langer Zeit ging ein Kind auf der Erde umher, das war eine Waise und hatte weder Vater noch Mutter. Das Waisenkind ging ganz traurig umher; kein Mensch nahm sich seiner an und fragte, weshalb es traurig sei. Das Kind war sehr traurig, konnte aber nicht weinen. Das Weinen gab es damals noch nicht.

Als der Mond das traurige Waisenkind auf der Erde umhergehen sah, hatte er Mitleid. Er stieg, als es Nacht war, vom Himmel herab. Der Mond legte sich vor dem Waisenkind auf die Erde und sagte: „Waisenkind, weine! Laß deine Tränen aber nicht auf die Erde fallen, von der die Menschen essen, damit du die Erde nicht verunreinigst. Laß deine Tränen auf mich fallen. Ich werde sie mit an den Himmel nehmen." Das Waisenkind weinte. Es war das erste Weinen. Die ersten Tränen fielen auf den Mond. Der Mond sagte: „Ich will dir die Gnade geben, daß alle Menschen dich lieben."

Nachdem das Waisenkind sich ausgeweint hatte, stieg der Mond wieder zum Himmel empor.

Das Waisenkind war aber von dem Tag an glücklich. Alle Leute liebten es und gaben ihm gerne alles, was es erfreute oder erheiterte. Am Mond aber sieht man bis heute in den dunklen Flecken die Tränen des ersten Waisenkindes und die ersten Tränen der Welt.

* Volksmärchen der Kabylen. Bd. 1. Hrsg. v. Leo Frobenius. Jena 1921, Kap. 2, S. 76 (= Atlantis, Bd. 1).

Amma und der Fuchs

Dogon (Mali)

Im Anfang war Amma, das göttliche Wesen. Es umgab sich mit einer festen, eiförmig gestalteten Hülle, die nicht größer als ein Hungerreiskorn war. Erde, Wasser, Feuer und Luft waren von vornherein im Innern vorhanden. Aus der Hülle entweichend bildeten die Elemente nach und nach eine ganze Welt, und die Form des Lebens war der Akazienstrauch.

Amma war mit seiner Schöpfung nicht zufrieden und zerstörte sie bis auf die korngroße Hülle, in der er seinen Sitz hatte. Sie barg nach wie vor alle Dinge der Welt, alles Sichtbare und Unsichtbare. Das Innere begann erneut wie ein Korn zu gären, aufzubrechen und zu keimen. Das kerngroße Ei umgab sich mit einem Mantel aus Sagala, einem dem Eisen ähnlichen, aber glänzenderen Metall. Der Stern Po war geboren. Im Innern regte sich Amma. Er bewegte sich von rechts nach links, und schon begann sich Po in einer Spirale zu drehen. Durch das Drehen aber entwichen unaufhörlich Keime nach außen. So viele Keime auch abgegeben wurden, es wurden zugleich so viele neue gebildet, daß sich Po nicht veränderte. Eine zweite Welt war im Entstehen.

Im Innern des Eies begann sich indessen da, wo Amma seinen Sitz hatte, die Plazenta, der Mutterkuchen, zu zweiteilen. In beiden Hälften wuchs ein göttliches Zwillingspaar verschiedenen Geschlechts heran. Der männliche Teil des einen Paares, Ogo, begehrte gegen Amma auf. Er strebte blindlings in das im Anbeginn lichtlose All hinaus, gedachte aber seinen Zwilling mitzunehmen und riß, da er ihn vergeblich suchte, ein Stück der Plazenta aus dem Stern Po heraus.

Der Stern erzeugte, weil er sich drehte, heftigen Wirbelwind. So diente Ogo die herausgerissene Plazenta als Arche, als er tief ins All geschleudert wurde. Zuletzt wurde das herausgerissene Stück in den brennenden Stern der Sonne verwandelt, einen Sitz des Weiblichen, das in Ogos Wesen fehlte. Da, wo die Nabelschnur an der Plazenta befestigt war, entstanden Erde und Mond.

In dem Stern Po wurde unterdessen ein göttlich reines Paar geboren, das bald viele Nachfahren hatte, die Nommos. Amma erzeugte bei jeder Bewegung eine neue Erde mit einem neuen Himmel, grämte sich aber über die Störung seiner Schöpfung durch Ogo. Amma wußte zwar die Sonne jeglichem Einfluß Ogos zu entziehen, aber die Erde bedurfte der Reinigung. So gebot er seinem Sohn Nommo, die Erde von ihrem Makel zu befreien. Nommo sühnte den Frevel, indem er im Kampf gegen Ogo sein Leben opferte. Sobald Nommo sein Blut in die Tiefe des Alls vergossen hatte, erweckte ihn Amma zu neuem Leben. Denn auf dem Pfad des Blutes erhielten nun die Sterne ihre endgültige Gestalt und ihre Bewegung.

Ogo selbst, der sich zum Stern Po begeben hatte, entging seiner Strafe nicht. Ein neuer Nommo entmannte ihn und beraubte ihn seiner Stimme, indem er seine Kehle verletzte. Blutend kehrte Ogo zur Erde zurück und versuchte dort sein Werk fortzusetzen. Da verwandelte Amma ihn in ein Wesen, das für immer auf allen Vieren stapfend an die Erde gebunden war, gab ihm die Gestalt und den Namen des Blaßfuchses, des Yurugu. Als eine allen sichtbare Verkörperung der Unordnung lebte Yurugu weiter.

Während die Sonne nachts die von Ogo zurückgelegte Strecke durchläuft, sind tagsüber ihre Strahlen die Arterien, in denen das Blut der unsterblichen Plazenta kreist, das die trockene Erde nährt. Sich unter den Pfoten des Fuchses drehend erhält die Erde die Samen, aus denen alles Leben keimt. Der zusammen mit der Erde gebildete Mond kann diesen Samen nicht empfangen, wird aber mit dem Blut der von der Sonne ausgehenden Strahlen befleckt; seine Flecke sind

Afrika

Arterien, in denen nur Blut kreist, das so unrein ist wie das der menstruierenden Frauen. Die Sonne schickt ihr Blut als Strahlen auf dem Umweg über die Erde zum Mond, so wie Ogo auf- und absteigt. Man sagt, daß die weibliche Seele des Zwillings von Ogo, Yasigui, immer versucht, die Sonnenstrahlen so zu lenken, daß sie zum Mond aufsteigen, weil sie, wenn auch vergeblich, die männliche Seele des Fuchses an die Stelle zurückbringen möchte, von der sie stammt.

Von der Erde gesehen, erscheint der Mond innerhalb eines Monats als zunehmend oder abnehmend. Wenn er voll ist, so bedeutet das, daß er das von der Sonne stammende Licht empfangen hat. Indem er dann sein Blut verliert, siecht er dahin wie menstruierende Frauen. Bei Neumond ist er ganz und gar ausgedörrt. Der dunkle Neumond erinnert zugleich an die Beschneidung Ogos, der zunehmende Mond an seine Empfängnis wie auch die Bildung der Erde, und der Vollmond an den Abstieg der Arche Nommos auf die Erde des Fuchses. Die Phase des zunehmenden Mondes vergleicht man auch mit dem geöffneten Mund Nommos, der sich, insgesamt zwölfmal im Jahr, sprechend an alle Wesen des Weltalls wendet.

Durch die Verstümmelung Ogos, dessen Blut auf die noch nicht umgewandelte Sonnenplazenta tropfte, entstanden weitere „Sterne, die sich drehen" und „Sterne, die einen Kreis bilden", also Planeten und Satelliten. Diese müssen, sagt man, von den fernen Sternen, den Tlo genoze unterschieden werden, die sich aus dem Blutstrom des neu belebten Nommo nach außen hin in der weiten Spirale der Milchstraße gebildet hatten. Auch sie, die scheinbar unbeweglichen Sterne, legen eine Bahn zurück. Unbeweglich ist nur der Sigi tolo, der rotglänzende Sirius, der Nabel der Welt. Er ist der für die Erde des Fuchses für alle Zeiten unerreichbare Hort des Reinen und des Wissens.

● Extrakt aus: Marcel Griaule, Germaine Dieterlen: Le renard pâle, tome 1 (Le mythe cosmogonique), fasc. 1 (La création du monde), Paris 1965; dort insbesondere S. 478.

Der Sohn des Kimanaueze heiratet

Mbundu (Angola)

Kimanaueze hatte, wie ihr wißt, einen Sohn bekommen. Der wuchs heran und kam ins heiratsfähige Alter. Da sagte der Vater: „Heirate!" Er antwortete: „Ich will keine Frau von dieser Erde heiraten." Sein Vater fragte: „Von woher willst du denn eine heiraten?" Er sagte: „Es kann nur die Tochter von Herrn Sonne und Frau Mond sein." Die Leute sagten: „Wer kann denn zum Himmel gehen, wo die Tochter von Sonne und Mond lebt?" Er sagte: „Es ist mir ernst damit; eine Frau von der Erde heirate ich nicht."

Er schrieb einen Brief mit einem Heiratsantrag und gab ihn Antilope. Antilope sagte: „Ich kann nicht zum Himmel gehen." Er gab ihn Falke. Falke sagte: „Ich kann nicht zum Himmel fliegen." Er gab ihn Geier. Geier sagte: „Ich kann den halben Weg zum Himmel zurücklegen, aber nicht dort ankommen." Da sagte der junge Mann: „Was soll ich nur tun?" Er legte den Brief in ein Kästchen und regte sich nicht weiter auf.

Die Leute von Sonne und Mond pflegten zum Wasserholen auf die Erde zu kommen. Da kam Frosch. Er traf den Sohn des Kimanaueze und sagte: „Gib mir den Brief, ich erledige das. Er, der junge Mann, sagte: „Ach, Unsinn! Wie kannst du sagen: ‚Ich gehe dorthin', wenn das sogar Leute mit Flügeln aufgegeben haben? Wie könntest du dorthin gelangen?" Frosch beharrte: „Junger Herr, ich bin dazu imstande." Da gab er ihm den Brief und sagte: „Wenn du damit unverrichteter Dinge zurückkehrst, dann setzt es eine Tracht Prügel."

Frosch machte sich auf den Weg; er ging zu der Quelle, wo die Mägde von Sonne und Mond gewohnt waren, das Wasser zu schöpfen. Er nahm den Brief in den Mund; er stieg in die Quelle; er verharrte dort ruhig. Nach einer Weile kamen die Mägde von Sonne und Mond, um Wasser zu holen. Sie

Afrika

tauchten einen Krug in die Quelle; Frosch stieg in den Krug hinein.

Als er mit Wasser gefüllt war, hoben sie den Krug hoch. Sie wußten nicht, daß Frosch dort hineingestiegen war. Sie kamen im Himmel an. Sie setzten die Krüge ab und gingen vondannen. Frosch kletterte aus dem Krug heraus. In dem Raum, wo die Wasserkrüge aufbewahrt wurden, befand sich auch ein Tisch. Frosch spie den Brief aus; er legte ihn an das obere Ende des Tisches. Dann ging er weg und verbarg sich in einer Ecke des Zimmers.

Nach einer Weile kam Herr Sonne selbst mit den Mägden in den Wasserraum; er schaute auf den Tisch und entdeckte den Brief. Er nahm ihn in die Hand und fragte: „Wo kommt denn dieser Brief her?" Sie sagten: „Herr, wir wissen es nicht." Herr Sonne öffnete ihn und las: „Ich, der Sohn des Kimanaueze aus Tumb'a Ndala auf der Erde, möchte die Tochter von Herrn Sonne und Frau Mond heiraten." Herr Sonne dachte nach und fragte sich: „Kimanaueze lebt auf der Erde und ich im Himmel; wo ist denn der, der den Brief gebracht hat?" Er legte den Brief in einen Kasten und regte sich nicht weiter auf.

Als Herr Sonne den Brief gelesen hatte, stieg Frosch wieder in den Krug. Nach einiger Zeit waren die Krüge leer. Die Wassermädchen hoben die Krüge hoch und gingen damit zur Erde nieder. Sie kamen zur Quelle und tauchten die Krüge ins Wasser. Der Frosch stieg heraus, blieb unter Wasser und verbarg sich. Als die Krüge gefüllt waren, gingen die Mädchen fort.

Frosch stieg aus dem Wasser heraus, ging ins Dorf und ließ nichts von sich merken. Einige Tage später wandte sich der Sohn des Kimanaueze an den Frosch: „Na, Kamerad, wo bist du denn mit dem Brief hingegangen, wie?" Frosch erklärte: „Herr, ich habe den Brief abgegeben, aber die Antwort steht noch aus." Der Sohn des Kimanaueze sagte: „Ach, du lügst doch, du bist nicht dort gewesen." Frosch entgegnete: „Herr, du wirst schon noch sehen, wo ich gewesen bin."

Sechs Tage vergingen, dann schrieb der Sohn des Kimanaueze wieder einen Brief, um sich nach dem vorigen Brief zu erkundigen, darin stand: „Ich habe euch, Herr Sonne und

Frau Mond, geschrieben. Mein Brief ist abgegangen, aber Ihr habt mir nicht geantwortet und entweder mitgeteilt: ‚Wir nehmen dich an' oder ‚Wir lehnen dich ab'." Damit beendete er den Brief und verschloß ihn. Er rief Frosch zu sich und gab ihn ihm. Frosch ging los und kam zur Quelle. Er nahm den Brief in seinen Mund, stieg ins Wasser und hockte sich auf den Grund der Quelle.

Nach einiger Zeit kamen die Wassermädchen herab und gelangten an die Quelle. Sie tauchten die Krüge ins Wasser; Frosch stieg in den einen hinein. Sobald sie gefüllt waren, zogen sie sie hoch. Sie stiegen an dem Faden, den die Spinne gewebt hatte, hoch. Sie kamen im Himmel an. Sie betraten das Haus, setzten die Krüge ab und gingen fort. Frosch stieg aus dem Krug heraus. Er spie den Brief aus, legte ihn auf den Tisch und verkroch sich in der Ecke.

Bald danach ging Herr Sonne durch den Raum, wo das Wasser steht. Er sah auf den Tisch und fand den Brief. Er öffnete und las ihn. In dem Brief steht: „Ich, der Sohn des Kimanaueze aus Tumb'a Ndala, möchte mich bei Ihnen nach meinem vorigen Brief erkundigen. Sie haben mir keine Antwort zuteil werden lassen." Herr Sonne fragte die Mädchen: „Bringt ihr, wenn ihr Wasser holt, immer Briefe mit?" Die Mädchen sagten: „Wir? Nein, mein Herr." Herrn Sonne kamen Zweifel auf. Er legte den Brief in den Kasten. Dann schrieb er an den Sohn des Kimanaueze: „Sie, der Sie mir Briefe schreiben und um die Hand meiner Tochter anhalten, ich stimme unter der Bedingung zu, daß Sie persönlich mit einem Erstgeschenk kommen, damit ich Sie kennenlerne." Er beendete den Brief, faltete ihn zusammen, legte ihn auf den Tisch und ging weg. Frosch kam aus seiner Ecke heraus und nahm den Brief an sich. Er nahm ihn in den Mund, bestieg den Krug und verhielt sich ruhig.

Nach einiger Zeit waren die Krüge leer. Die Mädchen kamen und hoben die Krüge an. An dem Spinnenfaden stiegen sie zur Erde hinab. Sie kamen an die Quelle und tauchten die Krüge ins Wasser. Frosch stieg aus dem Krug heraus und begab sich auf den Grund der Quelle. Als die Mädchen mit dem Schöpfen fertig waren, stiegen sie wieder empor.

Frosch ging ans Ufer, kam ins Dorf und ließ nichts von sich merken.

Als der Abend kam, sagte er sich: „Ich bringe jetzt den Brief hin." Er spie ihn aus, erreichte das Haus des Sohnes von Kimanaueze und klopfte an die Tür. Der Sohn des Kimanaueze fragte: „Wer ist da?" Frosch antwortete: „Ich bin's, Mainu, der Frosch." Der Sohn des Kimanaueze stieg aus dem Bett, in dem er sich zur Ruhe gelegt hatte, und sagte: „Komm herein." Frosch trat ein, gab den Brief ab und ging wieder hinaus. Der Sohn von Kimanaueze öffnete ihn und las ihn. Was Herr Sonne ihm verheißt, gefiel ihm. Er sagte: „Frosch, es war also doch wahr, als du sagtest: ‚Du wirst noch sehen, wo ich gewesen bin.'" Er sann nach und schlief ein.

Am andern Morgen nahm er vierzig Taler und schrieb einen Brief: „Herr Sonne und Frau Mond, hiermit überreiche ich Ihnen das Erstgeschenk. Bitte, teilt mir die Höhe des Werbungsgeschenkes mit." Er schloß den Brief und rief Mainu, den Frosch. Der kam. Er gab ihm den Brief und das Geld und sagte: „Trag es hin!"

Frosch zog los, kam an die Quelle, ging hinab ins Wasser und verhielt sich ruhig. Nach einer Weile kamen die Mädchen und tauchten die Krüge in das Wasser; Frosch stieg in den Krug. Als die Mädchen die Krüge gefüllt hatten, nahmen sie sie heraus. Sie stiegen an dem Spinnfaden in die Höhe, kamen in dem Wasserraum an, setzten die Krüge nieder und gingen.

Frosch stieg aus dem Krug heraus; er legte den Brief zusammen mit dem Geld auf den Tisch. Er ging weg und versteckte sich in einer Ecke. Nach einiger Zeit kam Herr Sonne in den Wasserraum, fand den Brief auf dem Tisch, nahm ihn und das Geld und las ihn. Er gab seiner Frau die Nachricht weiter, die von dem Schwiegersohn gekommen war; seine Frau pflichtete ihm bei.

Herr Sonne sagte: „Ich kenne den nicht, der die Briefe gebracht hat; wie soll die Speise für ihn gekocht werden?" Seine Frau sagte: „Wir werden irgend etwas kochen und auf den Tisch stellen, auf dem auch die Briefe gelegen haben." Herr Sonne sagte: „Gut!" Sie schlachteten eine Henne und kochten sie. Als es Abend wurde, kochten sie Brei. Sie setzten die Speisen auf den Tisch und machten die Tür zu. Frosch kam an den Tisch und aß die Speisen. Er verzog sich in eine Ecke und verhielt sich ruhig.

Herr Sonne schrieb einen Brief, in dem es heißt: „Mein lieber Schwiegersohn! Das Erstgeschenk, das Du mir geschickt hast, habe ich erhalten. Die Höhe des Werbungsgeschenkes beläuft sich auf einen Sack voll Geld." Er schloß den Brief, legte ihn auf den Tisch und ging weg. Frosch kam aus der Ecke hervor, nahm den Brief an sich, stieg in den Krug und schlief.

Der Morgen kam; die Mädchen nahmen die Krüge und stiegen auf die Erde nieder. Sie kamen an die Quelle und tauchten die Krüge ins Wasser. Der Frosch stieg aus dem Krug heraus. Als die Mädchen mit dem Schöpfen fertig waren, stiegen sie wieder in die Höhe.

Frosch stieg aus dem Wasser heraus und ging ins Dorf. Er trat in sein Haus und wartete. Die Sonne war untergegangen, der Abend hereingebrochen; er sagte: „Jetzt will ich den Brief hinbringen." Er ging los. Er erreichte das Haus des Sohnes von Kimanaueze und klopfte an die Tür. Der Sohn des Kimanaueze rief: „Wer da?" Frosch sagte: „Ich bin's, Mainu, der Frosch." Der junge Mann sagte: „Komm herein!" Frosch ging hinein. Er händigte den Brief aus und ging wieder hinaus. Der Sohn von Kimanaueze öffnete den Brief und las ihn; dann legte er ihn beiseite.

Sechs Tage brauchte er, dann war der Sack voll Geld fertig. Er rief Frosch, und Frosch kam. Der Sohn des Kimanaueze schrieb folgenden Brief: „Meine lieben Schwiegereltern, hier ist das Werbungsgeschenk. Bald werde ich selbst kommen, um meine Braut heimzuführen." Den Brief und das Geld gab er Frosch.

Frosch ging los. Er kam an die Quelle, tauchte ins Wasser und versteckte sich. Nach einer Weile stiegen die Wassermädchen hernieder, kamen an die Quelle, tauchten ihre Krüge ins Wasser, und Frosch stieg in einen davon. Als sie fertig geschöpft hatten, hoben sie sie heraus. Sie stiegen am Spinnenfaden empor und kamen im Himmel an. Im Wasserraum setzten sie die Krüge nieder und gingen hinaus. Frosch stieg aus dem Krug, legte den Brief und das Geld auf den Tisch, ging in eine Ecke und versteckte sich.

Herr Sonne betrat den Wasserraum, fand den Brief und das Geld. Er nahm beides. Er zeigte das Geld seiner Frau. Frau Mond sagte: „Sehr gut." Sie nahmen ein Ferkel und schlachteten es. Als sie das Essen gekocht hatten, setzten sie es auf den Tisch und machten die Tür zu. Frosch kam zum Essen und verzehrte es. Als er fertig war, stieg er in den Krug und schlief.

Am andern Morgen nahmen die Wassermädchen die Krüge auf und gingen zur Erde nieder. Als sie bei der Quelle ankamen, tauchten sie die Krüge ins Wasser. Frosch stieg aus dem Krug und versteckte sich. Als sie mit dem Schöpfen fertig waren, gingen sie hinauf zum Himmel. Der Frosch ging ins Trockene und kam ins Dorf. Er ging in sein Haus, verhielt sich ruhig und schlief.

Am nächsten Morgen sprach er den Sohn des Kimanaueze an und sagte: „Junger Herr, ich gab denen, wo ich war, das Werbungsgeschenk, sie haben es erhalten. Sie haben für mich ein Ferkel gekocht, ich habe es gegessen. Nun mußt du selbst den Tag bestimmen, an dem du sie heimführen willst." Der Sohn des Kimanaueze sagte. „Es ist gut so." Sie ließen dann zehn Tage und zwei weitere vergehen.

Der Sohn des Kimanaueze sagte: „Ich brauche jemanden, der mir die Braut heimführt, finde aber niemanden. Sie sagen: ‚Wir können nicht zum Himmel gehen.' Was soll ich nur machen, Frosch?" Frosch antwortete: „Mein junger Herr, sei unbesorgt, ich bin dazu imstande, sie heimzuführen." Der Sohn des Kimanaueze sagte: „Das kannst du nicht; die Briefe hast du allerdings erledigen können, aber mir die Braut zuzuführen, das kannst du nicht." Frosch wiederholte: „Junger Herr, beruhige dich, mache dir keine ernsten Sorgen darum. Ich bin wirklich dazu imstande, sie heimzuführen; verschmähe mich nicht." Der Sohn des Kimanaueze sagte: „Versuchen wir's mit dir." Er gab Frosch etwas zu essen mit.

Frosch ging los. Er kam an die Quelle. Er tauchte hinein und versteckte sich. Bald danach kamen die Wasserträgerinnen hernieder an die Quelle. Sie tauchten ihre Krüge ins Wasser, und der Frosch stieg hinein. Als sie geschöpft hatten, stiegen sie zum Himmel auf. Sie kamen in den Wasserraum, setzten die Krüge ab und gingen weg. Frosch kam aus dem Krug heraus und versteckte sich in einer Ecke. Die Sonne ging unter. Spätabends verließ Frosch den Wasserraum und suchte das Zimmer, in dem die Tochter des Herrn Sonne schlief. Er fand sie schlafend. Er nahm ihr erst das eine Auge heraus und dann auch das andere. Er band die Augen in ein Tuch, ging wieder in den Wasserraum in seine Ecke und schlief.

Am nächsten Morgen standen alle auf. Nur die Tochter des Herrn Sonne konnte nicht aufstehen. Man fragte sie: „Stehst du denn nicht auf?" Sie sagte: „Meine Augen sind geschlossen; ich kann nicht sehen." Ihre Eltern sagten: „Was kann die Ursache sein? Gestern klagte sie doch noch nicht."

Herr Sonne schickte zwei Boten los und trug ihnen auf: „Geht zu Ngombo, damit er euch wahrsagt über die kranken Augen meines Kindes. Sie gingen los und kamen zu Ngombo und seinen Leuten. Sie trugen ihnen ihr Anliegen vor, der Wahrsager holte die Zauberutensilien hervor. Die Leute, die ihn befragten, sagten nichts von der Krankheit, sondern sagten nur. „Wir sind gekommen, damit du uns wahrsagst." Der Wahrsager blickte in die Utensilien und sagte: „Krankheit hat euch zu mir geführt. Die, die krank ist, ist eine Frau; woran sie leidet, das sind ihre Augen. Ihr seid geschickt worden und nicht aus eigenem Antrieb gekommen. Ich habe gesprochen." Die zum Wahrsager Gekommenen sagten: „Das ist wahr! Siehe nun nach der Ursache des Leidens." Der Wahrsager sah hinein und sagte: „Sie, die kranke Frau, ist noch nicht verheiratet, sie ist erst erwählt. Ihr Gebieter, der um sie angehalten hat, will auf diese Weise zum Ausdruck bringen: ‚Laßt meine Frau kommen; kommt sie nicht, wird sie sterben.' Ihr, die ihr zum Wahrsager gekommen seid, bringt sie zu ihrem Gatten, damit sie entkomme. Ich habe gesprochen."

Die Männer stimmten zu und erhoben sich. Sie fanden Herrn Sonne und überbrachten ihm die Aussagen des Wahrsagers. Herr Sonne sagte: „Wir wollen schlafen, und morgen wird sie auf die Erde herniedergebracht werden." Frosch, der

Afrika

in seiner Ecke saß, hörte alles, was sie sagten. Sie legten sich schlafen.

Am andern Morgen stieg Frosch in den Krug; die Wasserträgerinnen kamen und nahmen die Krüge auf. Sie stiegen zur Erde hinab und erreichten die Quelle. Sie tauchten ihre Krüge ins Wasser. Frosch kam heraus und versteckte sich auf dem Grund. Die Wasserträgerinnen stiegen hinauf.

Herr Sonne sagte zur Spinne: „Spinne ein großes Gewebe bis zur Erde nieder; denn heute soll meine Tochter mit zur Erde genommen werden. Die Spinne spann und wurde fertig. Sie warteten ab.

Frosch stieg aus der Quelle heraus, ging ins Dorf. Er traf den Sohn des Kimanaueze und sagte ihm: „Oh, junger Herr, heute kommt deine Braut." Der Sohn des Kimanaueze sagte: „Hör auf, du bist ein Lügner!" Frosch sagte: „Herr, es ist die reine Wahrheit. Ich bringe sie dir noch vor dem Einbruch der Nacht. Sie schwiegen.

Frosch ging zurück zur Quelle und stieg ins Wasser; er blieb ganz still. Die Sonne ging unter. Die Männer des Herrn Sonne brachten seine Tochter zur Erde nieder, setzten sie an der Quelle ab und stiegen wieder empor. Frosch tauchte aus der Quelle auf und sagte zu der jungen Frau: „Ich bin dein Führer, komm, ich bringe dich zu deinem Gebieter." Frosch gab ihr die Augen zurück; sie gingen los. Sie betraten das Haus des Sohnes von Kimanaueze. Frosch sagte: „Junger Herr, hier ist deine Braut!" Der Sohn des Kimanaueze sagte: „Herzlich willkommen, Mainu, mein Frosch!"

Der Sohn des Kimanaueze heiratete die Tochter des Herrn Sonne und seiner Frau Mond; sie lebten beisammen. Alle hatten es aufgegeben, zum Himmel zu gehen, fertiggebracht hat es nur Mainu, der Frosch

- Heli Chatelain: Folk-Tales of Angola. London, Leipzig 1894, S. 130–141.

Warum die Menschen sterben müssen

Hottentotten

Einst schickte der Mond den Hasen auf die Erde nieder, um den Menschen die folgende Botschaft zu überbringen: „Ebenso wie ich sterbe und wieder zum Leben auferstehe, so sollt auch ihr sterben und wieder zum Leben erwachen."

Anstatt nun die Botschaft genau auszurichten, sagte der Hase – sei es aus Vergeßlichkeit oder aus Böswilligkeit – den Menschen folgenschwer das Gegenteil: Ebenso wie ich sterbe und nicht wieder auferweckt werde, so sollt auch ihr sterben und nicht wieder zum Leben erweckt werden!"

Als der Hase dann zum Mond zurückgekehrt war, wurde er von diesem befragt, ob er seine Botschaft ausgerichtet habe. Wie nun der Mond erfuhr, was der Hase gemacht hatte, ward er so zornig, daß er ein Beil ergriff, um ihm den Kopf zu spalten. Da der Schlag aber zu kurz geführt wurde, fiel das Beil auf die Oberlippe des Hasen nieder und verletzte diese nicht unbedeutend. Daher stammt die sogenannte Hasenscharte, wie diese Tiere sie auch heute noch haben.

Da der Hase über diese Art der Behandlung empört war, nahm er seine Nägel zu Hilfe und zerkratzte damit das Antlitz des Mondes. Die dunklen Partien, die wir noch jetzt an der Oberfläche des Mondes wahrnehmen, sind die Schrammen, die er bei dieser Gelegenheit erhalten hatte.

• Wilhelm Heinrich Immanuel Bleek: Reineke Fuchs in Afrika. Fabeln und Märchen der Eingeborenen. Weimar 1870, S. 55f. (Eine englische Übersetzung ist bereits 1864 in London erschienen.) – Edward Burnett Tylor: Die Anfänge der Cultur. Bd. 1. Leipzig 1873, S. 349.

Afrika

Trügerischer Widerschein

Zulu

Eine Hyäne fand einmal einen Knochen, hob ihn auf und nahm ihn in den Mund. Der Mond schien gerade mit hellem Schein ins ruhige Wasser. Als die Hyäne den Mond im Wasser sah, ließ sie den Knochen fallen und haschte nach dem Mond, da sie ihn für fettes Fleisch hielt. Sie sank bis über die Ohren ins Wasser, bekam aber nichts. Dadurch war das Wasser getrübt. Sie kehrte daher ans Ufer zurück und verhielt sich still. Das Wasser wurde wieder klar. Da machte sie einen Satz und suchte ihn (den Mond) zu erhaschen, den sie für Fleisch hielt, sobald sie ihn im Wasser sah. Sie erfaßte aber nichts als Wasser, das ihr aus dem Munde lief. Das Wasser war dadurch trübe geworden, und sie ging wieder ans Ufer.

Inzwischen kam eine andere Hyäne und nahm den Knochen. Die erste aber blieb dort, bis der Morgen kam und der Mond im Tageslicht erblich. So kam die Hyäne zu kurz. Aber am andern Tage kam sie wieder und so fort, bis der Platz, an dem sie doch nichts bekommen konnte, ganz kahl getreten war.

Die Hyäne wurde weidlich verspottet, wenn man sah, wie sie fortwährend ins Wasser lief, danach schnappte und ohne Erfolg wieder herauskam, während ihr das Wasser um den Mund lief. Daher pflegt man zu jemandem, der sich lächerlich macht, zu sagen: „Du bist wie die Hyäne, die den Knochen wegwarf und nach einem Nichts haschte, weil sie den Mond im Wasser sah."

August Seidel: Geschichten und Lieder der Afrikaner. Berlin 1896, S. 267f.

Murile steigt zum Himmel auf

Wadschagga (Bantu)

Ein Mann und seine Frau lebten im Land Dschagga (beim Kilimandscharo) und hatten drei Söhne. Murile, der älteste von ihnen, ging eines Tages mit seiner Mutter los, um *maduma* auszugraben. An einer dieser Wurzeln bemerkte er besonders feine Knollen, die sich für die Saat eigneten, und sagte: „Schau nur, die ist so schön wie mein kleiner Bruder!" Seine Mutter lachte bei dem Gedanken, wie man eine *taro*-Knolle mit einem Kleinkind vergleichen kann; er aber verbarg die Wurzel und legte sie, als er unbeobachtet war, in einen hohlen Baum und sang dazu einen Zauberspruch.

Anderentags ging er dorthin, um sich zu vergewissern, und stellte fest, daß sich die Wurzel in ein Kind verwandelt hatte. Von da an hielt er bei jeder Mahlzeit etwas Essen zurück, brachte es heimlich zu dem Baum und fütterte damit das kleine Kind, das von Tag zu Tag wuchs und gedieh. Die Mutter aber sorgte sich, weil ihr Sohn Murile kaum wuchs, stellte ihn deswegen zur Rede, erhielt aber keine befriedigende Auskunft.

Eines Tages bemerkten die jüngeren Brüder, daß Murile nach der Ausgabe des Essens nicht alles zu sich nahm, sondern einen Teil davon zur Seite schaffte. Sie erzählten es ihrer Mutter. Sie gebot ihnen, ihm nach dem Essen zu folgen und herauszubekommen, was er damit mache. Sie taten es und beobachteten, wie er das kleine Kind im hohlen Baum fütterte, gingen zurück und erzählten es ihr. Sie ging sogleich zu der besagten Stelle hin und erwürgte das Kind, das „ihren Sohn verhungern" ließ.

Als Murile am nächsten Tag dorthin zurückkehrte und das Kind tot vorfand, überkam ihn große Trauer. Er ging nach Hause, setzte sich in der Hütte hin und weinte bitterlich. Seine Mutter fragte ihn, warum er weine, und er sagte, es sei der Rauch, der seine Augen schmerze. Da sagte sie ihm, er

Afrika

solle sich doch auf die andere Seite der Feuerstelle setzen. Da er jedoch weiter weinte und, als er zur Rede gestellt wurde, über den Rauch klagte, forderten sie und seine Brüder ihn auf, doch auf dem Stuhl des Vaters Platz zu nehmen und draußen zu sitzen. Er packte den Stuhl, ging auf den Hof und setzte sich hin. Dann sagte er: „Stuhl, steige hoch, so hoch wie das Seil meines Vaters, wenn er den Bienenstock im Wald aufhängt!" Und der Stuhl erhob sich mit ihm in die Luft und blieb in den Ästen eines Baumes stecken. Er wiederholte die Worte noch einmal, und wieder bewegte sich der Stuhl aufwärts.

In dem Augenblick kamen seine Brüder aus der Hütte heraus; und als sie ihn erblickten, rannten sie zurück und schrieen: „Mutter, Murile ist dabei, in den Himmel zu fahren!" Die Mutter wollte ihnen keinen Glauben schenken: „Warum erzählt ihr mir denn, daß euer ältester Bruder in den Himmel aufsteigt?" Sie sagten, sie solle es sich doch selbst ansehen. Als sie ihn dann in der Luft sah, sang sie:

„Murile, komm hierher zurück!
Komm zurück hierher, mein Kind!
Komm hierher zurück!"

Murile aber antwortete: „Ich werde nie zurückkommen, Mutter! Ich werde nie zurückkommen!"

Darauf riefen die Brüder zu ihm hoch und erhielten die gleiche Antwort; sein Vater rief ihm zu, dann seine Freunde und zuletzt auch sein Onkel, der Bruder seiner Mutter. Sie alle konnten nur gerade seine Stimme noch vernehmen, und selbst seinem lieben Onkel sagte er nur: „Ich komme nicht zurück!" Dann geriet er außer Sicht.

Der Stuhl trug ihn so weit nach oben, bis er festen Grund unter den Füßen hatte. Er sah sich um und merkte, daß er sich in einem Himmelsland befand. Er ging ein Stück Weges, bis er einige Leute traf, die Holz sammelten. Er fragte sie nach dem Weg zum Dorf des Mondhäuptlings, und sie sagten: „Sammle uns etwas Holz auf, dann sagen wir es dir." Er sammelte ein Bündel Holz zusammen, und sie wiesen ihn an weiterzugehen, bis er Leute träfe, die Gras mähen. Das tat er und grüßte die Grasmäher, als er zu ihnen kam. Sie erwiderten seinen Gruß, und als er sie nach dem Weg fragte, sagten sie, sie würden ihm den Weg zeigen, wenn er ihnen nur einige Zeit bei der Arbeit hülfe. So mähte er etwas Gras, und dann zeigten sie ihm die Straße, auf der er zu gehen habe, bis er zu einigen Frauen käme, die den Boden hacken. Auch diese baten ihn, ihnen bei der Arbeit zu helfen, ehe sie ihm den Weg wiesen. Danach traf er einige Hirtenjungen, einige Bohnen erntende Frauen, einige Leute, die Hirse schnitten, weitere, die Bananenblätter sammelten, sowie Mädchen, die Wasser trugen – alle schickten ihn zu fast den gleichen Bedingungen weiter. Die Wasserträgerinnen sagten: „Geh jetzt in diese Richtung, bis du zu einem Haus kommst, in dem die Leute beim Essen sind." Er fand das Haus und sagte: „Seid gegrüßt, ihr Hauseigentümer! Bitte zeigt mir den Weg zum Dorf des Mondes. Das versprachen sie ihm, wenn er sich niederlasse und mit ihnen esse, was er auch tat.

Schließlich erreichte Murile nach ihren Anweisungen sein Ziel und stellte fest, daß die Leute dort ihr Essen im rohen Zustand verzehrten. Er fragte sie, warum sie kein Feuer verwendeten, um zu kochen, und stellte fest, daß sie gar nicht wußten, was Feuer ist. Da sagte er: „Wenn ich euch mit Feuer ein köstliches Mahl zubereite, was würdet ihr mir dafür geben?" Der Mondhäuptling sagte: „Dann geben wir dir Vieh, Gänse und Schafe." Murile hieß sie eine Menge Holz herbeischaffen und begab sich damit in Begleitung des Häuptlings hinter das Haus, wo sie von anderen Leuten nicht beobachtet werden konnten.

Murile nahm sein Messer zur Hand und schnitt damit zwei Holzteile zurecht, den einen flach und den anderen spitz. Das spitze Holz rieb er auf dem anderen, bis einige Funken sprühten, mit denen er ein Bündel Heu entzündete und auf diese Weise Feuer machte. Als es hohe Flammen schlug, ließ er den Häuptling einige grüne Plantainbananen bringen, die er briet und ihm anbot. Dann kochte er etwas Fleisch und verschiedene andere Speisen. Der Mondhäuptling war begeistert, als er das alles kostete, rief sofort seine Untertanen zusammen und sagte ihnen: „Hier ist aus einem fernen Lande ein großartiger Gelehrter gekommen! Wir wollen ihn

Afrika

für das Feuer entschädigen." Die Leute fragten: „Was soll ihm bezahlt werden?" Er antwortete: „Einer soll eine Kuh bringen, ein anderer eine Ziege und ein weiterer, was er gerade in seinem Speicher hat." Sie machten sich dann auf, all das zu holen. Und Murile wurde ein reicher Mann. Denn er blieb einige Jahre in dem großen Dorf des Mondmannes, heiratete Frauen, bekam von ihnen Kinder und vermehrte seine Scharen und Herden gewaltig.

Schließlich aber übermannte ihn das Heimweh. Und er dachte bei sich: „Wie soll ich wieder nach Hause kommen, ohne vorher einen Botschafter zu senden? Habe ich ihnen doch erzählt, ich würde niemals heimkehren, so daß sie mich für tot halten müssen?"

Er rief alle Vögel zusammen und fragte einen nach dem anderen: „Was würdet ihr dazu sagen, wenn ich euch nach meinem Elterhaus aussende?" Der Rabe antwortete: „Ich würde *Kuruu! Kuruu!* sagen!" und wurde abgewiesen. In gleicher Weise wurden nacheinander der Nashornvogel, der Falke, der Bussard und die weiteren abgelehnt, bis die Reihe an Njorovi, die Spottdrossel kam. Sie sang in ihrer Sprache:

„Murile kommt hier übermorgen an,
läßt weise morgen aus.
Murile kommt hier übermorgen an,
bewahrt im Löffel etwas Fett für ihn!"

Das gefiel Murile, und er schickte sie los. Sie flog also zur Erde nieder, ließ sich auf dem Torpfosten des Gartens seines Vaters nieder und sang ihr Lied. Sein Vater kam heraus und sprach: „Was schreit denn da draußen und kündigt an, daß Murile übermorgen zurückkehrt? Was soll das – Murile haben wir seit langem verloren, und er wird niemals zurückkehren!" Und er scheuchte die Spottdrossel davon. Sie flog zurück und berichtete Murile, wo sie gewesen war. Der aber wollte ihr keinen Glauben schenken; er sagte, sie solle noch einmal losziehen und ihm Vaters Stock zum Zeichen dafür bringen, daß sie wirklich zum Haus seines Vaters gekommen sei.

Also flog sie noch einmal nach unten, gelangte zum Haus und hob den Spazierstock auf, der am Türdrücker angelehnt war. Die Kinder im Hause sahen sie und versuchten, diesen ihr zu entreißen, aber sie war zu schnell für sie und brachte ihn zu Murile hoch.

Dann sagte Murile: „Nun will ich nach Hause gehen." Er verabschiedete sich von seinen Freunden und Frauen, die unter sich bleiben wollten, aber sein Vieh und seine Söhne kamen mit ihm. Es war ein weiter Weg zur Stelle des Abstiegs (am Horizont), und Murile begann schon sehr müde zu werden. Es gehörte aber ein sehr schöner Stier zu der Herde, die Murile auf dem ganzen Weg begleitete. Auf einmal fing er an zu sprechen und sagte: „Da du so müde bist – was würdest du mir geben, wenn ich dich auf mir reiten ließe? Wenn ich dich auf meinen Rücken nehme, wirst du dann mein Fleisch essen, wenn ich getötet werde?" Murile versicherte: „Nein! Ich werde dich niemals essen!" Da nahm ihn der Stier auf seinen Rücken und trug ihn nach Hause.

Und Murile sang, während er seines Weges ritt:

„Kein Huf, noch ein Horn wird verlangt!
Mein sind die Rinder, he, he!
Kein Hab und kein Gut wird verlangt;
mein sind die Kinder, he, he.
Kein Zicklein von mir wird verlangt;
mit meiner Herde ich geh'.
Überhaupt nichts von mir wird verlangt;
heute nach Hause ich geh'
Mit Kindern und Tieren – he, he!"

So gelangte er nach Hause. Und sein Vater und seine Mutter rannten nach draußen, um ihm entgegenzukommen, und sie salbten ihn mit Hammelfett, wie es üblich ist, wenn jemand von weither nach Hause kommt. Und seine Brüder und alle anderen freuten sich beim Anblick des Viehs und waren sehr erstaunt. Aber er zeigte dem Vater den großen Stier, der ihn getragen hatte, und sagte: „Dieser Stier muß bis ins Alter gefüttert und gepflegt werden. Und selbst wenn du ihn, wenn er alt ist, schlachtest, werde ich niemals sein Fleisch essen."

So lebten sie eine ganze Zeit glücklich zusammen.

Als der Stier dann sehr alt geworden war, schlachtete ihn Muriles Vater. Die Mutter dachte in ihrer Einfalt, es wäre doch ein Jammer, wenn ausgerechnet ihr Sohn, der immer so um das Rind bemüht gewesen ist, nichts von dessen Fleisch abbekommen sollte, während alle anderen es aßen. So nahm sie eine Portion Fett und verbarg es in einem Topf. Als sie wußte, daß alles Fleisch verzehrt war, mahlte sie ein wenig Korn, kochte die Speise mit dem Fett und setzte sie ihrem Sohn vor. Sobald er davon gekostet hatte, begann das Fett zu sprechen, und er vernahm die Worte: „Du wagst es mich, der ich dich auf meinem Rücken getragen habe, zu essen? So, wie du mich ißt, sollst du selbst gegessen werden!"

Dann summte Murile: „Oh, meine Mutter, ich sagte dir doch, ‚gib mir *nicht* das Fleisch des Stieres zu essen!'" Er kostete noch einmal davon, und sein Fuß sank in den Boden. Dann summte er die gleichen Worte wie vorher und aß das ganze ihm von seiner Mutter gereichte Mahl auf. Sobald er es heruntergeschluckt hatte, versank er in der Tiefe und verschwand.

- Alice Werner: Myths and Legends of the Bantu. London 1933, S. 71–76.

Die Schreie der Verbannten

Zulu (Südafrika)

Sibi, der Bruder des Schöpfergottes Mvelinqangi, wollte die Sonne fangen und nach seinem Willen im Osten untergehen lassen. Der Plan mißlang. Sibi brachte den Tod der Menschen in die Welt.

Einige Leute aus Sibis Regimentern, die die Sonne angegriffen hatten, wurden von Mvelinqangi zur Strafe auf dem Mond angesiedelt. Dazu gehören Nhliziyo-nkulu Thukuthela, seine Frau Muhle-ngaphandle, ihre Tochter Nozinqindi sowie

Nikinile Mandulo. Weil ihr Häuptling, Sibi, nicht nur das Sterben der Menschen, sondern auch das des Mondes veranlaßt hatte, sollten sie es am eigenen Leibe spüren, wie es ist, wenn vom Mond (beim Abnehmen) Stücke abgebrochen würden.

Ja, diese Regimenter waren von Somandla, dem allmächtigen Mvelinqangi, erschaffen worden. Er hatte sie gemeinsam mit seinem Bruder Sibi erschaffen; denn Sibi war nicht von selbst erschienen. Somandla erschuf ihn, weil er sich einen Bruder wünschte.

Man erzählt, Somandla habe dann manche jener Leute, die auf Sibis Veranlassung hin die Sonne getötet hatten, zum Mond gebracht. Dort ließ er sie ihre Krale (Dörfer) errichten.

Kurz zuvor war eine Frau (zur Strafe) auf den Mond hinaufgekommen, weil sie ihr Kind mittags auf den Rücken genommen gehabt hatte, um Feuerholz zu sammeln, und zwar an dem Tage, der *isonto* genannt wird. Morgens jedoch hätte sie dies tun müssen. Denn der Sitte gemäß arbeitet man am *isonto* nur morgens; man ruft dabei: „Wir gehen, um *isonto* zu beginnen!" Die Frau aber sagte nicht einmal: „Ich gehe, um *isonto* zu beginnen." Diese Frau mißachtete Mvelinqangi. Sie soll immer wieder eigensinnig gesagt haben: „Hier gibt es keinen Mvelinqangi!"

Dort auf dem Mond soll sie geschrieen haben. Auch ihr Kind soll geschrieen haben. Denn wenn vom Mond etwas abbrach, dann brach auch von ihnen etwas ab. Die Frau hatte eine tiefe, schmerzhaft klopfende Wunde, die der Wunde des Mondes entsprechend immer tiefer wurde.

Auch jene Helden, die die Sonne Somandlas gespeert hatten, sollen auf dem Mond geschrieen haben. Somandla hatte sie sich auf dem Mond ansiedeln lassen, weil er wollte, daß der Mond sie dadurch behandele, daß er zusammen mit ihnen abbräche. Dadurch sollten sie erfahren, daß es ihn, Mvelinqangi, gäbe und daß er es sei, der töte und die Wiederauferstehung veranlasse.

Jene Frau soll die Tochter Nyakathos gewesen sein, die mit Mini verheiratet war. Ihr Name ist Nonkani („die Eigensinnige"). Sie handelte ihrem Namen gemäß, als sie in ihrer eigensinnigen Art sagte: „Hier gibt es keinen Mvelinqangi.

Afrika

Die Menschen erschienen von selbst. Alles erschien von selbst." Als sie auf dem Mond schrie, sollen die anderen Frauen gesagt haben: „Zenzile (,Die für ihr Schicksal selbst Verantwortliche') wird nicht bemitleidet. Bemitleidet wird nur Jumekile (,Die durch Zufall in Not Geratene')."

Die Bantubibel des Blitzzauberers Laduma Madela. Hrsg.: Katesa Schlosser. Kiel 1977, S. 286f. © Katesa Schlosser, 2002.

Feindschaft zwischen Sonne und Mond

Masai (Tansania, Kenia)

Die Masai, die an dem hohen Berg Kilimandscharo wohnen, bezeichnen die Sonne mit dem weiblichen Wort eng-olong und den Mond mit dem männlichen Wort ol-opa. Sie erzählen:

Sonne und Mond haben sich einmal verheiratet. Eines Tages kamen sie in Streit, und der Mond schlug die Sonne auf den Kopf. Die Sonne aber verwundete den Mond.

Da schämte sich die Sonne, daß die Menschen nun sehen sollten, wie sie ins Gesicht geschlagen war. Da ließ sie ihr Licht so stark glänzen, daß man sie nicht mehr ansehen konnte, ohne zuvor die Augen halb geschlossen zu haben.

Der Mond aber schämte sich nicht, und jeder kann ihm ins Gesicht sehen. Und man sieht, daß sein Mund zerschlagen ist und daß ihm ein Auge fehlt.

Nun gehen Sonne und Mond viele Tage in derselben Richtung zusammen, und der Mond geht als Führer voran. Aber nach einer Weile wird der Mond dieser Pflicht überdrüssig. Dann fängt die Sonne ihn auf und trägt ihn drei Tage lang. Am dritten Tage aber setzt sie den Mond an der Stelle, wo sie untergehen will, wieder ab. Nach Verlauf von diesen drei Tagen, das heißt, am vierten Tage, sehen die Esel den Mond wiederkommen und schreien ihn an. Aber erst am fünften Tage können die Menschen und die anderen Tiere ihn sehen.

- Hanns Fuchs: Sagen, Mythen und Sitten der Masai. Jena 1910, S. 79f.

Nordamerika

Oben: Der Regenmacher Eethlinga mit Eimer und Solal-Busch im Mond. Tätowierungsmuster der Haida, in: Memoirs of the American Museum of Natural History/Anthropology. 8, New York 1905/09,2, plate 21. *(Abbildung zu Seite 169)*

Unten: Der Reiter im Mond. Dargestellt mit vier äquidistanten Kreisen auf einem Dakota-Schild. *(Abbildung zu Seite 213)*

Nordamerika

Malina und Anninga

Eskimo (Grönland)

Im Anfang der Welt waren die Tage ohne Sonnenschein und die Nächte ohne Mondlicht. Sonne und Mond waren Kinder. Das kleine Sonnenmädchen Malina und ihr Mondbruder Anninga freuten sich einträchtig und frohgemut ihres Erdenlebens. Als Anninga älter wurde, begann er seine Schwester, die er von Herzen lieb hatte, mit anderen Augen zu sehen. Als sie einmal im Stockfinstern zusammen mit vielen anderen Kindern spielten, wurde Malina unversehens in schändlicher Weise von ihrem Bruder verfolgt. In ihrer Not bestrich sie ihre Hände mit dem Ruß der Lampen und fuhr damit ihrem Verfolger über das Gesicht und die Kleider, um ihn am Tage daran zu entdecken. Daher kommen die Flecken im Mond.

Malina wollte sich durch die Flucht retten; ihr Bruder aber lief ihr hinterdrein; endlich fuhr sie in die Höhe und wurde zur Sonne; Anninga fuhr ihr nach und wurde zum Mond, konnte aber nicht die gleiche Höhe erreichen und läuft nun seither um die Sonne herum, immer in der Hoffnung, sie einmal zu erhaschen. Wenn er müde und hungrig ist – das geschieht beim letzten Viertel –, so fährt er aus seinem Hause auf einem mit vier großen Hunden bespannten Schlitten auf Seehundsfang und bleibt etliche Tage aus; und davon wird er so fett, wie er dann im Vollmond erscheint. Er freut sich, wenn Frauen sterben, und die Sonne hat im Gegenzug ihre Freude am Tode von Männern. Daher halten sich die Menschen bei Sonnen- und Mondfinsternissen zu Hause auf.

- David Cranz: Historie von Grönland. Leipzig 1765, S. 295.

Die Schlittenfahrt mit dem Mondmann

Eskimo

Manguarak, der den Warnungen seines Vaters wenig Beachtung schenkte, erlegte mit der Harpune einen weißen Wal, der seitlich einen schwarzen Fleck hatte. Er hätte bedenken müssen, daß Tiere dieser Art dem Geist des Mondes vorbehalten sind. So aber konnte es nicht ausbleiben, daß der Mondmann in einer prächtigen Winternacht vor seinem Hause erschien und ihn durch lautes Rufen zum Kampf herausforderte. Manguarak begab sich nach draußen auf eine Eisfläche, wo der Mondmann auf ihn wartete. Dieser sagte: „Machen wir uns zum Kampf bereit, doch wollen wir vorher einmal alle Tiere, die wir im Laufe unseres Lebens gejagt und gefangen haben, namentlich aufzählen!"

Das taten sie dann auch. Abwechselnd begannen sie beide, die verschiedenen Arten von Vögeln, Robben und Walfischen anzugeben, die sie gejagt hatten. Als die Fische an der Reihe waren, kam Manguarak darauf zu sprechen, daß er einmal gerade dabei war, *hali but*-Fische zu fangen, als er ganz plötzlich einen Atlantischen Seewolf (*Kerak*, Anarrhichas lupus) zu fassen hatte und ins Boot emporschwang. Als der Mondmann das hörte, schrie er erstaunt: „Mensch, was sagst du da? Nun hör mal zu!" Dann erzählte er ihm, er habe, als er als Kind noch unter Menschen lebte, einmal gesehen, wie Leute einen Fisch der gleichen Art emporgehoben hatten, und dabei solche Angst empfunden, daß er seither niemals mehr versucht habe, diesen Fisch in die Hand zu nehmen. Und er fügte hinzu: „Nachdem ich erfahren habe, daß du ein Tier gepackt hast, das ich niemals zu verfolgen gewagt hätte, kann ich dir nichts mehr übelnehmen. Ich habe große Achtung vor dir und beginne dich zu lieben. Komm mit, ich möchte dir mal meine Wohnung da oben zeigen."

Nordamerika

Das freute Manguarak, und er ging gleich ins Haus, um seinen Vater um Erlaubnis zu bitten. Als er die erhalten hatte, ging er aufs Eis zurück, wo ihn der Mondmann in einem großen Schlitten erwartete, der nur von einem einzigen Hund gezogen wurde. Als er dort Platz genommen hatte, ging die Fahrt mit großer Geschwindigkeit los. Bald hoben sie sich in die Luft und flogen der Sonne entgegen. Gegen Mitternacht kamen sie weit oben in Kanak, der Heimat des Mondmannes, an. Dort schritten sie weiter, bis sie ein schneebedecktes Tal erreichten. Dort gab es einen hohen, dunklen Felsen. Sie gingen hinein und fanden eine alte Hexe vor, die die Gewohnheit hatte, die Eingeweide von all denen zu zerreißen, die das Lachen nicht unterdrücken konnten.

● Henry (Heinrich Johann) Rink: Tales and Traditions of the Eskimo. Edinburgh 1875, S. 441f.

Kanak wird Zauberer

Eskimo

Immer auf der Flucht vor seinen Mitmenschen fühlte Kanak einmal, wie er von der Erde emporgehoben wurde und sich auf einem Weg befand, den die Verstorbenen zu gehen pflegen. Schließlich verlor er die Besinnung. Als er wieder zu sich kam, befand er sich vor einem Haus, wo der Geist wohnt, der der Eigentümer des Mondes ist. Dieser Mondmann hieß ihn eintreten und half ihm bei dem gefährlichen Unterfangen, wurde doch das geräumige Tor von einem furchterregenden Hund bewacht. Und er tat ein weiteres: Er pustete Kanak an, um die Schmerzen zu lindern, die seine Glieder marterten. Er schenkte ihm die volle Gesundheit und zerstreute auch seine Sorgen, wie er zur Erde zurückkehren könnte, indem er erklärte: „Niemand vermag auf dem Wege zurückzukehren, auf dem du hierher gekommen bist. Aber ich will dir einen

Weg zeigen, den du nehmen mußt!" Der Mondmann öffnete eine Tür und zeigte ihm ein Loch im Boden, durch das er die Oberfläche der Erde mit all ihren menschlichen Wohnplätzen sehen konnte. Dann bat er ihn zu Tisch und bewirtete ihn großzügig.

Das Essen wurde von einer Frau gebracht und aufgetragen, deren Rücken wie ein Skelett aussah. Kanak erschreckte sich bei diesem Anblick, doch der Mondmann beschwichtigte und warnte ihn zugleich: „Das ist doch weiter nichts, aber paß auf: Bald wird die alte Frau zurückkommen und versuchen, dich zum Lachen zu bringen. Hüte dich davor, denn sonst reißt sie dir deine Eingeweide aus. Solltest du dein Lachen nicht mehr zurückhalten können, dann reibe dich mit dem kleinen Finger in der Kniekehle!" Es dauerte nicht lange, da kam die Hexe tanzend herbei, drehte sich im Kreise, leckte sich den eigenen Rücken und vollführte ein äußerst albernes Mienenspiel. Als ihr der gewünschte Erfolg versagt blieb, weil Kanak mit dem kleinen Finger seine Kniekehle kratzte, sprang sie plötzlich zur Seite. In dem Augenblick packte sie der Mondmann und warf sie durch die besagte Öffnung im Boden hinaus.

Da war die Hexe nun draußen, doch schon bald hörte man wieder ihre Stimme. Sie habe, rief sie, ihren Teller und ihr Messer zurückgelassen, und drohte, wenn man ihr das nicht gebe, werde sie die Pfeiler des Himmels zum Einsturz bringen. Der Mondmann warf ihr beides nach, und als sie weit genug entfernt war, öffnete er erneut das Loch im Boden und zeigte Kanak, wie er es, durch ein großes Rohr blasend, auf der Erde schneien lassen konnte.

Schließlich sagte ihm der Mondmann: „Es ist jetzt an der Zeit, daß du mich verläßt, doch brauchst du nicht die geringste Angst zu haben, nicht lebend zur Erde zurückzukehren." Dann stieß er ihn durch die Öffnung hinaus. Kanak verlor schon bald das Bewußtsein. Als er wieder zu sich kam, hörte er die Stimme seiner Großmutter, deren Geist ihm gefolgt war und sich seiner annahm, bis er in Reichweite der Erdoberfläche war. Dort mit einem leichten Sturz angekommen, erhob er sich und begab sich zu seinem Haus. Dank der Einflüsse des Mondes wurde er ein berühmter Zauberer und brauchte nun vor niemandem mehr zu fliehen.

- Henry (Heinrich Johann) Rink: Tales and Traditions of the Eskimo. Edinburgh 1875, S. 440f.

Die Geschenke des Mannes im Mond

Eskimo (Baffin-Land, Hudsonbai)

Es war einmal ein Mann, der seine Frau nicht gut behandelte. Eines Tages schlug er sie gar, obwohl sie schwanger war. Abends ging er auf Robbenjagd. Es war eine klare Nacht; die Sterne und der Mond leuchteten hell am Himmel. Da wandte sich die Frau an den Mann im Mond und bat ihn, doch zu ihr herunterzukommen. Am Morgen hörte sie, wie jemand mit Hunden sprach. Sie ging ans Fenster und erblickte einen von zwei Hunden gezogenen Schlitten.

Es war der Mann im Mond mit seinen Hunden Teriétiaq und Kanageak. Der Mann im Mond rief ihr zu: „Komm heraus!" Sie gehorchte, und er lud sie ein, auf seinem Schlitten Platz zu nehmen. Dann forderte er sie auf, die Augen zu schließen und nicht mehr zu öffnen, bis sie an ihrem Reiseziel angelangt seien. Sie schloß ihre Augen, und schon bewegten sie sich weit nach oben durch die Luft.

Nach nur kurzer Zeit sagte der Mann im Mond: „Nun öffne deine Augen!" Sie sagte: „Ah, wir sind also angekommen." Sie sah sich um und erblickte ein Schneehaus. Sie traten dort ein. Drinnen empfand sie es in jeder Hinsicht als sehr angenehm. Der Mann forderte sie höflich auf, bei ihm zu bleiben. Er sagte: „Mit Blick auf die Tür ist dein Platz auf der linken Seite des Hauses." Er selbst setzte sich vor einer Lampe nieder, auf der rechten Seite des Hauses. Nach einiger

Zeit bat er sie zu sich und zeigte ihr unweit der Stelle, wo sie saß, ein Loch im Boden, durch das sie beide auf die Erde niederblicken konnten. Sie sahen auch ihren Mann draußen vor der Tür sitzen, dessen Kleidung mit Eis und Schnee bedeckt war. Er war vom Robbenfang zurückgekehrt und hatte gerade festgestellt, daß seine Frau ihn verlassen hatte. Sie war höchst erstaunt, alles so deutlich zu erkennen, obwohl es so weit entfernt war.

Dann sagte ihr der Mann im Mond: „Eine Frau namens Ululiernang wird sehr bald hereinkommen. Lache über nichts, was sie tut, sonst wird sie dir den Darm herausschneiden und essen. So ernährt sie sich am liebsten. Wenn du merkst, daß du dein Lachen nicht mehr zurückhalten kannst, dann lege deine linke Hand unter deine Knie und hebe sie mit allen Fingergelenken hoch, mit Ausnahme von denen des Mittelfingers, den du ausgestreckt halten mußt."

Kaum hatte er das gesagt, da kam auch schon Ululiernang herein. Sie hatte eine flache Schale und ein Messer für Frauen bei sich. Sie legte beides nieder und begann dann, eine Posse nach der anderen zu reißen. Sie ergriff den Aufschlag ihrer Jacke, rollte ihn um und legte ihn auf eine Seite, als ob sie sagen wollte: „Komm nicht von diesem Weg ab!" Und sie spielte so manchen Streich in der Absicht, sie zum Lachen zu bringen. Als die Besucherin drauf und dran war zu lachen, legte sie ihre Hand unter die Knie, hielt alle ihre Finger geschlossen, mit Ausnahme des mittleren, und zeigte das Ululiernang. Letztere sagte dann: „Ich habe große Angst vor diesem Bären." Sie dachte ja bei sich, daß die Hand der Frau wie eine große Bärentatze aussah. Dann gab es für den Mann und die Frau Fleisch als Abendessen.

Nach einiger Zeit gab der Mann im Mond der Frau zu erkennen, daß es Zeit für sie sei, zur Erde zurückzukehren. Er sagte der Schwangeren: „Sobald dein Kind geboren ist, wirst du ein Geräusch hören, als wenn etwas herabfällt. Du mußt dann nachsehen, was es ist." Dann brachte er sie zur Erde zurück, zur Hütte ihres Mannes.

Ihr Mann sagte ihr, wie schlecht er sich gefühlt habe, als er hatte feststellen müssen, daß sie fortgegangen war, und daß er sie nun künftig immer gut behandeln wolle. Nun erzählte sie ihrem Mann alles, was sich zugetragen hatte.

Einige Zeit später wurde das Kind geboren. Es war ein Junge. Ihr Mann befand sich gerade auf Robbenjagd, so daß sie allein war. Dann hörte sie etwas fallen und ging nach draußen, um nachzusehen, was es war. Sie entdeckte den Schinken eines Karibus und nahm ihn mit in die Hütte. Am Abend kam ihr Mann zurück und fragte, als er das Karibufleisch sah, woher sie das bekommen habe. Sie erzählte ihm, es sei vom Himmel herabgefallen. Sie sagte: „Es stammt vom Mann im Mond. Er hatte mir angekündigt, daß er mir etwas senden würde."

Nach einiger Zeit, als sie das ganze Fleisch verzehrt hatten, ging der Mann wieder auf Robbenjagd. Die Frau hatte kein Öl für ihre Lampe. Auf einmal sah sie, daß etwas Öl heruntertropfte, erst in die eine Lampe hinein, dann in die andere. Als die Lampen gefüllt waren, schrie sie: „Das ist genug!" Es war ihr bewußt, daß auch dies ein Geschenk des Mannes im Mond war. Ihr Mann kam abends an und war überrascht, als er das Öl sah. Er fragte seine Frau, woher das komme. Sie antwortete: „Die Lampen haben sich von selbst gefüllt, und als ich sah, daß es genug war, sagte ich: ‚Halt!'

Am nachfolgenden Tag begab sich ihr Mann wieder auf Robbenjagd. Als er fort war, hörte sie etwas herunterfallen und las, als sie nach draußen ging, wieder einen Karibuschinken auf. Abends kehrte der Mann zurück. Er hatte eine Robbe gefangen. Er fragte: „Hast du wieder Karibuschinken?" – „Ja", antwortete sie, „der Mann im Mond hat mir wieder etwas gegeben." Am Abend erlebte der Ehemann selbst mit, wie sich die Lampen mit Öl füllten.

Als er am folgenden Tag wieder auf Robbenjagd ging, fing er abermals eine Robbe und brachte sie nach Hause. Als er sie zerlegte, sagte er zu seiner Frau: „Wir haben viel Robbenfleisch. Warum ißt du nicht etwas davon? Ich habe es beschafft." Die Frau, die bis dahin nur das ihr vom Mann im Mond übermittelte Karibufleisch gegessen hatte, kostete etwas von dem Fleisch, das ihr Ehemann ins Haus gebracht hatte. Seit der Zeit fiel kein Karibufleisch mehr vom Himmel herab, auch wurden ihre Lampen nicht länger mit Öl gefüllt.

Bald wurde die junge Mutter krank. Das Karibufleisch war restlos verbraucht, und sie starb. Ihr Kind starb ebenfalls. Der Wechsel von der Karibufleisch- zur Robbenfleischkost war für das kleine Kind so schädlich, daß es seinen Tod zur Folge hatte.

- Franz Boas: The Eskimo of Baffin Land and Hudson Bay. New York 1901, S. 198–200 (= Bulletin of the American Museum of Natural History. Vol. 15, Part 1).

Die Zeugung

Eskimo

Eine Frau, die von ihrem Mann mißhandelt wurde, weil sie unfruchtbar war, versteckte sich in einer Winternacht draußen im Freien. Da begegnete sie dem Mondmann, der in einem Schlitten bei ihr eintraf. Er nahm sie mit in seine ferne Heimat. Einige Zeit später – inzwischen war es Frühling – kam sie in ihrer Wohnung wieder zum Vorschein und fuhr fort, mit ihrem Mann zusammenzuleben. Bald wurde es offenbar, daß sie schwanger war. Schließlich schenkte sie einem Sohn das Leben. Sobald dieser erwachsen geworden war, wurde er vom Mann im Mond nach oben geholt.

- Henry (Heinrich Johann) Rink: Tales and Traditions of the Eskimo, Edinburgh 1875, S. 441.

Nordamerika

Das Findelkind im Mond

Dene (Mackenzie-Gebiet)

Nach einer Legende der Dene soll der Bewohner des Mondes ein wundersames Kind mit Namen *Nni ottsintaré* sein, auch Mooskind genannt, weil es in einer Moosmulde gefunden worden war. Nach verschiedenen außergewöhnlichen Abenteuern, bei denen er seine Geschicklichkeit unter Beweis stellte, reiste der inzwischen junge Mann zur Sonne, konnte aber wegen der Hitze dort nicht bleiben. „Dort", sagte er seiner Mutter, „würden mich nur die sehen wollen, die mich hassen. Nein, ich werde, wenn ich während zweier Nächte nicht erscheinen sollte, zum Mond gereist sein. Dort werde ich bleiben." Und er fügte hinzu: „Komm doch auch dorthin."

Als seine Mutter bei diesen seinen Worten zu weinen begann, fuhr er fort: „Jammere nicht. Für nichts von dem, was ich gesagt habe, gibt es einen Grund zum Weinen. Schlaf mit Vater zweimal Tag und Nacht. Dann legt eure Rentiere in Schlingen, und wenn ihr damit fertig seid, werdet ihr zum Mond gelangen."

Er legte sein Stirnband um den Kopf und sagte: „Ihr werdet mich auf dem Gestirn im Schmucke dieses Diadems sehen. Daß es so geschehen wird, ist so gewiß wie das Verblassen der Sonne, sobald kein Mensch mehr lebt."

Die Mutter kehrte dann in ihr Zelt zurück und erzählte alles ihrem alten Ehemann. „Mein Sohn hat mir dies und jenes zu tun geboten."

Dann schliefen sie zwei Nächte lang und auch an deren nachfolgendem Tag. Und als sie danach erwachten, zeigte sich schon das Mooskind im Mond. Das fanden sie tröstlich. Nun legten sie ihre Rentiere in Schlingen und lebten von deren Fleisch, immer in der Hoffnung, sich zum Mond zu bewegen. Wieder lagerten sie, und auf einmal wurden sie am Horizont den Mond gewahr, der sich dann weiterbewegte. Er hatte Ähnlichkeit mit einem Greis mit weißem Haar, der sich wie der Mond langsam bewegte.

„Mein Sohn! Mein Sohn!" schrie, hingerissen vor Freude, der Vater. Aber nichts geschah. Sie warteten und warteten auf ein Wort des Alten.

„Ach, mein Enkel, das tut mir aber weh", bemerkte er schließlich mit gespielter Gleichgültigkeit, bewegte sich weiter und ließ beide zurück.

Seit dieser Zeit, sagt man, wohnt das Mooskind im Mond.

***

Das Mooskind, das alle Menschen durch *Ettsonné*, den Todesgeist, getötet hat und kraft des vergossenen Blutes zum Mond aufgestiegen ist, kann man dort noch immer sehen. Es hält seinen kleinen weißen Hund an der Leine, den es geopfert hat, und trägt auf seinem Rücken die Last des vielen Blutes, das in seinem Zelt vergossen wurde, als der große Wind das feindliche Feld durchzog.

Man nennt ihn jetzt *Sa-wéta* oder Mondbewohner beziehungsweise *Ettsoné* oder Genius des Todes, aber es hat auch den Namen *Eboe-Ekon* oder Brustschild, weil es für uns kämpfte und uns durch den Tod unserer Feinde mit den Säugetieren versorgte, von denen wir uns ernähren; ferner *Klodatsolè* oder Spitzmaus, Zobel, Maulwurf. Schließlich nennt man ihn *Edzéè* oder Herz der Natur wegen seines großen Einflusses auf unser Dasein.

Das ist der Grund, warum man bei der Schneeschmelze, bei der Frühlingsnachtgleiche, wenn die Sonne in ihr Lager zurückkehrt, im Monat der Brunft der Rentiere, also im März/April, das Fest *Sa-wéta* feiert, so genannt wegen des von Klappertönen begleiteten Zuges der Toten quer durch die Zelte.

* Émile Petitot: Traditions indiennes du Canada nord-ouest. Paris 1887, S. 187–196 und 200f.

Der Mond entführt den Regenmacher

Haida (Südalaska)

Koong, der Mond, entdeckte den Mann Eethlinga, wie dieser dabei war, seinen Eimer in einen Bach zu tauchen, um Wasser zu holen. Da schickte er seine Arme oder Strahlen herab und ergriff den Mann, der sich, um sich zu retten, an einem großen Solal-Busch (Gaultheria shallon) klammerte; da aber der Mond mächtiger war als der Mann, zog er den Mann mitsamt dem Eimer und dem Busch zu sich empor, wo er sich seither mit allem, was er festhielt, aufhält und bei Vollmond gesehen werden kann, wenn das Wetter klar ist. Der Mann ist ein Freund des T'kul, des Windgeistes, und wenn dieser ihm ein Zeichen dazu gibt, leert er seinen Eimer aus, wodurch es auf der Erde regnet.

- Albert Parker Niblack: The Coast Indians of South Alaska and Northern British Columbia. Washington 1890, S. 323 (= Annual Report of the National Museum, 1888).

Der Mond raubt eine Frau

Tlatlasikoala (Britisch-Kolumbien)

Eine Frau namens Tspilkola'ka und deren Tochter Tlaluakoagyilaka'so lebten zusammen in Tlamnos; die Tochter war sehr schön, und darum beschloß der Mondmann, sie zu rauben. Er stieg vom Himmel herab und bat Tspilkola'ka um etwas Wasser. Bereitwillig schickte diese ihre Tochter zum Brunnen, um frisches Wasser zu holen. Kaum hatte diese aber den Fuß aus der Tür gesetzt, so ergriff sie der Mondmann und nahm sie mit zum Himmel hinauf. Da ward Tspilkola'ka traurig und zog nach Naue'te. Nach einiger Zeit kam der Mondmann wieder herab und bat eine Frau um Wasser. Als Tspilkola'ka ihn kommen hörte, warnte sie jene, nicht hinauszugehen, denn sonst würde der Mondmann sie mitnehmen. Jene hörte aber nicht auf den Rat, und als sie vor die Tür trat, entführte sie der Mondmann. Das Mädchen mit dem Eimer kann man noch heute im Monde sehen.

Franz Boas: Indianische Sagen von der Nord-Pacifischen Küste Amerikas. Berlin 1895, S. 191.

Der Mond holt ein unartiges Kind

Awi'ky'enoq
(Küstengebirge Britisch-Kolumbiens)

Ein junges Mädchen paßte auf ihren kleinen Bruder auf, als die Mutter fortgegangen war, um Olachen zu fangen. Da der Knabe unaufhörlich schrie, trug sie ihn, eingerollt in ihrem Mantel, wiegend auf der Straße umher und gab ihm dann einen kleinen Eimer zum Spielen. Da er gar nicht still sein wollte, drohte sie ihm, der Mond werde ihn holen. Und als er noch nicht aufhören wollte, drohte sie ihm zum zweiten, dritten und vierten Male. Da hörte sie der Mond. Er stieg zur Erde herunter und wurde dabei immer größer und schließlich riesengroß. Er nahm den Jungen mit sich und wurde, während er sich mit ihm entfernte, wieder kleiner. Noch heute kann man den Knaben mit dem Eimer in der Hand im Monde sehen.

Franz Boas: Indianische Sagen von der Nord-Pacifischen Küste Amerikas. Berlin 1895, S. 217.

Ein Knabe spielt im Mond

Awi'ky'enoq
(Küstengebirge Britisch-Kolumbiens)

Ein Knabe namens Me'itla ging in einem Jahre zehnmal hinauf zum Himmel. Beim ersten Male fand er droben eine Möwe und brachte sie mit herunter. Als er zum zweiten Male hinaufstieg, fand er einen Vogel mit rotem Schnabel, beim dritten Male die „Salmonberries", dann den Taucher und den Vogel Qe'qeqe (gesprochen Checheche). Beim sechsten Male brachte er den Vogel Ate'mkuli mit herab. Als er aber zum zehnten Male hinaufstieg, fand er den Mond Nusnu'selis und kehrte nun nicht wieder.

Da weinten und klagten seine Mutter Tleelaiaks und sein sein Vater K'omqto'is. Endlich schliefen sie ein. Im Traum sah die Mutter ein schönes Haus vor sich, und als sie erwachte, erkannte sie, daß es kein Traumgebilde war, sondern wirklich nahe vor ihr stand. Sie sah ihren Sohn Me'itla vor dem Hause spielen und weckte ihren Mann, damit er ihn auch sehen solle. Als der Vater erwachte, sah auch er das Haus und den Knaben und rief: „Da ist ja unser verlorener Sohn!" Sie sprangen auf und liefen auf das Haus zu. Dieses schien aber vor ihnen zurückzuweichen, und endlich erkannten sie, daß es in Wahrheit weit fort, droben im Himmel war. Da setzten sie sich nieder und weinten und sangen: „Oh, unser Sohn spielt droben bei Nusnu'selis. Er weilt im fremden Lande und kehrt nicht mehr zu uns zurück."

Als sie so sangen, ging ihre Nichte vorüber, und sie erzählten ihr, daß sie Me'itla im Himmel droben hatten spielen sehen. Da sprach jene: „Wir wollen euren Sohn im Tanze wieder erscheinen lassen." Die Eltern waren damit einverstanden. Sie ließen ihre Nichte, die K'okome'tsemka hieß, in der Gestalt der Me'itla tanzen und gaben ihr seinen Namen.

- Franz Boas: Indianische Sagen von der Nord-Pacifischen Küste Amerikas. Berlin 1895, S. 217.

Hilfe in der Hungersnot

Le'kwiltok (Britisch-Kolumbien)

Einst herrschte in einem Dorf eine Hungersnot, und alle Vorräte waren aufgezehrt bis auf eine Kiste voll getrockneter Fischeier. Die Leute lebten von Farnwurzeln, die sie mühselig im Walde sammelten und von denen sie sich kümmerlich ernährten.

Ein Mann und seine Frau hatten zwei Söhne, die sie zu Hause ließen, wenn sie in den Wald gingen. Sie hatten ihnen aufs strengste verboten, die Fischeier zu berühren. Eines Tages, als die Eltern ausgegangen waren, trat ein Mann ins Haus und sagte zu den Knaben: „Weshalb eßt ihr denn keine Fischeier, da steht ja eine ganze Kiste voll."

Die Knaben antworteten: „Nein, wir dürfen nicht davon nehmen, unsere Eltern haben es verboten."

„Ach was", sagte der Mann, „nehmt euch nur, soviel ihr wollt."

Der eine der Knaben war nun halb willens zu tun, was der Fremde gesagt hatte, aber der andere warnte ihn und sprach: „Mutter wird uns schlagen, wenn sie zurückkommt und sieht, daß wir ihre Fischeier genommen haben.

Da gab der Fremde sich ihnen als der Mondmann zu erkennen und sprach: „Wenn ihr künftighin zu essen haben wollt, so bittet mich nur darum. Ich werde euch hundertfach die Fischeier zurückerstatten, die ihr jetzt euren Eltern nehmt."

Da aßen die Knaben alle Fischeier auf, und der Fremde ging vondannen.

Nach kurzer Zeit kamen die Eltern zurück, und als die Mutter entdeckte, daß die Fischeier fort waren, schlug sie ihre Kinder. Diese sagten nichts; aber um Mitternacht, als alle Leute schliefen, gingen sie hinaus, sahen zum Monde hinauf und sprachen: „O, mache uns glücklich, du hast es uns versprochen."

Als sie viermal so den Mondmann angerufen hatten, kamen zahllose Heringe geschwommen und alle Arten von Fischen. Sie fingen dieselben, füllten ihre Mäntel mit Fischen und trugen sie zum Haus ihrer Eltern. Dort warfen sie die Fische zu Füßen ihrer Mutter und sprachen: „Siehe, du zürntest uns und straftest uns, weil wir deine Fischeier gegessen hatten. So vergelten wir dir!"

Da freute sich jene und ließ sich erzählen, wo sie die Fische bekommen hätten, und bald wußten alle Leute, daß jene reich waren. Sie kamen von allen Seiten herbei und kauften Fische für Brot, Mäntel und Felle. So wurde der Vater der Knaben ein großer Häuptling.

Franz Boas: Sagen der Indianer in Nordwest-America, in: Zeitschrift für Ethnologie. Bd. 24 (1892), S. 385f.

Die drei Froschschwestern

Lilloet (Britisch-Kolumbien)

Drei Froschmädchen, die Schwestern waren, bewohnten gemeinsam ein Haus in einem Sumpfgebiet. Nicht weit weg wohnte eine Anzahl Leute in einem anderen Haus. Dazu gehörten Schlangenmann und der mit ihm befreundete Bibermann. Es waren gut gewachsene Burschen, und sie wünschten, die Froschmädchen zu heiraten.

Eines Nachts ging Schlangenmann zum Fröschehaus, kletterte in das Zimmer, wo eine der Schwestern schlief und legte die Hand auf ihr Gesicht. Sie erwachte und fragte ihn, wer er sei. Als sie erfuhr, daß es Schlangenmann war, sagte sie, daß sie nicht daran denke, ihn zu heiraten. Sie forderte ihn auf, sofort wegzugehen, und warf ihm Schimpfwörter wie „Schlammiger Kerl" oder „Schmalauge" an den Kopf. Schlangenmann kehrte zurück und berichtete seinem Freund von seinem Mißerfolg.

In der folgenden Nacht zog dann Bibermann los, um sein Glück zu versuchen, kletterte hinauf zu einer der Schwestern und legte seine Hand auf ihr Gesicht. Sie erwachte und forderte ihn auf zu gehen, sobald sie erfuhr, wer er war. Sie beschimpfte ihn als „Kurzfuß", „Dickbauch", „Fettarsch". Bibermann fühlte sich verletzt, kehrte zurück und weinte laut. Sein Vater fragte ihn, was denn los sei, und der Junge erzählte es. Der Vater sagte: „Das ist doch gar nichts. Hör auf zu weinen! Das gibt zuviel Regen." Aber Bibermann meinte nur: „Ich muß weinen."

Als er weiter weinte, begann es stark zu regnen, und schon bald wurde der Sumpf, wo die Froschmädchen wohnten, überschwemmt. Ihr Haus stand unter Wasser, das die Spitzen des hohen Sumpfgrases bedeckte. Die Froschmädels froren, begaben sich zum Haus des Vaters Bibermann und sagten zu ihm: „Wir möchten deine Söhne heiraten." Der alte Bibermann sagte: „Nein! Ihr habt uns mit Spottnamen beschimpft."

Das Wasser floß nun bereits in einem wirklichen Strom. So schwammen die Froschmädchen stromabwärts, bis sie einen Strudel erreichten, der sie aufsaugte, und dann stiegen sie zum Haus des Mondes hinab. Dieser lud sie ein, sich am Feuer zu erwärmen; sie aber sagten: „Nein. Wir möchten nicht am Feuer sitzen. Wir wollen da sitzen" und zeigten auf ihn. Er fragte: „Hier?" und zeigte dabei auf seine Füße. Sie sagten: „Nein, nicht dort." Dann zeigte er auf einen seiner Körperteile nach dem anderen bis er seine Stirn erreicht hatte. Als er fragte: „Wollt ihr denn hier Platz nehmen?", schrien sie alle „Ja" und sprangen auf sein Gesicht, wobei sie sein schönes Antlitz verschandelten. Die Froschschwestern kann man bis auf den heutigen Tag auf dem Gesicht des Mondes sehen.

James Teit: Traditions of the Lilloet Indians of British Colombia, in: Journal of American Folk-Lore, Bd. 25 (1912), S. 298f.

Die Rache der Kröte

Salish
(Nordwestliche USA, Britisch-Kolumbien)

Nachdem Spoxani'tcelt die Aufgabe übernommen hatte, Mond zu sein, lud er die Leute seiner Gegend zu einem Fest ein. So viele Leute gingen zu dem Fest, daß sein Haus bald überfüllt war. Als die Kröte eintraf, waren alle Räume belegt. Sie fragte den Gastgeber, wo denn ihr Platz sei, und er antwortete: „Es gibt hier keinen Sitzplatz mehr."

Sie wurde zornig und kehrte in ihr eigenes Haus zurück. Sie ließ einen starken Regen fallen, der überall eindrang und Lichter und Feuer zum Erlöschen brachte. Als weitere Leute beim Mond eintrafen, drängten sie sich im Innern seines Hauses und fragten: „Herr, wo sollen wir sitzen? Es ist draußen so naß."

Als der Regen schließlich durch das Dach des Hauses strömte, schrien alle Leute lauthals: „Herr, wo sollen wir sitzen? Wo können wir hingehen, um aus dem Regen herauszukommen?"

Der Herr ging mit ihnen von Zelt zu Zelt, aber überall regnete es herein. Sie stellten sich unter abgestellte Paddelboote, aber selbst durch diese regnete es hindurch. Schließlich erblickten sie ein Licht und begaben sich dorthin. Es war das Haus der Kröte, und in seinem Innern war es vollkommen trocken. Sie strömten hinein. Dann sprang die Kröte in Spoxani'tcelts Gesicht und setze sich dort fest. Die Leute versuchten, die Kröte von seinem Gesicht wegzuziehen, aber es gelang ihnen nicht. Die Spuren der Kröte können noch immer auf dem Mond gesehen werden.

- Folk-Tales of the Salishan Tribes, ed. by Francis Boas. Lancester, Pa. 1917, S. 123f. (= Memoirs of the American Folk-Lore Society).

Der Mond und seine Frauen

Shushwap (Westliches Britisch-Kolumbien)

Der Mond war einst ein Mann. Er hatte zwei Frauen, Wa'ela und Tsita'eka. Die erstere gebar ihm zwei Kinder, die andere blieb kinderlos. Deshalb hatte er die zweite lieber, und schließlich kümmerte er sich gar nicht mehr um Wa'ela.

Eines Abends, als der Mond bei Tsita'eka war, fragte ihn Wa'ela: „Wohin soll ich denn mit deinen Kindern gehen?" Das fragte sie ihn dreimal, aber der Mann antwortete ihr gar nicht. Als sie ihn nun zum vierten Male fragte, wurde er zornig und rief: „Nun, so setz dich doch auf meine Augen!" Da sprang sie auf seine Augen. Dort im Mond sehen wir sie noch heute sitzen.

- Franz Boas: Indianische Sagen von der Nord-Pacifischen Küste Amerikas. Berlin 1895, S. 15.

Mond und Sonne (I)

Skokomish (Küsten-Salish in Washington)

Es waren einmal zwei Schwestern. Die eine von ihnen hatte ein Kind. Stets waren sie emsig dabei, Holz zu sammeln oder Wurzeln auszugraben. Währenddessen ließen sie das Baby bei seiner blinden alten Großmutter. Es wurde auf eine brettartige Wiege gebettet, die so geformt war, daß sie wie ein Springbrett an- und abhob. Vor einem hatten die jungen Frauen die Großmutter dringend gewarnt, das Kleinkind nämlich niemals als Jungen anzusprechen. Wann immer die alte Frau dem Kind etwas vorsang, redete sie es also als Mädchen an. Dank dieser Vorsichtsmaßnahme fanden die jungen Frauen abends nach ihrer Rückkehr immer das Baby vor und nahmen es zu sich. Tags darauf gingen sie wieder arbeiten.

Eines Tages beging die alte Frau einen Fehler und nannte das Kind ihren Enkel, verbesserte sich jedoch sogleich. An einem anderen Tag sagte sie wieder: „Oh, mein Enkel – ich meine, meine Enkelin ..." Dabei wurde sie insgeheim von zwei Frauen beobachtet, und das hatte schlimme Folgen. Wenige Tage später mußte sie nämlich feststellen: „Meine Enkelin riecht ja wie verrottetes Holz!" Tatsächlich hatten jene fremden Frauen das Baby entführt und an seiner Stelle ein Stück verrotteten Holzes wie dieses angezogen und auf dem Brett zurückgelassen.

Als die beiden jungen Frauen am Abend zurückkehrten und bemerkten, daß das Kind fort war, waren sie völlig verwirrt. Die Entführerinnen hatten ihre Spuren, um vor Verfolgung geschützt zu sein, in tückischer Weise verlegt.

Die Mutter des Kindes heuerte von den verschiedenen Stämmen Helfer an, um es zu suchen, auch Vögel, die zu der Zeit noch menschliche Wesen waren. Sie alle trafen sich dort, wo die Frauen ihre Spur mit einem Hindernis verbaut hatten. Es war so etwas wie ein Zederstumpf, der sich schnell öffnete und wieder schloß. Jeder mußte bei dem Versuch, dort hindurchzukommen, verunglücken. Die Vögel, gefragt, ob sie dort hindurchgelangen könnten, sagten einer nach dem anderen: „Nein, ich kann es nicht!" Dann aber kam der Blauhäher und sagte: „Ich kann es, ich allein kann es." Er war waghalsig und schnell und machte sich gleich daran hindurchzuspringen. Sein Kopf wurde bei dem Versuch erfaßt und plattgedrückt, aber er schaffte es, an die andere Seite zu gelangen.

Sobald er drüben angekommen war, machte er sich auf die Suche nach dem vermißten Jungen. Er bewegte sich weiter und weiter, so gefährlich es auch war. Dann vernahm er ein Geräusch. „Was ist das?", fragte er. „Jemand pocht", war die

Antwort. Er hörte einen Mann singen. Der schälte Borke von einem Baum, indem er seinen Kopf als Keil benutzte. Das wunderte Blauhäher. Doch ohne zu zögern zog er weiter und gelangte zu seltsam gekrümmten Bäumen. „Was ist den hier los? Das ist ja schrecklich", entfuhr es ihm. Er hatte Todesangst. Dann hörte er aus dem einen Baum ein lautes „s...", und es war es ihm so, als bewege der sich wie ein Mensch. Tatsächlich entpuppten sich die Bäume als mit Schlangen bedeckte Riesen. Blauhäher konnte entkommen und forschte weiter nach dem Kind.

Wieder gelangte er zu einer gefährlichen Stelle. „Was ist das hier?", fragte er und hörte dann: „Wir spielen gerade." „Ich möchte sehen, was ihr macht; es muß etwas Eigenartiges sein", sagte er. „Es wird dich erschrecken", war die Antwort. Dann brach ein Feuer aus und ließ alles, was in Reichweite war, in Flammen aufgehen. Blauhäher suchte einen Ausweg und fragte auf der Flucht einen Baum: „Wirst du brennen?" „Ja, ich werde brennen", antwortete der. „Wirst du brennen?", fragte er dann einen Stein. „Ja, ich werde zerbersten", sagte der Stein. „Wirst du brennen?", fragte er dann ein Gewässer. „Ja, ich werde kochen", sagte das Wasser. „Wirst du brennen?", fragte er einen Weg. „Ja, ich werde brennen, aber in Furchen geteilt werden, durch die du in Sicherheit kriechen kannst", sagte der Weg. Dann legte sich Blauhäher auf eine kleine Stelle des Weges nieder. Sobald die Gefahr vorüber war, stöhnte er: „Oh, das war schlimm!" „Wir sagten dir doch, wie gefährlich es hier ist", wurde er erinnert.

Er war schon viele Jahre unterwegs, da gelangte er in die Nähe der Gegend, wo er den Jungen vermutete. Da lebten einige Menschen. „Wir können uns denken, wonach du suchst", sagten sie, „es ist jetzt nicht mehr weit." Und sie beschrieben das fragliche Haus. Als er dort hinkam, hüpfte er herum und sah sich um. In dem Haus war ein junger Mann bei der Arbeit. Er schnitzte kleine Kugeln. Das war der Gesuchte! Die beiden Frauen, die ihn geraubt hatten, waren, wie einst seine Mutter und Tante, unterwegs zum Arbeiten. Blauhäher hüpfte rein und raus, rein und raus, wobei er ständig zwitscherte. Das wurde dem jungen Mann zuviel, er warf Holzspäne nach ihm. „Ke'toeke'tce", schimpfte Blauhäher, denn er hatte etwas in die Augen bekommen. Er versuchte zu erklären, warum er da war. „– wohnte mit anderen Frauen –, ke'tce –, deshalb bin ich hier", sagte er. „Worüber redest du, Blauhäher?", fragte der Jüngling. „– niemand konnte hier durchkommen außer mir", sagte Blauhäher weiter. „Komm, ich will deine Augen verarzten", sagte der junge Mann. Er entfernte einige Späne, und Blauhäher konnte wieder sehen. Er erklärte alles. Der junge Mann begriff seine Lage und sagte: „Es ist schon merkwürdig mit den beiden Frauen. Die sind so eifersüchtig. Mal will mich die eine haben, und dann beansprucht mich die andere. Nur weg hier! Zieh du nur schon voraus und sage meiner Mutter, daß du mich gefunden hast!"

Der junge Mann packte seine Sachen und machte sich auf die Heimreise. Er ging den Weg zurück, den Blauhäher gekommen war, und gelangte auch zu den gefährlichen Stellen. An der Stelle mit dem Geräusch fragte er, was das denn sei. „Du mußt nicht beunruhigt sein", sagte man ihm. Und schon wurde Feuer gelegt. Er tat, was Blauhäher getan hatte; er legte sich auf eine Spur. Als die Gefahr vorüber war, ging er weiter und kam zu der Stelle, wo Blauhäher den Schlangen entkommen war. Er traf auf den riesigen Mann mit den Schlangen. Diesmal platzte der Riese, und die Tiere schlängelten sich über den jungen Mann. Er stand eine riesige Angst aus. Nach einiger Zeit aber wanden sich die Schlangen zurück in den Bauch des Mannes. Der Jüngling traf dann den Mann, der mit seinem Kopf das Holz abschlug. Er fertigte einige Werkzeuge an und zeigte dem Mann, wie man sie zur Holzgewinnung benutzt. „Von jetzt ab werden zu diesem Zweck immer Werkzeuge verwendet", mahnte er.

Er ging weiter und war immer noch Gefahren ausgesetzt. Er hörte jemanden schreien. Es war eine Frau. Er ging auf sie zu und fragte: „Was ist mit dir?" „Nichts", antwortete sie, „ich habe nur aus Spaß geredet." „Jeder mag sich doch gern vergnügen", fügte sie hinzu. Sie schrie, weil sie ein so großes Verlangen nach einem Mann hatte, und wenn einer kam, dann ergriff sie schließlich sein Glied und schnitt es ab. Der junge Mann ahnte Schlimmes, aber er legte sich auf sie nieder. Gerade als sie bereit war, sich mit ihm einzulassen, schlug sie ihre Augen auf und fragte ängstlich: „Was ist das für ein Geräusch?" „Ach, das sind nur meine Hoden, die klappern", sagte er. Als sie ihre Augen wieder geschlossen hatte, ergriff er seinen Keil und schlitzte sie auf. Das Böse war beseitigt.

Er kam zu Lala'baq'eus. Sie trug einen Korb auf dem Rücken, in dem sie Kinder verstaute. Sie erhitzte Steine, um die Kinder damit zu dünsten. „Was ist mit euch?", fragte der junge Mann die Kinder, deren Augen mit Pech bedeckt waren. „Sie will uns kochen und essen", sagten sie. Während die Frau ihr Feuer bereitete, sagte er ihnen: „Hört genau hin. Wenn sie vor uns steht, helft mir, sie ins Feuer zu stoßen." So kam es. Gemeinsam stießen sie sie hinein. Dann rieb er die Augen der Kinder mit Fett ein, und sie konnten wieder sehen. Er hatte sie vor dem Tode bewahrt. Als er weiterging, folgten sie ihm nach. Er blies auf die Bäume hoch, wo sie kleine Vögel wurden. Er war nun in der Nähe seines Geburtshauses.

Seine Mutter hatte, nachdem er geraubt worden war, die verbliebene Bettwäsche und Kleidung gewaschen und ausgewrungen. Mit einem Schrei ging daraus ein neues Kind hervor, auch ein Junge. Sein Leib und seine Beine waren gekrümmt, seine Augen schielten, aber er war ein guter Kamerad.

Nicht weit von dem Hause befand sich ein Hügel und in dessen Nähe eine Quelle. Der junge Mann ging dorthin und beobachtete diesen schielenden Jungen, den seine Mutter zum Wasserschöpfen geschickt hatte. Als der Junge sich zum Wasser herunterbeugte, erblickte er das Spiegelbild des Mannes neben seinem eigenen. Er sah einige Male nach oben, doch sein Bruder hatte sich so schnell verborgen, daß er nichts gewahr wurde. Vor Schreck ließ er das Wasser stehen und rannte zu seiner Mutter, um ihr alles zu erzählen. „Das hast du dir nur eingebildet", sagte sie und schickte ihn zurück zur Quelle. Wieder sah er das Gesicht des Mannes im Wasser. Als er hochblickte, kam der nun auf ihn zu und gab sich als sein Bruder zu erkennen. „Lauf nach Hause und erzähle deiner Mutter, daß ihr verlorener Sohn zurückgekehrt ist", sagte er. Das tat der Junge. Die Mutter aber schlug ihn mit der Peitsche und fragte weinend: „Wie kannst du nur wissen, daß du einen Bruder hast?"

Der Junge ging nun zurück und berichtete seinem Bruder, wie es es ihm ergangen war. Dieser nahm ihn sich vor, bog seinen Leib und seine Gliedmaßen zurecht und heilte seine Augen. „Nun geh zu unserer Mutter und sag ihr, daß ich wirklich hier bin. Sag ihr, sie soll das Haus reinigen und Leute einladen", trug er ihm auf. Der Junge lief nach Hause und sagte ihr: „Dein Sohn, der dir geraubt worden war, bittet dich, das Haus zu reinigen. Wenn du es nicht glaubst, dann sieh mich an." Die Frau blickte ihn an; er sah nun wohlgestaltet aus.

Sie lud jedermann in ihr Haus ein. Alle unverheirateten jungen Frauen kamen herbei. Die beiden Brüder, die kaum auseinanderzuhalten waren, betraten das Haus. Der ältere stellte an der Tür sein Reisegepäck, einen Ranzen, ab. Er war sehr schwer. „Das Mädchen, das diesen Ranzen hochheben und mir bringen kann, soll meine Frau werden", verkündete er. Alle jungen Frauen versuchten der Reihe nach, den Ranzen zu heben. Keiner gelang es, er war voller Gold. Die fein zurechtgeputzten Töchter der Standesherren versuchten es vergeblich, wie auch die Töchter aller Vögel und anderen Tiere. Dann versuchte es die kleine hinkende Froschtochter, eine Waise, die mit Katzenhaiöl eingefettet war. Keine nahm sie für voll. Aber sie hob den Ranzen hoch, als wäre er mit Papier gefüllt. Der junge Mann hatte im voraus gewußt, daß sie allein es schaffen würde. Sie ließ sich an seiner Seite nieder. Nun war sie seine Frau. Die Verwirrung im Saal war groß.

Danach sagte der junge Mann zu seinem Bruder: „Du wirst der Mond sein und ich die Sonne." Als Sonne gab er aber so viel Hitze von sich, daß es für die Menschen nicht zu ertragen war. Dann sagte er seinem Bruder aus den Windeln: „Du wirst die Sonne sein und ich der Mond. Du wirst nicht so heiß sein wie ich." So tauschten sie ihre Plätze; der geraubte Junge wurde zum Mond, sein jüngerer Bruder zur Sonne. Frosch und Ranzen können noch immer auf dem Mond gesehen werden. Seither heiratet eine häusliche Frau immer einen gutaussehenden Mann.

● Folk-Tales of the Coast Salish, hrsg. v. Thelma Adamson, in: Memoirs of the American Folk-Lore Society, New York, Bd. 27 (1934), S. 374–378.

Mond und Sonne (II)

Humptulip (Küsten-Salish in Washington)

Die Geschichte vom Mond und von der Sonne beginnt am Fluß Humptulip. Dort hatte Xwane'-xwane eine Fischfalle aus Stein gebaut. Tag für Tag ging er zu der Falle hin, fand dort aber nur verrottetes Holz vor. Als er wieder einmal hungrig eingeschlafen war, wurde ihm im Traum verkündet: „Du wirst einen Fisch fangen und in seinem Innern zwei Mädchen finden." Tatsächlich fand er dann in der Falle einen großen Fisch vor, einen Stahlkopf-Lachs. Er war glücklich. Als er daheim den Lachs ausnahm, fand er in seinem Innern zwei Eier vor. Er sagte sich: „Ich will mal sehen, ob mein Traum stimmt." Er wickelte die Eier ein und hielt sie warm. Er kochte den Fisch und verzehrte Tag für Tag ein wenig davon. An den Eiern schien sich nichts zu ändern. In der fünften Nacht aber wurde er durch ein helles Lachen geweckt. Zwei Mädchen lagen an seiner Seite, die sahen sehr gut aus.

Xwane'-xwane hatte noch etwas Lachs übrig und gab ihn den Mädchen zu essen. Das ältere nannte er Säsä'djistum, das jüngere Melä'djistum. Er ging in den Wald, holte etwas Borke und behämmerte sie wie Baumwolle. Schließlich hatte er Stoff gewonnen, nahm Maß an den Mädchen und kleidete sie ein.

Als die Mädchen dann nachts zu Bett gingen, sagte er ihnen: „Ich gehe jetzt zu meiner Fischfalle. Seid sehr vorsichtig, während ich weg bin!" In der dritten Nacht besuchte ein Mann Säsä'djistum. Sie ließ sich mit ihm auf nichts ein. Am nächsten Morgen erzählte sie ihrem Vater von dem Besuch. Als er abends die Mädchen verließ, zeigte er ihnen, wie die Tür auf besondere Weise abgeschlossen wird. In dieser Nacht hatte Melä'djistum Besuch von einem Mann. Die Mädchen wunderten sich: „Wie kann irgend jemand hereinkommen, wenn nur Vater weiß, wie wir die Tür geschlossen halten?" Das war die vierte Nacht. In der fünften Nacht kam ein Mann zu der älteren Tochter und verletzte sie. In der nächsten Nacht kam er zu der jüngeren und verletzte auch sie. Diesmal ging er erst fort, als es schon hell wurde und er erkannt wurde. Die Mädchen wußten nun, daß der Mann ihr Vater war. Sie waren beschämt und beschlossen, ihn zu verlassen und in die Welt hinauszuziehen.

Im Morgengrauen brachen sie auf, der Sonne entgegen. Sie waren noch nicht weit gegangen, da hörten sie die Klänge eines Wiegenliedes. Sie gingen näher heran und sahen am Rande einer Prärie, wie eine alte Frau ein Kleinkind in einer Hängematte schwang und dazu sang:

Schlafe, mein Enkelkind, du sollst schön träumen,
Mutter gräbt Wurzeln nicht weit von den Bäumen.

Die beiden Mädchen hörten in der Ferne das „tup, tup, tup" der grabenden Mutter und bemerkten, daß die Großmutter blind war. Sie blickten sich an. „Laßt uns das Baby mitnehmen, es ist so niedlich", sagten sie. Sie hoben ein Stück Holz auf, vertauschten es eilig mit dem Kind in der schwingenden Hängematte und ließen das Kleidchen zurück. Dann rannten sie davon. Die Großmutter hörte es und schrie, als sie das verrottete Holz in der Hängematte roch, so laut, daß die Tochter es hören konnte: „Die beiden Töchter von Xwane'-xwane, die er geschändet hat, sind mit dem Baby davongelaufen!"

Die Mutter eilte herbei. „Nimm mich auf deinen Rücken", sagte die Großmutter, „wir wollen sie verfolgen." So machten sie sich auf den Weg und fanden tatsächlich die in Richtung des Sonnenaufganges weisenden Spuren. „Dort sind sie! Ich kann sehen, wie sie meinen Sohn auf dem Rücken tragen", sagte die Frau zu ihrer Mutter. „Nun setz mich ab und lauf!", sagte die alte Frau. Doch sobald sie den Boden berührte, bildete sich zwischen ihnen und den Mädchen ein See. Das wiederholte sich immer wieder, obwohl sie den Mädchen auf dem Wasser immer etwas näher kamen. Beim fünften Male bildete sich dann nur noch ein Tümpel. Die Frau aber hatte keine Kraft mehr. Weinend trat sie mit ihrer Mutter den Rückweg an.

Nach der Rückkehr entdeckte die Mutter, daß die Mädchen das Stück Holz in das Kleidchen des Babys gelegt hatten. Sie wischte die Zederborkenstücke ab und wrang den Urin aus dem Kleidchen heraus. Da verwandelte sich der Urin in ein anderes Kind. Es war nicht vollkommen. Es schielte und hatte einen mißgestalteten Körper. Es wuchs mit den Jahren zu einem Jungen heran. Seine Mutter sagte ihm dann: „Lebe du vom Fischfang an den Ufern der Flüsse! Du hast einen Bruder, der entführt worden ist. Ihm allein gebührt die Ehre, der Herr dieses Landes zu sein."

Seine Mutter und Großmutter konnten den Schmerz über den Verlust des Erstgeborenen nicht verwinden. Sie beschlossen, fortan im Busch und an Seen zu leben. Sie schnitten zum Zeichen ihres Kummers ihr Haar bis auf eine Mittelsträhne ab. Sie lebten nicht länger als Menschen. Sie verwandelten sich in Vögel, die Mutter in einen Fasan und die Großmutter in einen Lappentaucher.

Bald danach wurde bekannt, daß ganz im Osten des Landes ein Häuptling mit zwei Frauen lebte. Die Leute wußten, daß es nur ihr Häuptling sein konnte, der als Kind geraubt worden war. Sie hielten Rat und beschlossen, zu ihm hinzugehen. Alle gingen los und gelangten in die Nähe eines sehr hohen Hauses, wo der Häuptling wohnte. Von dem Haus trennte sie ein tiefer Erdspalt, der mal sehr breit war und sich dann wieder schloß. Das änderte sich so schnell, daß niemand es wagte, den Spalt zu überqueren; selbst die Vögel hatten Angst, darüber hinwegzufliegen. Sie gaben auf.

Nach ihrer Rückkehr sammelten sie weitere Menschen und Vögel für einen zweiten Versuch, mußten aber wieder unverrichteter Dinge zurückkehren. Auch ein dritter und ein vierter Versuch scheiterte. Dann hatte Blauhäher einen Traum. Ihm wurde gesagt: „Geh zu einer Stelle, wo du weitere Federn an deine Flügel heften kannst." Schließlich fand er dann die Stelle, auf die ihn sein Traum hingelenkt hatte. Er fand zwei lange Federn und heftete sie an seine Flügel.

Er kündigte den Leuten an, daß er fliegen werde. Alle sahen zu. Als sich die Erde an dem Spalt zusammenzog, rief er: „Ka'tca, ka'tca, ka'tca" und war im Nu drüben.

Blauhäher blickte dann durch eine Öffnung des hohen Hauses und erkannte den Häuptling, zu dessen beiden Seiten eine Frau saß und viele Kinder. Er arbeitete an Geräten aus Elchrippe, und eines nach dem anderen zerbrach ihm. Als das fünfte zerbrach, wurde er wütend und warf es zur Tür hinaus. Da hörte er ein Stöhnen, ging zur Tür hinaus und sah, daß er Blauhäher getroffen hatte. Er nahm ihn mit ins Haus. Sobald er wieder zu sich gekommen war, sagte Blauhäher zu ihm: „Deine Leute haben deinetwegen schwere Zeiten hinter sich. Sie wünschen, daß du zurückkehrst, denn du wurdest als kleines Kind geraubt und gehörst nicht hierher!"

Der Häuptling schnitzte weiter, wurde aber nachdenklich und sagte: „Ich werde meine Kinder hier verlassen und mit dir zurückgehen." Da schrien und weinten seine Kinder, Karpfen, Rotes Pferd, Forelle, Stör, Lachs, Hering, Meerbrassen. Er gab ihnen Spielzeug. Da weinten auch die beiden Frauen. „Ich verlasse euch jetzt, meine Frauen", sagte er, „euch und unsere Kinder. Ihr habt mich entehrt. Ich schäme mich." Dann ging er mit Blauhäher davon.

Als sie die Erdspalte erreichten, scharrte der Häuptling dort nur ein wenig mit seinen Füßen, und schon schloß sie sich für alle Zeit. Es wurde ihnen klar, daß diese Spalte das Werk der beiden Frauen war, die sich vor Verfolgung schützen wollten, um ungestört das Kind aufziehen und dann als Ehemann bei sich haben zu können.

Der Häuptling kehrte nun heim zu seinem Stamm. Alle waren sehr glücklich darüber und sangen Freudenlieder. Sie geleiteten ihn in die Prärie zu der Stelle, wo ihn die beiden Frauen aus der Wiege geraubt hatten. „Deine Mutter lebt nicht mehr in menschlicher Gestalt", sagten sie ihm. „Sie hatte sich aus Kummer um dich in einen Vogel verwandelt. Aber du hast einen Bruder, und den wirst du schon noch kennenlernen. Er hält sich fast immer zum Fischen am Fluß auf. Er ist ein schlaksiger Kerl und heißt Bandwurm."

Vorerst aber gab es Wichtigeres, denn der Häuptling hatte ja keine Frau mehr. Sie hielten Rat. Blauhäher sagte: „Laßt uns mit dem Häuptling den Humptulip abwärts fahren. Wir wollen mit ihm von Dorf zu Dorf auf Brautschau gehen. Es soll ein Mädchen von fürstlichem Geblüt sein." Sie schicken also einen Boten voraus, der dort verkünden sollte: „Wir sind auf der Suche nach einem Mädchen, das der Häuptling heiratet. Haltet eure Töchter bereit!"

Dann bestiegen auch sie selbst ihre Kanus. Dem Häuptling wurde ein Platz in der Mitte angewiesen, wo er ganz allein saß. „Das Mädchen, das es fertigbringt, unbekümmert zum Kanu zu gehen und an seiner Seite Platz zu nehmen, soll seine Frau werden", beschlossen sie. Sie fuhren los und erreichten ein Dorf, dessen Häuptling eine ledige Tochter hatte. Die Kanufahrer sagten ihr, wenn sie die Frau ihres Herrn werden wolle, dann müsse sie sein Kanu ohne jeden Makel erreichen. Blauhäher aber war auf das Dach ihres Hauses gesprungen und zwitscherte ein harntreibendes „Kus, kus, kus". Die Folge war: Die Häuptlingstochter mußte, noch ehe sie das Wasser erreichte, urinieren.

Die Mannschaft fuhr weiter und erreichte wieder ein Dorf, in dem eine Häuptlingsjungfrau lebte. Blauhäher eilte voran und setzte sich auf das Dach ihres Hauses. Sie wurde zum Kanu geleitet, Blauhäher gab mit seinem „Kus, kus, kus" den Takt an. Noch auf dem halben Weg zum Kanu mußte sie urinieren. So erging es auch der nächsten Tochter eines Dorfhäuptlings, die allerdings schon ganz nahe an das Kanu herangekommen war. Auf der Weiterfahrt erreichte die Mannschaft ein weiteres Dorf, das vierte. Als sie das Mädchen aus dem Hause hinausführten, begann Blauhäher auf dem Dach wieder sein „Kus, kus, kus." Das Mädchen war schon dabei, das Kanu zu besteigen, als sie urinieren mußte. Alle waren traurig über den Mißerfolg der Anmutigen, auch der Häuptling, war er doch schon bei ihrem Anblick von Liebe ergriffen. Doch sie war nicht fehlerfrei.

Dann fuhren sie zum letzten Dorf. Dort herrschte eine alte Froschfrau. Sie hatte eine Enkelin. Sie reinigte und kämmte sie, flocht ihr Haar und bemalte ihr Gesicht. Sie benetzte ihre Brüste mit berauschenden Tropfen und gab ihr einen Korb mit dem gleichen Mittel mit auf den Weg. Sie schärfte ihr ein: „Höre auf nichts, wenn du unterwegs bist, und enge deine Gedanken ganz auf das Gemüt des Mannes ein, dann wird er dich lieben!" Blauhäher war nicht wohl zumute bei dem Gedanken, daß ein so häßliches Mädchen, das Warzen auf dem Rücken hatte, die Frau seines Häuptlings werden könne. Vor lauter Zorn zwitscherte er das „Kus, kus, kus" nicht schnell genug, und es half nichts mehr, daß er, sobald das Froschmädchen das Kanu bestieg, sein Lied schneller sang. Das Mädchen setzte sich, ohne je seine Schritte verlangsamt zu haben, an die Seite des Häuptlings. Unter großer Anteilnahme des ganzen Dorfes heirateten die beiden, und Blauhäher war zuletzt auch zufrieden. Die Kanufahrer kehrten dann zu der Stelle zurück, von der aus sie abgelegt hatten.

Der Häuptling hielt nun Ausschau nach seinem Bruder. Er entdeckte ihn an einem Tümpel, der sich bei einem umgestürzten Baum gebildet hatte. Er beobachtete ihn dabei, wie er nacheinander eine Schlange, eine Eidechse und einen Salamander fing und sogleich hinunterschluckte. Dann ging er zu ihm hin und sagte: „Armer Junge, ist das im Sinne unserer Mutter, so zu leben?" Bandwurm antwortete nicht, lachte nur und wurde, als sein Bruder den Satz wiederholte, zornig. Sein Bauch schwoll an. Da packte der Häuptling seinen Bruder an den Füßen, hob ihn mit dem Kopf nach unten hoch und schüttelte ihn so lange, bis sein Mund alle verzehrten Tiere wieder hergegeben hatte. Er führte ihn an den Fluß, badete ihn im klaren Wasser und sagte: „Ich bin dein älterer Bruder!"

Dann brachte er ihn zu seiner Frau. „Mach du einen richtigen Menschen aus ihm", trug er ihr auf. Die Froschfrau machte bei ihrer Arbeit an dem jungen Burschen Gebrauch von ihrem Rauschmittel. Sie bog seinen verunstalteten Körper gerade und formte seinen Kopf zurecht, bis die Augen kaum noch schielten. Daß eine Ehefrau klug ist, ist wichtiger als ihr Stand! Die Leute des Dorfes kamen und staunten, zeigten aber auch Neid und Mißgunst.

Die Brüder fragten sich gegenseitig, was in dieser Lage zu tun sei. „Wir wollen nicht länger auf Erden bleiben", beschlossen sie. „Wir sollten die Häuptlinge der ganzen Welt sein, du und ich", sagte der ältere. Und er fragte seinen

Bruder: „Was möchtest denn du sein, die Sonne oder der Mond?" „Ich will der Mond sein", sagte der jüngere, „dann kann ich sehen, was die Menschen in der Nacht tun." Sie bereiteten sich also auf ihre Reisen vor. Die Froschfrau, die ihren Mann mit ihrem Korb in der Hand begleiten sollte, sagte ihm: „Laß doch deinen Bruder meine Schwester mitnehmen, auch mit einem Korb voller Heilmittel für den Fall, daß er einmal krank wird." So heiratete denn auch der jüngere und stieg als Mond auf. Der ältere aber wurde zur Sonne.

Die Sonne war eben erst am Horizont aufgestiegen, da begannen schon die Meere zu kochen, die Felsen sich zu spalten, die Bäume zu verdorren und die Menschen vor Hitze zu sterben. Schließlich trafen die Brüder noch einmal zusammen. Der jüngere klagte: „Ich fürchte mich vor der Dunkelheit und würde viel lieber Hochzeiten und Spiele sehen als junge Menschen, die sich im Freien lieben!" Da sagte der ältere: „So wäre es doch das Beste, wenn du zur Sonne wirst. Meine Leuchtkraft ist im Gegensatz zu deiner zu stark für die Menschen. Während du gerne alles siehst, was die Menschen tagsüber bewerkstelligen, sehe ich auch gern, wie angenehm sie des Nachts ihre Zeit verbringen. So tauschten sie denn ihre Plätze. Als der jüngere sich am Himmel zeigte, war seine Wärme gerade richtig. Und als der ältere loszog, gab er mehr Licht als vorher sein Bruder, und auch das war für die Menschen gerade so richtig.

Wenn der Mond krank wird, wird er auf der einen Seite schwarz. Dann treibt die Froschfrau den dunklen Schatten wieder weg. Wenn Vollmond ist, kann man die Froschfrau mit dem Korb voller Heilmittel sehen. Gelegentlich verfinstert sich auch einmal der Sonnenball, und auch er wird von seiner Froschfrau geheilt. So gilt denn der Frosch als bestes Heilmittel für alle Kranken. Niemand darf lange zur Sonne hinschauen. Die Menschen, vor allem die Kinder, würden, wenn sie es doch tun, zu schielen beginnen.

- Folk-Tales of the Coast Salish, hrsg. v. Thelma Adamson, in: Memoirs of the American Folk-Lore Society, New York, Bd. 27 (1934), S. 276–284. Gekürzt.

Nordamerika

Die Sonne wird zum Mond

Sahaptin (Idaho, Oregon, Washington)

Der Sonnenmann hatte zwei Frauen, die Froschfrau und eine andere Frau. Der Sonnenmann zog mit solcher Hitze über den Himmel, daß die Menschen von seinen Strahlen fast getötet wurden. Dieser Zustand gefiel ihnen ganz und gar nicht. Aus diesem Grunde berief Kojote einen Rat aller Leute ein; er wußte aber, daß Herr Sonnenmann seine Frau nicht liebte und sie nicht einladen würde mitzukommen; daher bat er sie selbst, zur Ratsversammlung zu kommen und dem zu folgen, was ihr Mann ihr zu tun geböte.

Sie ging dann also dorthin, stellte sich an die Tür und fragte den Sonnenmann: „Mein Gemahl, wo soll ich sitzen?" Er antwortete spottend: „Hier auf meinem Auge!"

Dann ging die Froschfrau ein paar Schritte nach vorne und sprang auf sein Auge. Die Leute versuchten sie wegzuziehen, aber es gelang ihnen nicht.

Dann sagte Kojote zum Sonnenmann: „Als Häuptling handelst du nicht gut", und er entschied, daß er zur Sonne der Nacht, also der Mond werden solle. So ist der Hitzkopf heute der Mond, und die Froschfrau kann über seinem Auge gesehen werden.

- Folk-Tales of Sahaptin Tribes, hrsg. v. Francis Boas. Lancester, Pa. 1917, S. 123 (= Memoirs of the American Folk-Lore Society).

Wie Pine Marten seinen Schwiegervater überlistete

Yana (Nordkalifornien)

Vater Mond lebte mit seiner Froschfrau und seinen beiden Töchtern im Westen. Die Junggesellen Löwe, Wolf und andere wohnten weit oben in Richtung des Sturzbaches in einer großen Schwitzhütte. Der junge Löwe ging als erster auf Brautschau nach Westen und betrat das Haus des Mondes. Vater Mond legte Hirn ins Feuer, und das verbreitete einen so starken Rauch, daß es Löwe den Atem verschlug. Die beiden Mädchen warnten ihn: „Du mußt sterben – wie so viele, die draußen begraben liegen. Unser Vater will nicht, daß wir einen Mann bekommen." Vater Mond reichte Löwe eine Pfeife zum Rauchen. Arglos nahm er sie an und fiel schon nach zwei Zügen daraus tot um. Der Mond warf die Leiche zur Tür hinaus. Dann machte sich Wolf auf den Weg; auch er wollte um die Hand einer der Mondtöchter anhalten und betrat das Haus. Ihm stieß das gleiche zu. Dann ging Silberfuchs, mit dem gleichen Ergebnis. Die Mädchen schrien, sagten ihrem Vater, er habe nun genug getötet, aber das scherte ihn wenig.

Der letzte, der dort Brautschau hielt, war Pine Marten. In den Köcher, den er bei sich trug, steckte er Verschlagenheit. Als er in das Haus eingetreten war und ihm betäubender Rauch entgegenschlug, veranlaßte er diesen, sich zu verziehen. Vater Mond reichte Pine Marten eine Pfeife mit starkem Tabak. Pine Marten rauchte sie, blies den Rauch aber in ein Loch im Boden und gab die Pfeife dem Mond in unverändertem Zustand zurück. Die Mädchen wiesen Pine Marten auf weitere Gefahren hin. Der hinterhältige Vater holte einen noch stärkeren Tabak hervor, doch Pine Marten ließ den Rauch wie zuvor in den Boden abziehen. Der Mond gab Pine Marten einen noch stärkeren Tabak, aber das zeigte keine Wirkung. Er warf die Pfeife zurück, so daß sie zerbrach.

Nordamerika

Pine Marten ging in den Wald und brachte Fichten- und Zedernholz herbei. Diese Art von Holz solle man zum Schwitzen nehmen, meinte er belehrend, „nicht Gehirn". Das brennende Fichtenholz knackte, die Funken schienen den Mond halb zu verbrennen. Pine Marten tanzte bei diesem Anblick. Der Vater schrie, er solle damit aufhören, er sei schon fast tot. Pine Marten machte dem ein Ende, und der Mond sagte: „Das hättest du nicht tun sollen." Weiter sagte er: „Schwiegersohn, geh schwimmen!" Pine Marten ging zum Fluß, und schon bald stieß ihn ein großer Wasser-Grisly (ha'tenna) dort hinein und versuchte ihn zu töten. Er schaffte es allerdings nicht. Pine Marten gab sich als dessen Onkel aus und hielt sich mit ihm eine ganze Nacht lang auf dem Grund des Flusses auf, dann ging er mit vielen Geschenken von seinem Neffen zurück. Er brachte Vater Mond dessen Haut und sagte: „Ich habe draußen einen Lachs aufgehängt." Er sah es und bekam es mit der Angst.

Der Mond bat ihn nun, Holz zu holen. Pine Marten ging also nach dem Norden. Da schlich sich eine große Schlange mit Horn ('e'k'u'na) heran und umschlang ihn. Sie ließ aber von ihm ab, als er ihr erzählte, daß er ihr Onkel sei. Er tötete sie, zog die Haut ab und brachte sie zusammen mit dem Holz nach Hause. Er forderte seinen Schwiegervater auf, sich das Holz anzusehen. Der sah es, erschrak und wußte zunächst nicht, was er tun sollte.

„Schwiegersohn", sagte er dann, „geh mit mir oben auf dem Berg zur Jagd und erlege einen Hirschen." Sie gingen also nach dem Norden und mit ihnen Großer Regen (te'ilwa'rik!u), Hagel (sabilk!e'yu) und Bussard (ma'ts!k'ili'lla), die auf Pine Marten eifersüchtig waren. Der Mond hieß ihn sich setzen, während die anderen umherschwirrten und Tiere trieben. Pine Marten wollte mit dabei sein, weil er dachte, es handele sich bei den Tieren um Hirsche. In Wahrheit waren es Grizzlybären. Sobald er sie erkannte, rannte er davon, doch einer der Grizzlybären war ihm einmal so dicht auf den Fersen, daß er seine Wildledergamaschen zerriß. Den ganzen Tag rannte er. Nachmittags hörte er über sich eine Stimme: „Es fehlt nicht mehr viel, und du bist gefangen. Sag dem Baum vor dir, er solle sich öffnen, geh hinein und geh hindurch."

Das tat er. Der Bär folgte ihm, wurde aber von dem Baum eingeklemmt, als er sich wieder schloß. Pine Marten ging zurück, holte den Bären heraus und deckte ihn ab. Als er zum Haus des Mondes zurückkehrte, hing er das Fell auf. Er forderte den Mond auf, nach draußen zu kommen und sich ein Eichhörnchen anzusehen. Der Mond tat es, erblickte das Bärenfell und erschrak.

„Schwiegersohn", rief er nun, „wir wollen mit Strömendem Regen, Blauem Rennpferd (tei'wa) und dir ein Rennen veranstalten." So geschah es. Sie starteten, hielten sich südwärts und rannten eine lange Strecke. Pine Marten erschöpfte sich. Zuerst tötete er Großer Regen, indem er einen Holzscheit unter ihm herauszog, dann tötete er Blaues Rennpferd. Er brachte die Beute zurück. Vater Mond dachte, Pine Marten sei inzwischen tot, schrie aber, als er ihn sah und herausfand, was geschehen war.

„Schwiegersohn, wir werden morgen früh spielen", sagte der Hinterhältige. Als es soweit war, nahm er ein Hirschsehnenseil und ersuchte ihn, auf eine Nußkiefer zu klettern, während er sie mit dem Seil herabzöge und zurückschnellen lasse. Pine Marten sprang herab, ehe der Mond den heruntergezogenen Baum loslassen konnte. Der Mond glaubte schon, er habe ihn hoch in den Himmel geschleudert, da kam er zurück. Nun war der Mond an der Reihe hinaufzuklettern, und er tat es. Pine Marten schwang den Baum ein wenig hin und her, und der Mond sagte: „Sieh dich vor, mein Schwiegersohn, sei vorsichtig, zieh nicht so kräftig!" Pine Marten dachte bei sich: „Ich werde ihn oben befestigen." Er gab ihm einen tüchtigen Schwung und schleuderte ihn hoch in den Himmel, wo er der Mond ist.

Pine Marten sah nach oben und erblickte ihn. Der Mond sagte: „Ich soll hier nun bleiben; er hat mir einen guten Platz als Bleibe gegeben." Dann ging Pine Marten zum Haus zurück. Die alte Frau Frosch fragte ihn: „Wo ist mein Gemahl?" Pine Marten sagte: „Er wünscht dich da oben zu haben." Er brachte sie und ihre beiden Töchter zu derselben Stelle, von der aus er den alten Mann hochgeschleudert hatte und schleuderte sie und auch die beiden Mädchen nacheinander hoch. Dann kehrte er heim und erzählte den Leuten, daß er alles gut befestigt habe.

Edward Sapir: Yana Texts, in: University of California Publications in American Archaeology and Ethnology. Bd. 9, Berkeley 1910, S. 233–235.

Des Mondes grüne Froschfrau

Modoc (Nordkalifornien)

Der Mond und die Otter, erzählen die Modoc, bewohnten gemeinsam ein Haus am Ostufer des Klamath-Sees. Am Westufer aber lebten die zehn Froschschwestern, die mächtig waren, weil sie zaubern konnten. Bei ihnen lebte eine grüne Froschfrau, sie war groß und häßlich, doch besaß sie die seltene Gabe, verstorbene Menschen wieder lebendig machen zu können. Nun wollte die Otter sich zu den zehn Schwestern begeben, um bei ihnen für ihren Freund, den Mond, um eine der Schwestern zu werben. Die Otter fährt also hin und bringt alle Schwestern auf einem Boot zum Monde. Auch die grüne Froschfrau kommt mit ihnen, und gerade diese ist es, die der Mond trotz ihres unschönen Äußeren wählt. Zur Begründung seiner Wahl sagt er: „Wenn auch nur ein kleines Stück von mir im Maul des Bären übrig bleibt, wird sie mich wieder lebendig machen!" Darauf fährt der Mond gen Osten und sagt beim Abschied zu der Otter: „Du wirst mich jeden Monat sehen; ich werde immer leben und am Himmel wandern."

Die Froschfrau kann man im Monde sehen, denn der Mond führt sie an seiner Brust mit sich. Zuweilen sieht man auch ihre Kinder bei ihr liegen. Wenn nun die Sonne kommt und der Mond noch im Westen ist, wird dieser von dem „großmäuligen Volke" der Bären verschlungen, die Froschfrau aber macht ihn immer wieder lebendig.

• Jeremiah Curtin: Myths of the Modocs, Boston 1912, S. 81f., 249ff.

Die Mondfamilie (I)

Arapho (Minnesota und Wyoming)

Als die himmlische Familie, der Vater, die Mutter und ihre beiden Söhne, gemeinsam mit den Menschen auf dieser Erde lebte, lag diese noch ganz im Dunkeln, da es keine leuchtenden Himmelskörper gab. Der Vater faßte den Entschluß, mit den Seinen aufzusteigen und die Menschen unten sich selbst zu überlassen. Sie mußten dann auf der Erde ohne jegliche Anleitung bleiben, wie sie zu leben hätten, konnten sich aber fortan im Licht der Himmelssöhne bewegen.

Die himmlischen Söhne waren die Sonne und der Mond. Sie besprachen, wo sie sich eine Ehefrau suchen sollten, unter den Menschen auf der Erde oder den Tieren im Wasser. Der Mond entschied sich, zum Wasser zu gehen und sich dort zu verehelichen. Die Sonne meinte: „Ich glaube, daß eine Menschenfrau die geeignete Ehefrau für mich wäre, weil der menschliche Körper dem unsrigen ähnlich ist."

Der Mond sagte: „Das ist richtig. Es wird für uns beide das beste sein, gemeinsam vorzugehen und uns mit gleichartigen Wesen zu verbinden."

Die Sonne sagte: „Nein, ich habe gescherzt; ich wollte dich irreführen. Ich werde das tun, was du für das beste gehalten hast."

Der Mond sagte: „Also entscheide dich für meine zuerst getroffene Wahl. Such deine Frau im Wasser, und ich suche sie unter den Menschen. Du hast gesagt, daß die Erdenfrauen nicht hübsch genug sind, weil sie bei deinem Anblick immer mit den Augen blinzeln. Daher wird es wohl das beste sein, wenn ich mich dafür entscheide, was du bisher im Sinn gehabt hast, und wenn du meine anfängliche Wahl triffst."

Nordamerika

Sie begaben sich also beide zur Erde. Im Westen gab es in der Nähe eines Flusses ein Lager. Dorthin ging der Mond. Die Sonne ging in östlicher Richtung zu einem anderen Lager. Der Mond wanderte zur Biegung des Flusses, bis er in der Nähe des Lagers ankam. Er setzte sich dort unweit eines Pfades ins Gestrüpp und wartete ab. Zwei junge Frauen näherten sich. Sie waren wunderschön anzusehen, hatten langes Haar und trugen hübsche Kleider. Sobald der Mond sie kommen sah, begab er sich zu einer Pyramidenpappel, setzte sich an deren Fuß und nahm die Gestalt eines Stachelschweines an. Eine der Frauen erblickte es und rief der anderen zu: „Sieh mal, da ist ein Stachelschwein. Komm, hilf mir, es zu fangen!" Dann jagten sie es beide quer durch das Gestrüpp, ohne es fangen zu können. Schließlich kletterte das Stachelschwein auf den Baum. Der Baum hatte drei Äste, die fast bis zum Boden reichten, so daß man dort mühelos hinaufsteigen konnte. „Schnell! Es klettert hinauf, jetzt können wir es fangen", sagte die eine der beiden, nahm einen Stock zur Hand, erklomm sogleich den unteren Zweig und kletterte weiter. Das Wildschwein kletterte auf die andere Seite des Baumes und stieg höher. Als die junge Frau eine Pause einlegte, hielt auch das Wildschwein inne; sobald sie sich mit dem Stock in der Hand weiterbewegte, kletterte es weiter hinauf.

Die auf dem Boden verbliebene Frau rief zu ihrer Gefährtin hoch: „Meine Freundin, du bist schon weit oben. Willst du nicht lieber herunterkommen? Oder fürchtest du, schon zu weit oben zu sein?"

Die Angerufene blickte nach unten und stellte fest, daß sie tatsächlich schon erschreckend hoch war. Als sie noch höher stieg, konnte sie ihre Gefährtin kaum noch wahrnehmen, und als sie wieder nach oben blickte, hatte sich das Tier in einen netten jungen Mann verwandelt, der sie lächelnd betrachtete. „Nun wirf deinen Stock weg und folge mir. Ich bin gekommen, um mit dir die Ehe einzugehen. Die Frau war sehr überrascht, aber einverstanden und folgte ihm willig weiter in die Höhe. Der Baum wuchs; je weiter sie hinaufstiegen, immer mehr in die Höhe, bis sie den Himmel erreicht hatten.

Dort gelangten sie zu einem Zelt, wo des Mondes Eltern wohnten. Der junge Mann ließ seine Erkorene draußen warten, ging hinein und sagte seiner Mutter: „Komm hinter das Zelt und sieh dir deine Schwiegertochter an." Die alte Frau ging nach draußen. Sie war berückt von der Schönheit des Mädchens und hieß es hineinkommen. Das Mädchen und der Mond setzten sich auf das ihnen zugedachte Bett.

Bald kam der Sonnenmann herein. Er war aus östlicher Richtung zu dem bewußten Lager gekommen, um dort zu freien. Er sagte seiner Mutter jetzt das gleiche wie zuvor schon der Mond. Die Alte ging nach draußen und blickte sich um. Versteckt zwischen Unkraut sah sie einen Frosch hüpfen. Sie dachte, das sei ja nur ein Tier. „Ich möchte gerne wissen, wo deine Frau ist; ich kann sie nicht finden", sagte sie und rief laut: „Wo bist du?" Eine Stimme antwortete: „Hier bin ich." Es war die quakende Stimme des Frosches. Die alte Frau nahm ihn verwundert in ihr Zelt.

Der Mond sagte zu seinem älteren Bruder: „Sag, möchtest du wirklich so eine Frau haben?" Der Mond war von seiner Schwägerin, dem Frosch, nicht erbaut.

Der Sonnenmann antwortete seinem Bruder: „Ich glaube jetzt, daß du recht hattest. Die Menschenfrau, die du mitgebracht hast, ist wirklich schön."

Der Mond sagte zu seinen Eltern – der Vater war inzwischen auch hinzugekommen –: „Müssen wir hier mit der Frau in Gestalt dieses Frosches zusammenleben? Ihre Augen treten hervor, ihr Gesicht ist groß, ihre Haut ist rauh, ihr Bauch ist dick, und ihre Beine sind zu kurz." Die Froschfrau fühlte sich durch diese Worte gekränkt, hielt ihre Zunge aber im Zaum und ließ keinen Zorn erkennen. Der Mond sagte zu seiner Mutter: „Entscheide dich, wen du am liebsten magst. Gib beiden gekochte Pansen zu essen. Dann zeige mit dem Finger auf die, die beim Kauen das stärkere Geräusch verursacht."

Der Frosch hatte es gehört und nahm Holzkohle zu sich. Als dann beide um die Wette aßen, machte das schöne Mädchen beim Kauen einigen Lärm; die Froschfrau war leiser, geiferte aber, und schwarzer Speichel rann an ihren Mundwinkeln herunter. So wurde der Betrug offenbar. Viermal spöttelte der Mond über die Froschfrau. Beim vierten Male sagte sie: „Ich verzichte auf ein Leben mit deinem Bruder. Aber deine Mutter mag mich und möchte nicht, daß ich fortgehe. Daher soll mein Körper ein Teil von dir sein, solange du lebst." Der Frosch sprang hoch und ließ sich auf der Brust des Mondes nieder. Dort blieb er für immer, und aus diesem Grunde hat der Mond in der Nacht einen dunklen Fleck.

Die junge Frau aber gebar ein Kind. Es war ein Junge. Er wuchs schnell auf. Es gab viele Büffel in der Gegend, wo sie lebten, weil die Eltern und ihre Söhne diese von der Erde mitgebracht hatten. Die Menschen auf der Erde aber hungerten, so wenige Büffel waren da verblieben. Während nun in der oberen Welt der Vater mit seinen Söhnen auszog, um für das leibliche Wohl zu sorgen, ging die Frau über das Land, mal in westlicher Richtung, mal in östlicher, wo wilde Wurzeln wuchsen. Die Schwiegermutter sagte ihr: „Es gibt zweierlei, wonach du graben mußt, Hiitceni und Hianctcein. Aber grabe keine Hianctcein aus, die tot oder verwelkt sind."

Für einige Zeit beachtete die Frau diese Anweisungen. Als aber einmal der Tag zur Neige ging, entschloß sie sich, eine der verwelkten Pflanzen auszugraben. Sie hatte vier Grabstücke bei sich. Die eine davon war zur Verzierung an bestimmten Stellen angeschliffen, ihr spitzes Ende war rot angemalt. Damit grub sie die Erde rund um die Wurzel auf und lockerte sie. Sie zog diese heraus, und zu ihrer Überraschung entstand ein tiefes Loch. Sie sah hinein und erblickte die Erde, so wie sie ist, mit all ihren Zelten und Volksstämmen. „Ich frage mich, wo ich hingehöre, zum Osten oder Westen?", sagte die Frau mit ihrem kleinen Kind auf dem Rücken. Aber dann wußte sie, daß ihr Platz im Westen war. Sie brachte die Wurzel und die lockere Erde in das Loch zurück und ging nach Hause.

Da die Männer mehr Büffel erlegten, als es für die Ernährung erforderlich war, mußten sie für das Fleisch viele Verstecke anlegen. Die Eltern und ihre Schwiegertochter hatten die Aufgabe, das benötigte Fleisch zu reinigen. Nach dieser Arbeit machten sie es auf einem Strick aus Sehnen weich. Der alte Mann stellte diese Sehnenschnüre her, damit die Schwiegertochter damit arbeiten konnte. Sie zeigte ihm diejenigen, die durch den Gebrauch abgenutzt waren. Der Alte fertigte dann weitere für sie an. Schließlich glaubte die junge Frau für ihre eigenen geheimen Pläne eine genügende Anzahl von Sehnen zu haben. Als die Männer wieder auf der Jagd waren, nahm sie ihre Grabstöcke, die Sehnen und ihr Kind und ging zu der Stelle, wo sie die verdorrte Wurzel ausgegraben hatte. Dort band sie die Sehnen zusammen, riß die Wurzel heraus und hub das Loch aus. Sie grub so tief, wie ihr Körper lang war. Sie legte die Schaufeln quer über das Loch und band den Sehnenstrick in der Mitte fest. Den Strick selbst wickelte sie um ihren Körper unterhalb der Arme. Die Sehnen wurden so zweckmäßig wie nur möglich aufgerollt, ohne daß sie das Kind berührten, das sie auf dem Rücken trug. Dann stieg sie langsam in die Tiefe, indem sie den Sehnenstrick Stück für Stück abrollte. Sie gelangte so weit nach unten wie eine halbe Pyramidenpappel hoch war, konnte sich dann aber nicht weiterbewegen. Sie hatte das Ende des Sehnenstricks erreicht.

Als ihr Ehemann zurückkehrte, fragte er seine Eltern nach dem Verbleib seiner Frau. Sie berichteten ihm, daß sie losgezogen sei, um zu graben. Dann brachen die beiden Brüder auf, der Mond nach Westen und die Sonne nach Osten. Der Mond entdeckte das Loch, blickte nach unten und sah seine Frau hängen. Er ging zurück und holte einen Stein in der Größe seines Kopfes. Er trug ihn zu dem Loch. Viermal gab er dem Stein ein Zeichen und spuckte auf ihn mit den Worten: „Nicht auf meinen Jungen, aber auf meine Frau! Sobald du ihren Kopf triffst, laß den Sehnenstrick brechen!" Er ließ den Stein fallen und beobachtete, wie er auf den Kopf seiner Frau fiel. Sie wurde getroffen und stürzte auf den Erdboden hinab. Der Mann betete, daß der Junge nicht verletzt würde. Und er blieb auch unverletzt, als er mit seiner erschlagenen Mutter in der Nähe eines Flusses aufprallte.

Unter den Bäumen am Fluß stand ein Zelt, wo eine alte Frau allein wohnte. Am Tage, als das Kind abgestürzt war, sammelte sie Beeren. Auf der Suche nach einem Stein, mit dem sie die Beeren abschlagen konnte, ging sie zum Rand des Ufers, wo es felsig war. Da hörte sie in der Nähe das Kind schreien. „Was kann das sein" fragte sie sich. Sie ging weiter, und wieder hörte sie das Kind schreien. Auf der Suche nach der Ursache des herzzerreißenden Geräusches ging sie noch weiter nach Westen und wurde schließlich fündig. Da lag eine tote Frau und auf ihren geschwollenen Brüsten das kleine Kind. Es war hungrig und schrie nach Milch. „Ist das mein Enkel?" fragte sich die Alte, und dann wurde ihr bewußt: „Ja, wirklich, das ist ja mein Enkel Sternchen (*Hacocuusa*)."

Sie brachte den Jungen in ihr Zelt und zerdrückte Beeren für ihn. Damit fütterte sie ihn. Was nicht gegessen wurde, blieb im Eimer. Der Junge beobachtete, wie sie den Eimer hinten im Zelt abstellte. Die alte Frau sagte: „Mein Enkel, ich gehe jetzt los und versuche, einen Elch, Hirschen oder Büffel zu fangen." Es führten nämlich Spuren im Sand von allen Seiten her zum Zelt. Diese Fährten waren für sie lebenswichtig. Sie wies ihren Enkel an, nach draußen zu gehen und in der Nähe des Zeltes zu spielen, und sie gab ihm einen Bogen und Pfeile.

Nach einiger Zeit des Spielens wurde der Junge hungrig und ging in das Zelt, um sich den Eimer mit den Beeren vorzunehmen. Die Beeren waren aber verschwunden. Er fragte sich, was aus ihnen geworden sei, weil er doch beobachtet hatte, wie die alte Frau den vollen Eimer abgestellt hatte. Als sie dann, beladen mit Elchfleisch, zurückkehrte, ging er auf sie zu und sagte: „Großmutter, irgendjemand hat die zerdrückten Beeren aufgegessen. Als ich sie holen wollte, waren sie verschwunden."

Die alte Frau sagte: „Vielleicht sind sie durchgesickert." Der Junge gab sich damit zufrieden. Dann kochte sie Fleisch vom Rücken des Elches und gab es ihrem Enkel auf einer Holzschale zu essen. Was übrig blieb, stellte sie an derselben Stelle wie vorher die Beeren ab. Sie ging wieder nach draußen und sagte dem Jungen: „Bleib in der Nähe; ich will mir meine Fallgruben ansehen." Der Junge blieb zunächst im Zelt, ging dann aber zum Spielen nach draußen. Als er hungrig wurde, ging er nach drinnen, um das übriggebliebene Fleisch zu essen. In dem Eimer lagen aber zu seinem Erstaunen nur noch Knochen. Die Frau kam mit weiterem Fleisch zurück und hörte sich wieder an, was geschehen war, und das auch noch ein drittes Mal. Der Junge schöpfte den Verdacht, daß irgend jemand ihr Essen stahl. Als die alte Frau wieder gegangen war, legte er sich daher auf die Lauer. Als es ihm so vorkam, daß ein Fremder gekommen war, schaute er in den Eimer und entdeckte dort zu seiner größten Überraschung ein Tier. Es hatte große Augen, ein großes Maul und lange Zähne, und es fraß das gekochte Essen. „Du Scheusal bist es also, das unser Essen stiehlt, du kommst hier herein und nimmst dir, was dir nicht gehört!", sagte der Junge. Er nahm seinen Bogen und schoß, wohlwissend, wo es tödlich war, genau auf die weiche Stelle neben dem Schlüsselbein. Das Monster war tot. „Nun hab ich dich", sagte er.

Die alte Frau kehrte mit dem Fleisch zurück, das sie ergattert hatte. „Großmutter, ich habe den Dieb unseres Essens getötet", sagte ihr der Junge nicht ohne Stolz.

„Ja? Das wundert mich aber!", sagte die Großmutter. „Wo ist er?"

„Dort liegt er."

Sie blickte starr in die angegebene Richtung, sagte nichts und ging bekümmert zur Rückseite des Zeltes. Der Junge, der seinen Bogen noch in der Hand hielt, betrachtete sie aus der Nähe. „Weinst du?", fragte er.

„Nein, mein Enkel, ich schwitze; ich habe nicht geweint", wehrte sie ab. Sie ging nach draußen und ließ den Jungen zurück.

Als sie zurückkehrte, waren ihre Beine voller Kratzer und blutbefleckt, ebenso ihre Arme. „Was ist mit deinen Beinen und Armen los? Du hast dich ja geschnitten!", sagte der Junge.

„Nein, mein Enkel, ich bin durch ein Dickicht mit Dornen gegangen und verletzt worden; deswegen blute ich", sagte sie. Sie ging wieder nach draußen und zog in die Prärie.

Der Junge grübelte vor sich hin und kam auf den Gedanken, das Monster könne ihr Mann gewesen sein. Denn es hatte ganz den Anschein, daß es sich so verhielt. Als sie aus der Prärie zurückkehrte, machte sie einen tief betrübten Eindruck. „Großmutter, du bist ja so traurig", fragte der Junge, „bist du denn die Frau dieses Tieres gewesen?"

„Ja, mein Enkel, das war mein Mann."

„Wenn du es mir doch gesagt hättest, hätte ich es nicht getan. Nie hätte ich es getötet." Was er getan hatte, tat ihm nun leid. Einige Zeit wohnte er noch bei der Großmutter und half. Dann erklärte er ihr: „Ich will jetzt fortgehen. Wo ist das Lager, in das ich gehöre? Meine Mutter stammte von dieser Erde, und ich möchte meine anderen Verwandten wiederfinden. Ich bin ja der Sohn des Mondes und der Enkel von dessen Eltern da oben."

Sie sagte ihm: „Gen Westen findest du das Lager, wo die Deinen leben."

Er machte sich auf den Weg. Er kam zu einem kahlen Hügel und wollte sich ausruhen. Er entdeckte dort aber schlafende Schlangen, die ihre Köpfe aus dem Boden herausragen ließen. „Da bin ich aber an den falschesten Platz geraten, um mich auszuruhen", dachte Sternchen. Mit seinem Bogen zielte er auf die Köpfe der Schlangen, von denen viele getötet wurden. Eine erwachte rechtzeitig genug, um zu erkennen, was Sternchen anrichtete, und schrie: „Wacht auf, das verrückte Sternchen tötet uns. Schnell, rettet euch!" – Dann wandte sie sich dem Bogenschützen zu: „Sternchen, ich werde dich töten. Ich werde dich verfolgen. Es wird keinen Ort mehr geben, wo du vor mir sicher bist, weder bei Tage, noch in der Nacht. Du wirst gewiß einmal müde werden und sicher irgendwann einmal schlafen. Dann werde ich dich überrumpeln!"

Dann sprach Sternchen zu seinem Bogen: „Wann immer ich schlafe, werde ich dich griffbereit neben mir haben und aufrecht auf dem Boden stehen. Sollte ich einmal zu lange schlafen, so wecke mich, indem du auf meinen Kopf fällst!" Dann ging er von dort fort. Er gelangte zu dem Lager seiner Verwandten. Denen war es bewußt, daß er Sternchen war. Er hielt sich aber nicht lange bei ihnen auf. Er sagte, daß er etwas angerichtet habe und daß er deswegen versuchen müsse zu flüchten. Er zog also weiter.

Schließlich wählte er einen Ruheplatz und schlief ein. Der Bogen fiel auf seinen Kopf und weckte ihn; die Schlange hatte ihn jedoch bereits in ihrer Gewalt. Sie sagte: „Ich werde dich später fangen. Du kannst mir nicht entfliehen." Sie lauerte ihm ständig von hinten auf. Er konnte sich aber mit Hilfe seines Bogens noch recht weit bewegen. Nachts legte er sich schlafen. Der Bogen fiel herunter. Wieder näherte sich ihm die Schlange und sagte: „Du kannst mir nicht entkommen; es gibt kein Loch, durch das du entweichen könntest. Irgendwann wirst du einmal übermüdet sein und tief schlafen." Die Schlange kam dann ein drittes Mal zu ihm, als er erwachte. Beim vierten Mal war er so müde, daß er behaglich weiterschlief, als der Bogen auf ihn fiel. „Da hab ich dich ja endlich!", freute sich die Schlange. Sie schlich in seinen After hinein und kroch unter dem Rückgrat entlang in seinen Schädel und rollte sich in seinem Gehirn zusammen.

Der Junge lag auf dem Boden aufgerollt wie eine Schlange im Schlaf. Er behielt die Schlange im Kopf, auch als er verweste. Viele Tage und Monate lag er so herum, bis nur noch wenig mehr als das Skelett von ihm übriggeblieben war. Während der ganzen Dauer dieser Bedrängnis erbat er keinerlei Hilfe von seinen himmlischen Verwandten, obwohl die viel Macht besaßen. Erst als keine Sehne mehr auf seinen Knochen zurückgeblieben war, begann er seinem Großvater Vorwürfe zu machen. „Ich dachte, ich gehöre zu deiner Familie", sagte sein Geist und meinte damit seine Großeltern und seinen Vater, den Froschträger. „Hier liege ich hilflos und bestehe nur noch aus Knochen. Willst du jetzt meine Bitte erfüllen?" Alles, was er sprach, wurde gehört. „Wenn ich wirklich der Enkel meiner Großeltern bin, laßt es einmal so stark regnen, daß alle Steine durchweicht sind. Nach dem Regen laßt es so heiß wie Feuer sein. Laßt es dann so heiß sein, wie es jemandem vorkommt, der in loderndem Feuer herumstochert."

Als er das gesagt hatte, kamen Wolken auf, und bald begann es zu regnen. Der Regen strömte so heftig, daß die Steine das Wasser aufsogen. Dann verzogen sich die Wolken, und die Sonne verbreitete sengende Hitze. Die Schlange fühlte es und begann sich zu bewegen. Es wurde für sie so unerträglich, daß sie im Begriff war aufzutauchen. Da setzte sich Sternchen, in den Lebenssaft und Lebenskraft zurückkehrten, aufrecht hin und erwartete mit offenem Mund das weitere. Die Sonnenhitze wurde noch größer. Da streckte die Schlange ihren Kopf aus seinem Mund heraus. Blitzschnell ergriff der Junge diese mit der linken Hand und zog sie aus sich heraus. Er hielt sie ganz fest und sagte ihr: „Das ist es, wozu ich fähig bin. Was soll ich jetzt mit dir machen? Wäre es nicht am gescheitesten, dich zu töten? Nun, ich tue es nicht. Aber du sollst auf dem Boden bleiben. Du wirst keine Beine haben und nicht unter Menschen leben. Sollten Menschen dich zufällig treffen, so werden sie dich töten."

„Ist gut", meinte die Schlange, „weil du dich meiner erbarmst, werde ich dir meinen Körper geben. Ich werde dir helfen. Du wirst dein Leben lang immer dort hinkommen, wo du hinstrebst, so wie ich niemals müde wurde, bis ich an dich herangekommen war. Ich werde dir ein Leben lang helfen. Aber wenn ich schlafe und du dich gegen mich erhebst, werde ich dich beißen und töten."

Sternchen beging einen großen Fehler, indem er die Schlange nicht anwies, keinen Menschen zu beißen. Sternchen zeigte der Schlange seinen Bogen. Die Schlange sagte: „Nimm meinen Körper und hafte ihn dem Bogen an." An dem Bogen hingen bereits die Überreste einer Schwalbe an dem einen Ende, eines Rotkehlhüttensängers an dem anderen Ende und eines Eisvogels in der Mitte. Auch die Federn vom Adler, Specht, Präriehuhn, einer Krähe, einer Elster und sonstiger Vögel waren an dem Bogen befestigt. Nun kamen weißbemalte Beeren, aufgereiht wie Perlen an der Schnur, hinzu, die den Köper der Schlange darstellten. Sternchen sagte: „Das obere Ende weist zum Himmel; es gehört der Menschheit. Du bist am unteren Ende, der Erde."

Sie trennten sich; die Schlange verkroch sich im Boden, und er zog mit dem Bogen seines Weges. Er kam in das Lager zurück und hielt nach dem Zelt der alten Frau Ausschau. Er fand es, hängte den Bogen an einem Baum hinter dem Zelt auf und ging dann hinein zur alten Frau. „Da bin ich aber überrascht! Du bist lange weggewesen. Was hast du denn gemacht?", fragte sie verwundert.

Sternchen sagte: „Ich wäre durch eine Schlange fast getötet worden. Ich habe viele Monate lang auf dem Boden gelegen. Nun ist es wohl das beste, euch Menschen zu verlassen, weil ich weiß, daß ich doch immer wieder etwas anstellen werde und damit irgend jemandem Unrecht zufüge."

Darauf sagte die Alte: „Du hättest deine Großeltern fragen sollen, ehe du dich dazu hinreißen ließest, den Schlangen etwas anzutun. Geh jetzt zu deinen Großeltern und zu deinem Vater. Halte genau die Richtung ein und gehe unmittelbar zu ihnen hin. Ja, du würdest klug handeln, wenn du zu ihnen gehst."

„Ist in Ordnung", sagte Sternchen. Er verließ das Zelt und wollte zu seinem Bogen gehen. Es war dunkel. Er traf einen jungen Mann und sprach ihn an: „Komm mit mir! Ich will dir zeigen, was mein eigen ist." Der junge Mann folgte ihm zu dem Baum, wo er seinen Bogen zurückgelassen hatte. Er nahm ihn herunter und ließ den jungen Mann alles sehen, was er daran befestigt hatte, und erklärte auch die Bedeutung von allem. Dann sagte er: „Den werde ich dir überlassen, dir und allen Menschen. Er wird dich leiten: Er enthält die Geschenke des Vaters: Erde, Tiere, Menschen, Flüsse, Wälder, alles, was unter der Erde ist, und alles, was atmet. Ihr werdet in der Zukunft einmal angegriffen werden – das wird dann deine Waffe sein. Alle Waffen werden nach diesem Muster hier angefertigt werden. Nun will ich dir zeigen, welche Kraft in dem Bogen steckt. Mit seiner Hilfe werde ich aufsteigen." Er hielt den Bogen in der rechten Hand und gab ein Zeichen; dann nahm er ihn in die linke und machte das gleiche Zeichen; noch einmal nahm er ihn in die rechte und dann wieder in die linke Hand. Beim fünften Male spannte er ihn in der Mitte, wobei sich alle Federn darauf bewegten. Dann übergab er ihn dem jungen Mann. Er selbst aber stieg zum Himmel auf und wurde ein Stern.

- George A. Dorsey, Alfred L. Kroeber: Traditions of the Arapho, in: Publication 81. Field Columbian Museum, Anthropological Series, Bd. 5 (1903), S. 332–336.

Nordamerika

Die Mondfamilie (II)

Gros Ventre (Montana, Saskatchewan)

Sonne und Mond waren verschiedener Ansicht über die Frauen. Mond sagte: „Die Frauen außerhalb des Wassers und Gestrüpps, genannt Menschen, sind da unten die hübschesten."

Sonne widersprach: „Nein, das sind sie nicht. Wann immer sie zu mir aufsehen, schneiden sie mir Grimassen. Sie sind nicht hübsch; sie sind die häßlichsten Frauen der Welt. Die Frauen im Wasser sind die schönsten. Wenn sie zu mir aufsehen, dann ist es so, als ob sie ihre eigenen Leute ansähen. Meiner Meinung nach sind sie die schönsten Frauen auf Erden." Er meinte damit die Frösche.

Mond sagte: „Du meinst, der Frosch sei eine schöne Frau? Was die Frauen angeht, so hast du zweifellos einen schlechten Geschmack. Die Froschfrau hat schlaksige Beine. Sie ist grün, mit Flecken auf ihrem Rücken und großen, klumpigen Augen. Ich kann mir nicht vorstellen, daß so eine hübsch ist."

Sonne sagte: „Gut, wetteifern wir also. Sobald ich soweit bin, mache ich mich zur Erde auf, hole eine Froschfrau und hole sie herauf, damit sie meine Frau wird."

„Sehr gut", meinte der Mond.

Sonne gewann die Froschfrau ohne jede Schwierigkeit und brachte sie nachts nach oben zum Zelt seiner Mutter. Die Froschfrau hüpfte. Bei jedem Sprung ließ sie Wasser.

Da fragte seine Mutter: „Was für ein lächerliches Ding ist denn das?"

Er antwortete: „Sei still, Mutter. Das ist deine Schwiegertochter."

Seine Mutter sagte nichts mehr. Während der Nacht schien der Mond und suchte sich eine Erdenfrau. Frühmorgens zog er dann los und begab sich zur Erde. Die von ihm erwählte Frau hatte in dieser Nacht nicht schlafen könne. Sie war voller Unruhe und wußte nicht, warum. Sehr unzufrieden stand sie frühmorgens auf. Sie ergriff ungegerbtes Leder und forderte ihre Schwägerin auf, mit ihr in den Wald zu gehen. Sie gingen also los. Als sie sich unter den Bäumen befanden, erblickten sie ein Stachelschwein. Die Frau sprach: „Ich will dieses Stachelschwein töten, weil ich die Stacheln für die Stickerei verwenden möchte." Sie verfolgte es, und als das Stachelschwein auf einen Baum kletterte, kletterte sie hinterher. Das Stachelschwein kletterte weiter. Mehrere Male konnte sie es fast berühren. Wenn sie eine Pause einlegte, dann ruhte es sich ganz dicht darüber auch aus. So ging das weiter, bis sie den Himmel erreichten. Der Baum ragte in ein Loch des Himmels hinein, und das Stachelschwein stieg dort hindurch. Sobald die Frau ihm nachgefolgt war, sah sie nahebei einen jungen Mann stehen. Er sagte ihr: „Laßt uns zum Zelt meiner Mutter gehen."

Sie gingen also zum Zelt. Dort angekommen, ging er ins Zelt hinein und ließ die junge Frau draußen warten. Seiner Mutter sagte er: „Bitte doch deine Schwiegertochter herein!"

Die Mutter ging nach draußen und rief sogleich voller Freude: „Oh, was für eine gutaussehende Schwiegertochter! Komm herein!"

Das Mädchen trat also ein. Die Froschfrau saß neben ihrem Sonnenmann, und die junge Frau nahm beim Mondmann Platz. Die Mutter hatte nun zwei Schwiegertöchter, die ihr helfen konnten. Die junge Frau tat auch viel für sie, die Froschfrau aber nur wenig. Sobald sie irgendwohin geschickt wurde, hüpfte sie gemächlich davon. Das war ein Anblick, bei dem sich die Schwiegermutter erschrecken konnte. Die Alte kochte dann eines Tages einen dicken Schmerbauch. Nach dem Kochen hackte sie den in zwei Teile und reichte sie der einen wie der anderen Schwiegertochter zum Essen. „Laßt es euch schmecken!", sagte sie. Wer von euch am lautesten kauen kann, soll meine Lieblingsschwiegertochter sein." Die junge Frau war natürlich die bessere, weil sie gute Zähne hatte. Sie schmatzte laut. Die Froschfrau kaute nicht den Schmerbauch, sondern nahm heimlich ein Stück Holzkohle zu sich. Beim Kauen rann ihr geschwärzter Speichel beiderseits ihres Mundes herab.

Der Mond mochte seine Schwägerin nicht leiden. Als sie wieder einmal einen Botengang machen sollte, sagte er: „Wohin die Froschfrau auch geht, immer hüpft sie nur und läßt Wasser. Frosch, du solltest dich überhaupt nicht mehr bewegen. Denn wo du auch hingehst, hinterläßt du Harn, du Schmutzfink!" Da war Sonne mit seiner Geduld am Ende. Er packte die Froschfrau und warf sie dem Mond ins Gesicht. „Weil du sie nicht magst, soll sie nun für immer auf deinem Gesicht kleben bleiben." Das ist auch der Grund, warum der Mond schwarze Flecken hat.

Dann nahm sich Sonne zum Ausgleich die Frau des Mondes. Diese aber hatte bereits einen Sohn vom Mond. Der Sohn war schon in dem Alter, wo er sprechen konnte. Die Frau fühlte sich in der Himmelsheimat nicht wohl. Immer wenn ihr neuer Gemahl auf der Jagd war, ging sie hinaus auf die Prärie und weinte vor Einsamkeit. Eines Tages fand sie das Loch wieder, durch das sie der Mond in den Himmel geführt hatte. Als sie hinunterblickte, sah sie die Menschen und alles, was sie vermißte. Sie ging zurück in ihr Zelt.

Als ihr Mann wieder einmal auf die Jagd ging, bat sie ihn, ihr alle Sehnen eines Büffels mitzubringen. Er tat es, vergaß aber eine der Sehnen. Sobald er wieder auf der Jagd war, ging die Frau hinaus auf die Prärie und begann die Sehnen zu einem langen Faden zu knüpfen. Als sie diesen fertiggestellt hatte, ließ sie ihn auf einem der Hügel liegen und ging zurück. Wieder ging ihr Mann auf die Jagd. Sobald er gegangen war, machte sie sich auf den Weg zu der Stelle mit dem Loch. Sie versuchte mehrmals, ihren Jungen zurückzulassen; er flehte jedoch: „Bitte, Mutter, laß mich nicht allein zurück! Nimm mich mit!" Da nahm sie ihn mit. Sie befestigte das Sehnenseil an einem Stock und band das andere Ende um ihre Brust. Dann stieg sie Stück für Stück mit ihren Händen hinab. Als sie das Ende des Seiles erreicht hatte, fehlte bis zum Ende nicht mehr als die Höhe eines Zeltes. Hilflos hing sie da mit ihrem Sohn und konnte sich nicht befreien, da sie kein Messer bei sich hatte.

Als ihr Mann, die Sonne, sie bei ihrer Rückkehr ins Zelt vermißte, blickte er sich überall um. Schließlich gelangte er zu dem Loch. Dann sah er, wie seine Frau tief unten baumelte. Er nahm einen Stein zur Hand. Er spuckte auf ihn und sagte: „Wenn ich dich fallen lasse, dann falle genau auf den Kopf der Frau, berühre aber nicht den Jungen." Er warf den Stein, und der tötete die Frau. Das Seil riß, und sie fiel auf den Boden. Der Junge blieb dicht bei seiner Mutter. Auch als sie verwest war und allein ihr Skelett übriggeblieben war, spielte er dort. Es gab in der Nähe ein Feld, und Nacht für Nacht zog er dorthin um zu stehlen. Das Feld gehörte einer alten Frau. Da immer wieder etwas von dem fehlte, was sie dort angebaut hatte, legte sie sich eines Tages auf die Lauer. Da faßte sie den Jungen. Sie hatte eine Eingebung und fragte ihn freundlich: „Bist du es, mein Enkel Mondkind?"

„Ja, Großmutter, das bin ich", war die Antwort.

„Komm und wohne bei mir im Zelt", sagte sie dann, „du kannst mir da behilflich sein."

Der Junge ging mit und wohnte bei ihr, doch immer wenn er draußen war, sprach er mit seinem Vater im Himmel. Er ging gelegentlich etwas weiter vom Zelt weg. Eines Tages warnte ihn die alte Frau: „Geh nicht in diese Richtung dort. Gehst du dort weiter, so gelangst du zu einem Zelt, in dem sich lauter hübsche Mädchen aufhalten. Sobald sie dich sehen, werden sie dich in ihr Zelt einladen. Du kannst dem nicht widerstehen, weil sie sehr schön sind."

Der Junge war erstaunt, daß ihm das verwehrt sein sollte. Statt den Rat der Großmutter zu befolgen, entschloß er sich, nach dem Zelt Ausschau zu halten und zu erkunden, was es damit auf sich hat. Er ging in die angegebene Richtung und entdeckte wirklich sehr schöne Mädchen, die außerhalb ihres Zeltes spielten.

Sobald sie ihn gewahr wurden, fragten sie: „Bist du es, Mondkind?" Er bejahte es, und sie forderten ihn auf, mit ihnen zu spielen. „Du bist schön", sagte das eine der Mädchen, „wenn du magst, kannst du eine von uns auswählen und zu deiner Frau machen."

Der Junge ging zu ihnen hin. Er las einen flachen Stein auf und versteckte ihn unsichtbar in seinem Wams. Als er zum Zelt kam, preßten sich die Mädchen der Reihe nach an ihn, küßten ihn und umarmten ihn; und jede, die ihn berührte, sagte: „Mach mich zu deiner Frau!" Später legten sie sich hin, und eine von ihnen sagte: „Sei doch so nett und erzähle uns Märchen."

Der Junge antwortete: „Gut, aber wenn ich Märchen erzähle, müßt ihr euch alle mit dem Gesicht dem Feuer zuwenden."

Die Mädchen legten sich dann so, wie er es gesagt hatte, hin, und er begann Märchen zu erzählen. Er zog den flachen Stein hervor und setzte sich darauf. Eines der Mädchen verwandelte sich in eine Schlange und kroch in den Boden. Während er Märchen erzählte, fühlte er, wie die Schlange sich bemühte, in seinen Körper hineinzukriechen, dabei aber ihren Kopf an dem Stein zerbrach. Trotz allem fuhr er fort, Märchen zu erzählen, bis all die anderen Mädchen eingeschlafen waren. Ihre Köpfe hingen auf den Holzscheiten rund um das Feuer. Er zückte sein Messer und begann, während er weiter erzählte, einem Mädchen nach dem anderen den Kopf abzuschneiden. Als er sich gerade an die letzte heranmachen wollte, verwandelte sie sich in eine Schlange und kroch in den Boden. Dabei sagte sie: „Eines Tages wird es dich ereilen. Du kannst nicht immer auf einem Stein sitzen. Irgendwo fange ich dich."

Der Junge antwortete: „Du wirst unten leben." Dann kehrte er, der Schlangentöter, zu seiner Großmutter zurück. Sie riet ihm, die Gegend genau im Auge zu behalten. Er tat es, und während er dort beobachtend herumging, entdeckte er ein Zelt, vor dem eine alte Frau stand. „Bist du es, Mondkind?", wollte sie wissen.

„Ja, das bin ich", antwortete er.

„Willst du nicht hereinkommen und etwas zu essen haben?", fragte sie.

„Ja, gut, ich komme zu dir", sagte er. Er ging mit ihr in das Zelt, und sie gab ihm zu essen. Der Junge merkte, daß sie das, was sie ihm zu essen gab, auf dem Feld seiner Großmutter gestohlen hatte. Während er aß, begann sie Holz ins Feuer zu legen. Die Flammen schlugen empor, und sie sagte: „Mit allen, die mich besuchen, pflege ich nach dem Essen einen Ringkampf zu machen." Sie rangen also miteinander. Als sie glaubte, daß er außer Atem geriet, stieß sie ihn in Richtung des Feuers. Es gelang ihm aber, sich zur Seite zu drehen. Dann fuhren sie fort, sich gegen das Feuer zu stoßen. Schließlich verließen die alte Frau die Kräfte, und er warf sie ins Feuer. Er hielt sie dort fest, bis sie vom Feuer verzehrt war.

Bei alledem vergaß der Junge niemals, was die Schlange ihm angedroht hatte. Wenn er sich schlafen legte, stellte er einen Pfeil in der Nähe seines Kopfes auf und sagte zu ihm: „Sollte die Schlange kommen, so falle auf meinen Kopf!" Tatsächlich kam die Schlange, der Pfeil fiel auf ihn, er wachte auf und erhob sich. In einer Nacht, als er sehr müde war, steckte er den Pfeil etwas zu tief in den Boden und legte sich schlafen. Die Schlange kam und bewegte sich zu der Stelle, wo er schlief. Der Pfeil versuchte zu fallen, und das mehrere Male, vermochte es aber nicht. Die Schlange kam immer näher. Dann stürzte sie los und schoß in den After des Jungen hinein. Sie sagte: „So, nun habe ich dich schließlich gekriegt. Du glaubtest wohl, daß ich dich niemals fangen könnte. Nun ist es mit deinem Leben vorbei."

„Nein, sterben werde ich nicht", antwortete der Junge. „Du wirst hungrig werden oder erschöpft sein und mich wieder verlassen."

Die Schlange in seinem Körper aber sagte: „Nein, ich werde in dir bleiben, bis du tot bist!"

Der Junge widersprach: „Nein, das wirst du nicht! Du wirst noch vor meinem Tode herauskommen." Der Junge lebte einige Zeit mit der Schlange im Leibe. Dann starb er. Die Schlange blieb auch dann noch in ihm, sogar dann noch, als von ihm nur noch das Skelett übriggeblieben war. So blieb er dort liegen.

Schließlich war der Junge es überdrüssig, so lange auf dem Boden zu liegen. Er sprach zu seinem Vater, der sich schon seit einiger Zeit wunderte, wo er wohl geblieben sei: „Tu etwas für mich. Ich mag hier nicht mehr liegen." Dann sandte der Mond einen kalten Regen zu ihm. Die Schlange kroch unter den Knochen hervor, um sich eine schützende Überdachung zu suchen. Der Junge erhob sich, sobald sie ihn verlassen hatte, so lebendig wie er zuvor gewesen war. Er fing die Schlange und zerschlug sie in Stücke. Er sagte: „Du dachtest, du hättest mich getötet. Da hast du dich getäuscht. Statt mich zu töten, bist du nun selbst tot!"

Zugleich mit dem Jungen war auch seine Mutter wieder lebendig aufgestanden.

* Alfred L. Kroeber: Gros Ventre Myths and Tales, in: Anthropological Papers of the American Museum of Natural History, Bd. 1, Teil 3 (1907), S. 90–94.

Das Auge des Kaninchens

Sioux (Südliches Kanada, mittlere USA)

Alle Stämme der großen Sprachfamilie der Sioux wissen von den Mißgeschicken und heldenhaften Taten der „vier Unsterblichen" zu erzählen. Dazu zählen erstens das Ungeheuer (*Wah-reh-ksau-kee-ka*), zweitens der Gauner (*Unktomi*), der sich selbst zum Narren macht, drittens die Schildkröte und viertens das Kaninchen. Der Gauner ist auch unter dem Namen Blase bekannt, was darauf hindeutet, daß sein Körper mit Luft vollgeblasen ist. Das Ungeheuer und Blase waren Zwillinge und Söhne der Schildkröte.

Blase verfolgte seinen Bruder durch die ganze Welt, um ihn zu erschlagen, denn sein Körper war aus Stein und hatte den Tod der Mutter bewirkt. Schließlich kam es zu einem heftigen Zweikampf. Das Ungeheuer schlug den Kopf von Blase mit solcher Gewalt ab, daß er bis in den göttlichen Bereich hinaufflog. Dort fragte er: „Soll ich meinen Gegner töten?" Da er keine Antwort erhielt, fiel er auf den Hals, zu dem er gehörte, und wurde mit ihm wieder vereinigt. Dann schlug Blase seinerseits dem Ungeheuer den Kopf ab, und es wiederholte sich genau das, was sich zuvor mit dem Kopf von Blase ereignet hatte. In dieser Weise ging der Kampf in der Art eines Ballspieles weiter. Schließlich zeigte Blase als erster Zeichen der Erschöpfung und erbat die Erlaubnis, beim vierten Male seinen Gegner zu töten. Es wurde genehmigt, und nachdem der Kopf des Ungeheuers in die Höhe flog, zog Blase dessen Rumpf zur Seite. Der Kopf konnte nun nicht mehr auf die gewünschte Stelle fallen, prallte zurück, nahm die Gestalt der Sonne an und fliegt bis zum heutigen Tage hin und her.

Blase erfreute sich bald vieler Geschwister; acht Brüder waren sie an der Zahl. Sechs von ihnen wurden gefangen, erschlagen, abgedeckt, gegessen, und ihre Haut wurde mit Luft aufgeblasen. Man sieht sie seither als Sterne. – Der jüngste wurde auch gefangen, aber nicht erschlagen. Er wurde zum Morgenstern. Eingeweihte wissen, daß Blase das Himmelszelt ist, dessen innere Oberfläche wir sehen. Sie wissen auch, daß ihr Vater, die Schildkröte, die Erde ist und daß wir deren gepanzerten Rücken bewohnen. Das Ungeheuer aber ist der Stammvater des Menschengeschlechts.

Der vierte Unsterbliche, das Kaninchen, ist der Sohn Blases, also des Himmels, und folglich der Neffe der Sonne. Eines Tages begegnete es seinem Vater, der auf der Jagd war. Er warf immer das eine seiner Augen in die Höhe der Baumspitzen, um nach Wild Ausschau zu halten. Er lehrte das Kaninchen, genauso zu verfahren, und wies ihn an, die Augen zu wechseln, sobald das eine viermal benutzt worden sei. Unglücklicherweise berücksichtigte das arme Kaninchen nicht den ersten Wurf, der, wie es dachte, nur eine Probe gewesen war. So gelang es ihm nicht, sein Auge zurückzuerhalten, nachdem es ein fünftes Mal geworfen worden war. – Eingeweihte wissen, daß das Auge des Kaninchens der Mond ist und daß die Gestalt, die wir auf dem Antlitz des Vollmondes sehen, die Spiegelung des Kaninchens in seinem eigenen Auge ist, so wie wir uns im Auge eines Freundes, wenn wir es aus der Nähe betrachten, gespiegelt sehen.

Das Kaninchen wohnt in einem Häuschen zusammen mit seiner Großmutter Maja, der Mutter der indianischen Rasse. Indianische Frauen sind ihre Töchter und alle indianischen Männer ihre Söhne; daher weist sie das Kaninchen darauf hin, daß alle indianischen Frauen seine Mütter seien und es angehalten sei, allen indianischen Männern zu helfen, die es sozusagen als Brüder seiner Mutter, als Onkel anzusehen habe. Das ist der Grund, warum das Kaninchen immer als Freund der Indianer in Erscheinung tritt.

- Louis L. Mecker: Siouan Mythological Tales, in: Journal of American Folk-Lore, Bd. 14 (1901), S. 161–164, Bd. 5 (1892), S. 293 Gekürzt.

Fingerfertigkeit

Ponka (Dakota)

Tim Potter beziehungsweise Großer Grizzlybär erzählte dereinst von den wundersamen Künsten der Ponka zwei durchaus glaubwürdige Geschichten.

Einmal, als die Ponka Hunger litten, sagte Büffeltier, der Vater von Grizzlybärs Ohr: „Ich werde mich der Magie bedienen." Seine Frau antwortete: „Bitte, tu es." Er schüttete einen etwa zwei Fuß hohen Haufen Erde auf und schoß dort vier Pfeile hinein. Ein großer Hirsch wurde dann erlegt, und alle hatten reichlich zu essen.

Aber die Ponka vermögen noch mehr. Eines Tages sagte nämlich Peitsche, ein Oberhäuptling: „Ich werde jetzt darangehen, die Sonne blau zu machen." Und er tat es. Dann sagte er: „Ich werde jetzt dem Mann im Mond einige seiner Haare ausreißen." Er hielt seine Hände auf, um zu zeigen, daß sich darin kein Haar befand. Dann fing er an zu singen. Auf einmal hatte er in jeder Hand einige blutige Haare. Es gab eine Menge Augenzeugen dieses Geschehens.

- J. Owen Dorsey: Ponka Stories, told by Tim Potter, or Big Grizzly Bear, in 1872, in: Journal of American Folk-Lore, Bd. 1 (1888), S. 73.

Einsamer Vogel

Chippewa
(Nördliche USA, an den Großen Seen)

In längst vergangenen Zeiten lebte am Ufer des Großen Wassers ein Chippewa-Mädchen namens Einsamer Vogel. Es war die einzige Tochter von Adlerweibchen und Morgendämmerung. Und keine Jungfrau im ganzen Stamm war so stolz und stark wie sie. Aus allen Chippewa-Lagern kamen tapfere junge Krieger und warben um ihre Gunst. Sie aber betrachtete alle Freier nur mit kühlem Blick. Vergebens sangen sie von ihren kühnen Taten auf der Jagd und im Krieg.

Das Mädchen hat ein Herz von Eis, so sagten sie.

Der Vater versuchte, das Herz seiner Tochter zu erwärmen. Er pries die Tugenden derer, die er kannte; er sagte ihr, daß kein anderes Mädchen die Auswahl unter einer so edlen Schar von Bewerbern hätte.

Einsamer Vogel aber ergriff seine Hand und sagte lächelnd: „Habe ich nicht die Liebe meiner Eltern? Welchen Grund hätte ich zu heiraten?"

Morgendämmerung gab keine Antwort. Er verstand seine Tochter nicht. Wie hätte er sie auch verstehen sollen? Am nächsten Tag ging er und rief die jungen Krieger seines Stammes zusammen. Er erzählte ihnen seinen Plan.

„Alle, die meine Tochter zu ihrer Squaw machen wollen, sollen sich am Ufer versammeln und um die Wette laufen. Der schnellste Läufer soll sie als Preis erringen."

Freude erfüllte die Herzen der jungen Männer bei diesen Worten. Eifrig machten sich alle zum Rennen bereit, und jeder hoffte, sein Fuß möge so leicht sein wie der des fliehenden Hirsches.

Die Nachricht von diesem Rennen verbreitete sich in allen Lagern der Chippewa, und von nah und fern zogen die Krieger herbei. Am Morgen des Rennens versammelte sich eine große Menschenmenge am Ufer.

Nordamerika

Die Alten, die bei dem Rennen als Richter wirken sollten, gingen mit gewichtiger Miene umher. Stolze Mütter wollten die künftigen Bräute ihrer Söhne begutachten. Väter suchten Söhne, die ihrer Töchter würdig wären. Töchter wollten die jungen Krieger sehen und von ihnen gesehen werden. Und natürlich waren die jungen Krieger da, herrlich bemalt und mit den Federn des Adlers und des Truthahns geschmückt.

Nur eine junge Frau des Stammes fehlte – Einsamer Vogel. Sie saß vor dem Zelt ihrer Eltern und weinte.

Als alles zum Rennen bereit war, stellten sich die Krieger in einer Reihe auf. Bronzene Muskeln spielten in der Sonne, und Herzen dröhnten wie Kriegstrommeln. Auf ein Zeichen hin liefen alle zusammen los.

Bald setzten sich zwei Läufer von der Meute der Verfolger ab. Es waren Gespannter Bogen und Hirschjäger. Beide liebten Einsamen Vogel schon seit vielen Monden. Jeder war leichtfüßig wie ein Hirsch und schnell wie der Wind. Keiner konnte den anderen besiegen, und am Ziel konnten die Richter nicht sagen, wer Sieger geworden war. Also liefen Gespannter Bogen und Hirschjäger noch einmal. Und wieder kamen sie Seite an Seite ans Ziel. Ein drittes Mal rannten sie, und noch immer gab es keinen Sieger.

„Laßt sie im Weitsprung gegeneinander antreten", sagte einer. Aber auch im Weitsprung konnte keiner den anderen besiegen.

„Laßt sie ihre Fähigkeiten als Jäger beweisen", bestimmten die Alten. So machten sich Gespannter Bogen und Hirschjäger am nächsten Morgen mit dem ersten Tageslicht auf in die große Ebene. Und jeder von ihnen brachte die Felle von zehn Bären und zwanzig Wölfen zurück.

Die Alten flüsterten unter sich, und ein Raunen ging durch den ganzen Stamm. Es war klar, daß der Gute Geist seine Hand im Spiel hatte. Betrübt ging Morgendämmerung heim zu seiner Tochter. Da saß Einsamer Vogel mit gebeugtem Haupt, die Augen rot vom Weinen, mit zitternden Händen und Knöcheln, die weiß waren vor Anspannung. Sein Herz war gerührt, denn er liebte sein einziges Kind zärtlich.

Er hob das gramvolle Gesicht zu sich empor und sagte sanft: „Weine nicht, meine Tochter. Jeder Mann muß eine Frau, jede Frau einen Mann haben."

„Lieber Vater", antwortete sie, „was aber, wenn das für mich nicht gilt?"

Traurig ging er zu den alten Männern zurück, die noch immer am See versammelt waren.

„Das Rennen ist zu Ende", sagte er. „Gespannter Bogen und Hirschjäger haben ihre Sache gut gemacht, aber es scheint, der Gute Geist ist nicht mit unserem Plan. Meine Tochter wird unverheiratet bleiben."

Und so kehrten die Krieger enttäuscht in ihre Lager zurück.

Viele Sommer vergingen. Herbstblätter fielen, kalte Winterwinde bliesen über den See. Einmal im Frühling, als der Schnee zu schmelzen begann, begab sich Morgendämmerung zum Ahornsirup-Hügel, um den Saft der Ahornbäume zu sammeln und Sirup daraus zu machen. Wie immer begleitete ihn Einsamer Vogel und fing den süßen Saft aus Birkenrinde in Schalen auf. Als der Vater schließlich das Feuer entfachte, über dem der Ahornsaft eingekocht wurde, setzte sie sich auf einen Felsblock in der Nähe und sah sich um. Die Sonne schien hell und warm, die Luft war erfüllt von Kiefern- und Fichtenduft, und trotzdem war Einsamem Vogel traurig zumute. Sie dachte an ihre Eltern, an ihr silberweißes Haar und ihren schleppenden Schritt. Ihre Reise zu den Geistern stand nahe bevor.

„Was wird aus mir, wenn sie nicht mehr da sind?", dachte sie. „Ich habe keine Brüder oder Schwestern, keine Kinder, niemanden, der mit mir das Zelt teilt."

Und zum ersten Mal fühlte sie den eisigen Griff der Einsamkeit um ihr Herz. Sie blickte den Abhang hinunter: Da schoben die ersten Schneeglöckchen ihre zarten Blütenköpfe durch die Schneedecke – sie wuchsen in Büscheln, wie kleine Familien. Sie beobachtete Vögel, die eifrig Nester bauten. Auch sie waren nicht allein. Und dann schwirrte ein Schwarm Wildgänse über sie hinweg. Sie gingen auf dem See nieder und schwammen paarweise davon.

„Weder Blumen noch Vögel leben allein, nicht einmal die Wildgänse", murmelte sie vor sich hin.

Ihre Grübeleien stimmten sie noch bedrückter. Sie erinnerte sich daran, wie kalt sie ihre Freier abgewiesen hatte. Schon lange war keiner mehr ihretwegen gekommen. Sie dachte daran, wie sehr ihr Vater sich bemüht hatte, einen Mann für sie zu finden. Er hatte es längst aufgegeben. „Und doch bin ich froh, daß ich keinen Mann genommen habe", seufzte sie. „Niemand versteht, daß in meinem Herzen kein Platz für die Liebe zu einem Mann ist."

Lange saß sie, in düstere Gedanken versunken, auf dem Felsen über dem See. Als sie sich endlich erhob, dämmerte es schon, und der Vollmond zeichnete einen schimmernden Pfad über den See.

Sehnsüchtig sah Einsamer Vogel zu der Mondscheibe empor, streckte die Arme aus und rief: „Oh, wie schön bist du! Könnte ich dich doch lieben, dann wäre ich nicht allein."

Der Gute Geist hörte den Ruf, und er trug sie empor zum Mond.

Inzwischen hatte der Vater seine Arbeit auf dem Hügel beendet, und als er sie nirgends sah, ging er nach Hause zurück. Dort fand er sie aber auch nicht; also ging er wieder zum Ahornsirup-Hügel und rief laut ihren Namen: „Einsamer Vogel! Einsamer Vogel!"

Er rief und rief. Es kam keine Antwort. Besorgt suchte er die Bäume, die Abhänge, die Oberfläche des Sees mit den Augen ab. Schließlich blickte er voller Verzweiflung zum Himmel auf, zum hell leuchtenden Mond. Konnte das sein? Ganz deutlich sah er seine Tochter auf sich herablächeln. Der Mond hielt sie in seinen bleichen Armen.

Sie schien zu sagen, daß sie glücklich sei. Sein Kummer verflog dann. Adlerweibchen und Morgendämmerung machten sich keine Sorgen mehr um das Geschick ihrer Tochter. Sie wußten sie wohl geborgen in der liebenden Fürsorge des Mondes.

Und wenn du heute zum Mond hinaufsiehst, kannst du immer noch Einsamen Vogel sehen, die auf dich herablächelt.

• James Riordan: The Woman in the Moon, London 1984, S. 9–13. Übersetzung in Anlehnung an die deutsche Ausgabe in München und Zürich 1986.

Mutter opfert ein Auge

Pueblo-Indianer (Neumexiko)

P'áh-hlee-oh, das Mondmädchen, war das erste und entzückendste weibliche Wesen der ganzen Welt. Es hatte weder Vater noch Mutter, Schwester oder Bruder; und als lichte Gestalt war es die Saat der ganzen Menschheit – allen Lebens, aller Liebe und Tugend. Die Wahren, die über allem stehenden unsichtbaren Geister, schufen die männliche Sonne, die der Herr aller Dinge ist. Und weil er allein war, schufen sie für ihn jene Gefährtin, die erste alles Weiblichen. Aus ihnen ging die Welt und alles, was zu ihr gehört, hervor, und ihre Kinder waren kräftig und gut. Am Tage wurden sie von ihm und nachts von ihr bewacht. Dabei gab es die Nacht, so wie wir sie kennen, damals noch nicht, weil die Mondin zwei Augen hatte und daher genauso glänzte wie der Sonnenherr. Es gab daher nur einen nicht enden wollenden goldenen Tag. Die Vögel flogen ohne Unterlaß, die Blütenkelche schlossen sich nie, und die jungen Leute tanzten und sangen, ohne der Ruhe zu bedürfen.

Schließlich überlegten es sich die Wahren anders, weil das ununterbrochene Licht auf Dauer für die Augen schädlich war. Sie sagten: „Ohne Schlaf ermüden die Lebewesen, und das ist nicht gut. Sonne und Mond müssen nicht vollkommen gleich sein. Einer von den Leuchtenden muß ein Auge verlieren, damit es für die Hälfte der Zeit dunkel ist und alle ihre Kinder schlafen können. Wir wollen die beiden kommen lassen und ihnen erklären, was getan werden muß."

Als sie beide das vernahmen, weinte die Mondmutter um ihren kräftigen, schönen Mann und schrie: „Nein! Nein! Wenn es für meine Kinder sein soll, dann nehmt meine

Augen, aber blendet nicht meinen Gefährten! Er ist der Vater, der Versorger; wie sollte er sich ohne seine klaren Augen um irgendwelche Schäden kümmern oder uns spielen sehen können? Macht mich blind, laßt ihn aber alles sehen!"

Und die Wahrheiten sprachen: „So ist es gut, Tochter." Und sie nahmen ihr ein Auge weg, so daß sie nie wieder so gut sehen konnte wie zuvor. Dann kam die Nacht auf die ermüdete Erde. Die Blumen, Vögel und Menschen hielten ihren ersten Schlaf, und das war sehr gut. Doch sie, die in ihrer großen Liebe zu den Kindern mit den Schmerzen einer Mutter aufkam, wurde durch ihr Opfer nicht häßlich. Nein, sie ist liebenswerter als je zuvor, und wir alle lieben sie bis auf den heutigen Tag. Denn die Wahrheiten waren gut zu ihr und verliehen ihr statt der Jugendblüte eine Schönheit, wie sie sich nur in den Gesichtern von Müttern findet.

Die blasse Mutter beugt sich tief und wacht,
Daß ihre Kinder schlafen in der Nacht.

* Charles f. Lummis: Pueblo Indian Folk-Stories. New York 1910, S. 71–73.

Der gefederte Mond

Navajo
(Nordostarizona, Nordwestneumexiko)

Unsere heutige Welt, die fünfte von Anbeginn an, war zunächst noch unzureichend beleuchtet. Urvater, genannt Feuermann, ließ auf einem hohen Berg ein großes Feuer brennen, doch es verbreitete viel Rauch und erreichte mit seinem Licht nur einen Teil der Welt. Das Urvolk war damit nicht zufrieden. Urfrau beschloß daher, zwei leuchtende Scheiben fertigen zu lassen, die am Himmel befestigt werden sollten.

Auf einer großen Quarzplatte zeichnete sie zwei gleich große Kreise ein. Ihre Gehilfen hatten dann die Aufgabe, mit scharfen Feuersteinen und Steinhämmern auf diesen Linien zwei Disken herauszumeißeln. Das war keine leichte Arbeit, da die Werkzeuge kaum härter als die Quarzplatte selbst waren, doch schließlich lagen die Disken wohlgeformt für den ihnen zugedachten Zweck bereit.

Jetzt begannen Urmann und Urfrau die Steinscheiben in der Weise zu schmücken, daß sie jeweils ganz besondere Kräfte zum Ausdruck brachten. Die erste erhielt eine Maske aus blauem Türkis, um Licht und Hitze zu erzeugen, dann wurden rote Korallen in die Ohrläppchen gesteckt und rundum am Rande der Scheibe angebracht. An jeder Seite wurde ein Horn eingesetzt, um männliches Licht und männlichen Regen zu speichern. Am Rand wurden auch Federn eines Kardinals, eines Goldspechtes, einer Lerche und eines Adlers befestigt, die die Scheibe über den Himmel tragen und Hitze und Licht in alle Richtungen verbreiten konnten. Vier Zickzacklinien des männlichen Windes und Regens wurden an der Spitze und unten angehängt, vier Sonnenflecken dienten den Wächtern, die ihren Platz teils zur Mitte hin, zumeist nach den vier Himmelsrichtungen hin einnahmen.

Nachdem die erste Steinscheibe in dieser Weise geschmückt war, ließ Feuermann sie auf den höchsten Gipfel der Berge im Osten bringen und dann mit Pfeilen von Blitzen am Himmel befestigen.

Urfrau und ihre Helfer machten sich indessen daran, den zweiten steinernen Diskus zu schmücken, der die gleiche Größe wie der erste hatte. Er sollte aber nicht in gleicher Weise ausgestaltet werden wie der erste. Urfrau sagte: „Wir brauchen keinen weiteren Träger der Hitze und des Lichtes, er soll vielmehr Kühlung und Feuchtigkeit vermitteln." Dann schmückten sie sein Gesicht mit weißen Muscheln, brachten ein Band gelben Blütenstaubes an seinem Kinn an und rundum am Rande der Scheibe rote Korallen. Elster-, Ziegenmelker-, Truthahn- und Kranichfedern wurden an vier Seiten befestigt, um das Gewicht zu tragen, sowie Hörner, die weibliche Blitze und milde Winde enthielten. Vier jeweils an der Spitze und unten angebrachte gerade Linien verliehen die

Nordamerika

Gewalt über die Sommerregen. Nachdem auch diese Scheibe fertiggestellt war, wurde sie auf den Gipfel eines östlichen Gebirges gebracht und mit Wetterleuchten am Himmel befestigt.

Urfrau zeigte sich mit der Arbeit sehr zufrieden, da nun Licht, Wärme und Feuchtigkeit vom Himmel herabkamen. Das Urvolk aber wünschte sich mehr: daß nämlich die Sonne am Himmel wandern solle, damit es nicht fortwährend auf der östlichen Seite des Landes Sommer und auf der anderen Winter sei. Urvater gab seine Zustimmung, und zwei sehr alte und weise Männer wußten, wie man für Abhilfe sorgt. Mit Hilfe der Sonne und Mond tragenden Geister wurde den bislang leblosen Himmelskörpern die Kraft gegeben, sich zu bewegen.

Sonne und Mond zeigten auch schon erste Anzeichen der Bewegung, waren aber ratlos, welchen Weg sie einschlagen sollten. Da gab Urvater der Sonne und dem Mond je zwölf Federn vom Adlerschwanz, die ihnen zeigen sollten, wie sie sich in jedem Monat des Jahres zu bewegen hätten.

Die Sonne startete zuerst und nahm ihre Bahn vom östlichen Gipfel aus über den Himmel. Als sie die Gipfel der Gebirge im Westen erreicht hatte, begann der Mond seine Fahrt. Er war gerade dabei, zum Himmel aufzusteigen, da beabsichtigte der Windjunge, der hinter ihm stand, ihm mit einer steifen Brise einen tüchtigen Schwung zu geben. Diese Brise verletzte den Mondträger im Rücken und blies die zwölf Federn nach vorn auf sein Gesicht. Alles, was er tun konnte, war, sich in der Richtung zu bewegen, in die die Spitzen der Federn wiesen, und weil diese sich nun in verschiedene Richtungen neigten, sollte der Mond für immer seltsame Wege am Himmel zurücklegen.

- Franc Johnson Newcomb: Navaho Folk Tales, Albuquerque 1967, S. 78–82. Auszug.

Die Suche nach der Mondfrau

Cahuilla (Südkalifornien)

Menil, die Mondfrau, lehrte die Menschen sehr viel und brachte ihnen das Bogenschießen bei. Sie war eine nackte, hellhäutige und wunderschön gestaltete Frau. Sie schlief abseits von allen anderen Geschöpfen. In einer Nacht beugte sich einmal der Menschenschöpfer Mukat, der sie schon oft beobachtet hatte und zu seiner Frau machen wollte, über sie und berührte sie unversehens. Am Morgen danach fühlte sich die Mondfrau schwach, schläfrig und sehr traurig. Sie beschloß fortzugehen, setzte aber zuvor die Geschöpfe Mukats in Kenntnis: „Ich verlasse euch, aber ihr könnt zu der Stelle gehen, wo ihr zu spielen pflegt. Spielt dort wie gewohnt. Am Abend werdet ihr mich im Westen sehen. Dann könnt ihr rufen ‚ha! ha! ha! ha!' und zum Wasser zum Baden laufen. Vergeßt das nie." Dann verschwand sie, und niemand sah sie mehr, und niemand wußte, was aus ihr geworden war.

Abends gingen sie alle, wie ihnen verheißen war, zum Wasser hinunter und riefen: „Ha! ha! ha! ha!" Jedermann fühlte sich sehr unwohl und versuchte, sie zu finden. Kojote ging genau zu der Stelle des Wassers, wo sie immer gebadet hatten, um nach ihr Ausschau zu halten. Er sah ihre Spiegelung im Wasser und dachte, sie sei es. Er sprang ihr nach, konnte sie aber im Wasser nicht entdecken.

Während er dem Ufer zustrebte, blickte er sich noch einmal um und war sich sicher, sie erneut im Wasser zu sehen. Er sprang erneut in die Tiefe, doch mit dem gleichen Ergebnis. Als er diesmal hinausging, spuckte der Mond, der tief am Himmel hing, auf ihn herab. Er sah nach oben, um herauszubekommen, wo die Spucke herkam, und dann konnte er Menul im Mond sehen. Er bat sie inständig zurückzukommen; sie aber wollte nicht sprechen und lächelte nur.

Nordamerika

Er ging nun zu den Gefährten, die an anderer Stelle nach jungen Frau suchten, um ihnen zu erzählen, wo ihre geliebte Spielkameradin und Lehrerin hingegangen war. Er fühlte sich sehr bedrückt, und so hing sein Kopf herunter, als er ihnen sagte: „Dort ist sie, dort ist sie!" Die Leute blickten wie er nach unten und konnten sie natürlich nicht sehen. Schließlich sah einer zufällig nach oben und erkannte die Mondfrau am Himmel. Sie schien sehr weit weg zu sein, und sie alle weinten. Für eine lange Zeit stieg sie in jeder Nacht etwas höher hinauf, bis sie die Höhe erreicht hatte, in der wir sie seither erkennen.

Sie scheint in jedem Monat einmal zu sterben; am deutlichsten sehen wir sie während des Vollmondes, wenn dessen Flecken deutlich hervortreten.

- Lowell John Bean: Menil (Moon): Symbolic Representation in Cahuilla Woman, in: Earth and Sky. Vision of the Cosmos in Native American Folklore. Hrsg. v. Ray A. Williamson, Claire R. Farrer. Albuquerque 1992, S. 170–173. Auszug.

Lateinamerika

Oben: Aztekische Darstellung des in einem mit Wasser gefüllten Knochenhalbmond sitzenden Kaninchens. Codex Borgia, nach Walter Krickeberg, *Märchen der Azteken und Inkaperuaner* (1928), S. 41. *(Abbildung zu S. 227ff.)*

Unten: Der Fuchs im Mond, dargestellt auf einer Vase der Mochica-Kultur (200–800 n. Chr.) in Nordperu. *(Abbildung zu S. 238f.)*

Lateinamerika

Wie Sonne und Mond die Welt zu erleuchten begannen

Azteken

In der schönsten uns erhaltenen Bilderhandschrift, dem *Codex Borgia*, ist auf einem Blatt das Kaninchen gezeichnet, wie es den Mond auf dem Rücken trägt, während ein Hirsch als Träger der Sonne abgebildet ist. Auf einem anderen Blatt desselben Codex ist es im Monde selbst gezeichnet, von Wasser umgeben, in knöchernem Gefäß. Mit diesem Kaninchen hat es eine besondere Bewandtnis.

Man erzählt, daß sich die Götter, als es noch keinen Tag gab, an ihrem zwischen Chiconauhtan und Otumba gelegenen Ort Teotihuacan versammelten und daß sie untereinander sprachen: „Wer soll es auf sich nehmen, die Welt zu beleuchten?" Hierauf antwortete ein Gott, der Tecuciztecatl hieß: „Ich will es auf mich nehmen, sie zu beleuchten."

Die Götter sprachen zum zweiten Male und sagten: „Wer außerdem?" Darauf blickten sie einander an, um herauszubekommen, wer es sein würde, doch niemand von ihnen wagte sich anzubieten, diese Pflicht zu übernehmen. Alle hatten Furcht und lehnten es ab. Einer aber unter ihnen, der als Geschlechtskranker mißachtet wurde, sprach nicht, sondern hörte nur auf die Reden der anderen. Diese wandten sich nun an ihn und sprachen: „Willst du es sein, kleiner Kranker?" Er folgte bereitwillig ihrem Geheiß und erwiderte: „Ich nehme eure Aufforderung wie eine Gnade an; so sei es."

Die beiden ausgewählten Götter begannen sogleich mit einer Bußübung von vier Tagen. Sie zündeten alsbald ein Feuer auf einem Herd an, der auf einem Felsen errichtet wurde, der jetzt Teotexcalli (Gottesfelsen) heißt. Der Gott Tecuciztecatl opferte nur Kostbarkeiten; an Stelle der Blumen opferte er reiche Federn, die man Quetzalli nennt, an Stelle von Strohbällen brachte er Kugeln aus Gold dar, ferner Dornen aus kostbaren Steinen anstatt Agavedornen und

Dornen aus roter Koralle anstatt blutbestrichener Dornen. Außerdem war der Kopal (Harz), den er als Opfer darbrachte, vom besten. Der kranke Gott, der Nanauatzin hieß, brachte neun grüne Rohrstengel dar, zu je dreien zusammengebunden, anstatt gewöhnlicher Zweige. Er brachte ferner Strohbälle dar sowie Agavedornen, die mit seinem eigenen Blut bestrichen waren, doch anstatt des Kopals opferte er den Schorf seiner Krankheit.

Man baute eine Pyramide für diese beiden Götter. Dort taten sie vier Tage und vier Nächte lang Buße. Heute nennt man diese und eine weitere Pyramide Tzaqualli; sie liegen nahe der Stadt S. Juan, die Teotihuacan heißt. Als die vier Nächte der Buße beendet waren, warf man rings um diesen Ort herum die Zweige, Blumen und übrigen Dinge, die sie benutzt hatten. In der folgenden Nacht, etwas nach Mitternacht, als die Feierlichkeit beginnen sollte, brachte man dem, der Tecuciztecatl hieß, den Schmuck, und zwar ein Federgewand namens Aztacomitl sowie eine Jacke aus leichtem Stoff. Dem kranken Nanauatzin bedeckten sie das Haupt mit einer Papiermütze, genannt Amatzontli, auch legten sie ihm ein Gewandt und eine Leibbinde an, gleichfalls aus Papier. Als Mitternacht herankam, stellten sich alle Götter um den Herd namens Teotexcalli. Dort brannte das Feuer seit vier Tagen; sie teilten sich in zwei Reihen, die sich getrennt zu beiden Seiten des Feuers aufstellten.

Die beiden Erwählten kamen und stellten sich vor den Herd, mit dem Gesicht gegen das Feuer, zwischen die beiden Reihen der Götter, die stehenblieben und sich an Tecuciztecatl wandten, indem sie ihm zuriefen: „Nun, Tecuciztecatl, wirf dich ins Feuer!" Dieser versuchte es in der Tat, sich dort hineinzuwerfen, aber da der Herd groß und sehr glühend war, packte ihn die Furcht vor dieser großen Hitze, und er wich zurück. Ein zweites Mal nahm er seinen ganzen Mut zusammen und wollte sich auf den Herd werfen, aber als er ihm nahe kam, hielt er an und wagte es nicht mehr. Viermal machte er so vergebens den Versuch. Dann war er gescheitert, da es von Anfang an angeordnet worden war, daß niemand sich öfter als viermal versuchen solle.

Nachdem nun diese vier Versuche gemacht waren, wandten sich die Götter an Nanauatzin und sprachen zu ihm: „Nun, Nanauatzin, jetzt versuche du es!" Kaum hatte er das vernommen, da strengte er seine Kräfte an, schloß die Augen, sprang empor und warf sich ins Feuer. Sogleich prasselte es lichterloh, wie wenn etwas gebraten wird. Als Tecuciztecatl sah, daß jener sich auf den Herd geworfen hatte und daß er dort brannte, nahm auch er einen Anlauf und stürzte sich in die Glut.

Es wird erzählt, daß sich zur selben Zeit ein Adler darin verbrannte und daß dieser Vogel daher heute noch ein schwärzliches Gefieder hat. Ein Jaguar folgte ihm in das Feuer, ohne sich zu verbrennen; er wurde nur versengt, deswegen blieb er schwarz und weiß gefleckt. Diese Legende führte dazu, die tapferen Krieger Quauhtli-ocelotl, Adler-Jaguar, zu benennen. Man nennt den Adler Quautli, zuerst, weil dieser als erster in das Feuer hineinging, dann den Jaguar Ocelotl, weil dieser sich nach dem Adler hineinstürzte.

Nachdem sich die beiden Gottheiten ins Feuer geworfen hatten und von diesem aufgezehrt waren, setzten sich die übrigen Götter hin und schauten empor, da sie glaubten, daß Nanauatzin alsbald aufgehen werde. Sie hatten schon lange gewartet, als der Himmel mit einem Male in einer ersten Morgendämmerung rötlich erstrahlte. Da fielen die Götter auf die Knie, um Nanauatzin zu erwarten, der zur Sonne geworden war, obwohl sie nicht wußten, wo er erscheinen würde. Sie richteten ihre Blicke nach allen Seiten, aber sie konnten durchaus nicht sagen, wo er tatsächlich aufgehen würde. Einige dachten, es würde im Norden sein, und sie richteten ihre Blicke dorthin. Andere meinten, daß es im Süden sein würde. In der Tat vermuteten sie den Aufgang an allen möglichen Seiten, denn die Morgenröte strahlte überall. Einige richteten ihr Augenmerk nach Osten und versicherten, daß die Sonne dort aufgehen würde. Das war die richtige Ansicht. Vertreten wurde sie von Quetzalcoatl, der auch Ecatl (Wind), Totec (unser Herr), ferner Anaoatlytecu (Herr des Ringes oder der Küstenländer) und Tlatlauic (der rote) Teezcatlipoca heißt; außerdem waren es andere, die Mimixcoa (Sterne) heißen und zahllos sind, auch vier Frauen, von denen die erste Tiacapan, die zweite Teicu, die dritte Tlacoeua und die vierte, deren Schwester, Xocoyotl hießen.

Als die Sonne aufging, erschien sie hochrot und schwankte hin und her; niemand konnte sie anblicken, weil er sonst blind wurde, so sehr leuchteten ihre Strahlen, die enteilten und sich allerorten ausbreiteten. Der Mond erschien danach ebenfalls im Osten; zuerst die Sonne und dann der Mond, in derselben Reihenfolge, wie sie vorher den Herd betreten hatten. Es heißt auch, daß die Sonne und der Mond damals ein gleich starkes Licht hatten, daß die Götter die Gleichheit ihres Glanzes bemerkten, richtete einer von ihnen die Frage an alle: „Ihr Götter! Was sollen wir da tun? Ist es gut, daß sie gleich sind und daß sie in gleicher Weise leuchten?" Die Götter berieten und ließen sich dann so vernehmen: „Es soll auf folgende Weise sein." Und alsbald lief einer von ihnen davon und schlug mit einem Kaninchen dem Tecuciztecatl ins Gesicht. Er wurde braun, verlor seinen Glanz und bekam eine Oberfläche, ähnlich wie wir sie an ihm noch heute sehen.

Als sich die Sonne und der Mond über die Erde erhoben hatten, blieben sie beide bewegungslos stehen. Wiederum sprachen die Götter untereinander und sagten: „Werden wir auf solche Weise leben können? Die Sonne bewegt sich nicht. Sollen wir unser ganzes Dasein unter den unwürdigen Sterblichen verbringen? Laßt uns alle sterben und es so machen, daß unser Tod jenen Gestirnen das Leben gibt." Der Wind, also Quetzalcoatl, schickte sich darauf an, den Göttern das Leben zu nehmen.

Einer, der Xolotl (Zwilling) hieß, wollte aber, wie es heißt, nicht sterben und sprach zu den Göttern: „Ihr Götter, ich möchte nicht sterben." Und er fing so an zu weinen, daß seine Augen hervorquollen. Als der Wind, der die Götter niedermachte, an ihn herankam, ergriff er die Flucht und verbarg sich in einem Maisfeld, wo er sich in eine Ähre dieser Pflanze mit zwei Stengeln verwandelte, die die Landleute seither Xolotl nennen. Als man ihn jedoch im Mais entdeckte, entfloh er wiederum und verbarg sich unter den Agaven, wo er sich in eine solche verwandelte, die doppelt war und die man Mexolotl nennt. Nochmals entdeckt, floh er davon und stürzte sich ins Wasser, wo er sich in einen Frosch verwandelte, der Axolotl (Wasserzwilling) heißt. Dort aber wurde er ergriffen und getötet.

Nachdem die Götter alle getötet worden waren, setzte sich jedoch die Sonne immer noch nicht in Bewegung. Da begann der Wind zu rennen und gewaltig zu blasen, wodurch das Gestirn veranlaßt wurde, sich zu bewegen und seine Bahn zu durchlaufen; aber der Mond verharrte immer noch ruhig an Ort und Stelle. Er begann sich erst dann zu bewegen, als die Sonne ihren Lauf beendet hatte. Auf diese Weise trennten sie sich voneinander, und sie nahmen die Gewohnheit an, zu verschiedenen Stunden aufzugehen. Die Sonne bleibt einen ganzen Tag, der Mond leuchtet oder wirkt in der Nacht.

Es wurde übrigens zu Recht behauptet, daß Teociztecatl die Sonne geworden wäre, wenn er sich zuerst ins Feuer geworfen hätte, denn er war als erster ausersehen worden, bestanden doch die Opfer, die er bei der zeremoniellen Vorbereitung darbrachte, aus lauter Kostbarkeiten. Wenn nun die Sonne ihre Wanderung um die Erde beginnt und Wärme und Licht spendet, setzt der Mond zu seiner vergeblichen Verfolgungsjagd an. Aber immer kommt er zu spät. Und wenn er schließlich müde und kalt im Westen ankommt, ist die Sonne längst untergegangen, und seine einst so prunkvollen Gewänder hängen in Fetzen. Und noch immer sieht man bei Vollmond die Narben, die das Kaninchen mit seinen langen Läufen auf dem Mond hinterlassen hat.

● Bernardino de Sahagún: Historia general de las cosas de Nueva España, Buch 7, Kapitel 2 (nach dem Munde der Indianer). México 1830. Nach der Übersetzung von Hugo Kunike, in: Aztekische Märchen. Berlin 1922, S. 31–36.

Die Himmelshunde

Mocobí (Argentinien)

Die Mocobí in Süd-Chaco halten den Mond für einen Mann, den sie Cidiago (Lunus) nennen. Cidiago ist, wie seine Flekken zeigen, über und über mit Wunden bedeckt, die sogar seine Herzgegend umfassen. Denn dieser Mann schwebt beständig in großer Gefahr. Monat für Monat verbirgt er sich vor seinen Widersachern, den im Dunkel des nächtlichen Himmels lauernden Hunden. Von Zeit zu Zeit, wenn sich der Mond gerade sicher fühlt und in voller Größe am Himmelszelt steht, springen sie jedoch ganz plötzlich aus ihrem Versteck empor. Wild fallen sie, die Zähne fletschend, über ihn her. Dann ist Mondfinsternis. Der Mond wird ganz dunkel und rötlich von dem vergossenen Blut. Bis heute aber ist es Cidiago immer wieder gelungen, sein Herz vor den Bissen zu schützen, auf das es die Hunde vor allem abgesehen haben, und so sein Leben zu schützen.

- Étienne Charles Brasseur de Bourbourg: S'il existe des sources de l'histoire primitive du Mexique dans les monuments égyptiens et de l'histoire primitive de l'ancien monde dans les monuments américains. Paris 1864, S. 45.

Der Wundervogel

Karaiben
(Antillen, Nordwestküste Südamerikas)

Die Karaiben wollen wissen, daß der Mond als nächtlicher Wanderer einmal ein Mädchen besucht hat, das noch ein halbes Kind war. Er schwängerte es im Schlaf. Um nun einen weiteren Beischlaf zu verhindern, sorgte die Mutter des Mädchens dafür, daß es fortan von einer Frau bewacht wurde. Tatsächlich ertappte die aufmerksame Frau den Mond bei einem neuen Annäherungsversuch. Sie verscheuchte ihn und schüttete ihm überdies den von ihr zu diesem Zweck bereitgestellten Genipi-Saft ins Gesicht, um den Eindringling im Tageslicht wiedererkennen zu können. Zu ihrem Erstaunen war es dann der Mond, der fortan die von ihr beigefügten Flecken aufwies.

Das kleine Mädchen aber gebar ein Kind. Es erhielt den Namen Hiàli. Die Karaiben glauben, daß dieses Wesen einen großen Anteil an der Begründung ihres Volkes hatte. Es war ein unscheinbares graues Vögelchen. Seine Mutter brachte es in gutem Glauben zu seinem Vater, dem Mond. Der war so ehrlich, sich zu ihm zu bekennen. Er beschenkte es mit einer schönen Haube für den Kopf und verschiedenen Farben für das Gefieder und machte es so zu einem Wunderwerk der Natur und zum Gegenstand allgemeiner Bewunderung. Der schöne Vogel ist nicht größer als ein menschlicher Finger. Er baut sich sein Nest aus Flaum, das er von außen mit einer Schale aus Feigenbaum überzieht, die so dünn wie Papier ist, und befestigt es ebenfalls mit Feigenbaum unter einem lappigen Baumwollblatt, manchmal auch oben auf einem Holzdübel an einer Hütte.

- Raymond Breton: Dictionnaire caraïbe françois. Auxerre 1665, S. 293.

Bei den Menschenfressern

Cuna (Panama)

Olonitalipipilele lebte zusammen mit seiner Schwester in einem Haus. Er hatte zahlreiche Neffen, die verschiedenen Tiergattungen angehörten und ihm dienten. Frühmorgens standen sie auf, um im Wald zu arbeiten, und spät am Tage kehrten sie wieder heim. Da Olonitalipipilele keine andere Frau hatte, wohnte er nach Feierabend mit seiner Schwester zusammen.

Eines Nachts legte er sich, während sie schlief, zu ihr, ohne daß sie es merkte. In der Nacht darauf tat er es ebenfalls. Nun wollte die Schwester wissen, welches der Tiere sie nachts hinterging. Da sie lang und fest zu schlafen pflegte, brachte sie einer Laus bei, wie sie sie wecken solle. Der Erfolg blieb jedoch aus. Daraufhin richtete sie einen Floh ab, aber dieses Insekt ergriff die Flucht, als ihr Bruder sich näherte. Wieder kein Erfolg! Da bediente sie sich einer Zecke und stellte außerdem Genigi-Farbe unter ihre Hängematte, um sie dem, der sie jede Nacht betrog, ins Gesicht zu schütten; zudem legte sie die Wasserstelle trocken, die sich bei der Hütte befand. In der Nacht, als ihr Bruder wieder erschien, biß die Zecke die Frau und weckte sie so. Als der junge Mann herantrat, nahm sie die Genipi-Farbe und beschmierte ihm damit das Gesicht. Der Mann rannte hinaus zu dem nahegelegenen Wassertümpel, fand ihn aber nicht.

Am nächsten Morgen rief die Schwester in aller Frühe ihre Neffen zusammen, um ihnen, ehe sie in den Wald gingen, zu trinken zu geben, und prüfte dabei ihre Gesichter genau, fand aber auf keinem das gesuchte Merkmal. Ihr Bruder schlief noch. Sie wollte ihn wecken, aber er antwortete, er habe Kopfschmerzen. Gegen Mittag schlief er noch immer. Die Schwester rief ihm dann zu, er solle Essen zu sich nehmen, doch er erwiderte, er könne nicht aufstehen, weil er unter einem Moskitonetz liege. Da zog sie ihm das Netz weg, und er wandte sich zornig von seiner Schwester ab, erhob sich und lief davon. Sie wollte ihm ja sagen, daß sie nicht begreife, wer da jede Nacht zu ihr käme, aber er hielt nicht inne. Die Schwester rannte hinter ihm her und rief ihm von weitem nach, er möge warten, sie wolle mit ihm kommen, aber er war nicht mehr zu erreichen.

An einer Wegkreuzung wußte sie nicht mehr, welchen Weg ihr Bruder gewählt hatte. Sie wandte sich fragend an die Tiere im Bereich ihres Weges, und sie antworteten ihr, sie würden nichts sagen, wenn sie nicht käme, um bei ihnen zu leben. Unter diesen Umständen willigte die Frau ein, bei ihnen zu leben. Dann machte sie sich in der angegebenen Richtung wieder auf den Weg und gelangte so an einen Fluß. An dessen Ufer lebte ein altes Mütterchen mit Namen Kabayay. Es hatte mehrere Kinder.

Als die schwangere Frau zu Kabayays Haus kam, waren die Söhne nicht zugegen, und sie wurde freundlich empfangen. Als sie schließlich kamen, nahmen sie einen Geruch wahr, der sie an Süßspeise erinnerte. Die Jungen fragten ihre Mutter, ob sie einen Obstbrei im Hause habe. Sie verneinte es und schickte alle wieder zum Spielen ans Flußufer. Die Frau, die ins Haus gekommen war, hatte sich in einem großen Kessel versteckt gehalten. Dann aber kamen Kabayays Söhne so plötzlich zurück, daß ihr keine Zeit blieb, sich erneut zu verstecken. Diesmal entdeckten sie die Frau, zerrten sie mit zum Fluß und machten sich daran, sie zu schlachten. Ihre Mutter sagte ihnen, sie wolle nur die Gedärme der Frau kochen. Sie erhielt diese und stellte sie in einem Kochtopf aufs Feuer. Wenig später kroch ein Kind aus dem Behälter, in dem die Gedärme der Frau kochten, und bald danach kroch noch ein zweites heraus, und auf diese Weise kamen acht Kinder zum Vorschein. Unter anderem waren das Udole, Uikalelel, Olel, Sunibelele und Iguaogiñyalilel.

Kabayay begann nun, die Neugeborenen zu stillen. Als einige Jahre vergangen und die Kinder schon groß waren, sagte sie ihnen, da die zu zweifeln begannen, daß sie ihre Mutter sei. Die Kinder, da sie sahen, daß ihre Mutter im Gegensatz zu ihnen keine Nase hatte, stellten aber bohrende Fragen, warum sie keine Nase habe wie sie. Um die Kinder zu täuschen, ging sie jeden Tag zum Fluß, um sich eine Nase aus Ton zu machen. Die Kinder aber bestanden darauf herausfinden, wer ihre wirkliche Mutter war.

Einmal ging eines der Kinder mit Namen Pugazo zum Jagen in den Wald und wurde dort auf einen Vogel aufmerksam. Singend gab er ihm zu verstehen: „Die Fische haben deine Mutter gefressen." Da lief das Kind nach Hause und erzählte seiner Mutter Kabayay, was es im Wald gehört hatte, und sie sagte ihm: „Mir scheint, dieser Vogel hat meinen baldigen Tod angekündigt."

Am darauffolgenden Morgen zog der Junge mit seinen Brüdern erneut hinaus, und sie vernahmen von dem Vogel dasselbe. Da begriffen die Kinder, daß ihre wirkliche Mutter tot war und daß die alte Kabayay sie betrogen hatte. In dieser Erkenntnis sagten sie: „Laßt uns diese Alte, die uns belügt, in den Fluß werfen." Als sie wieder zu Hause waren, sagten sie zu ihr: „Laßt uns im Fluß baden." Während sie mitten im Fluß waren, ging plötzlich ein heftiger Regen nieder. Alsdann stießen die Knaben die Alte von sich weg. Kabayay wurde sofort von der Strömung fortgerissen und begann zu weinen, was so klang: „Trrr-trrr-tr-trrr." Und sie verwandelte sich in einen Frosch. Als er zum Ufer hinaufkletterte, schnitten ihm die Jungen die Vorderbeine ab und sagten: „Wenn die Zeit des Regens kommt, wirst du weinen müssen wie jetzt, damit die Menschen wissen, daß Regen naht."

Nachdem sie viele Jahre gelebt hatten, fuhren die Knaben auf, um im Himmel zu leben. Sie verwandelten sich in die hauptsächlichen Sterne. Aus diesem Grund heißt es, Olonitalipipilele sei der Mond und sein Gesicht sei mit Genipi beschmiert.

- Henry Wassén: Mitos y cuentos de los indios Cunas, in: Journal de la Société des Américanistes, Neue Reihe, Bd. 26 (1934), S. 5–7.

Der gezeichnete Liebhaber

Guarayos (Bolivien)

Die Guarayos erzählen: Der Sohn von Abaangu, einer der drei Hauptgottheiten, zog sich auf den Mond zurück. Er nahm ihn für sich allein in Anspruch. Dort angekommen, reiste er aber schon bald wieder fort, um auf Erden eine Guaraya zu besuchen. Während sie schlief, näherte er sich ihr, und zwar, um nicht erkannt zu werden, in der Gestalt eines Jünglings. Nacht für Nacht suchte er sie auf. Zuletzt wollte die Guaraya wissen, wer dieser Jüngling sei und schwärzte sich, als sie zu Bett ging, die Hände mit Kohle. Als ihr Geliebter ihr seinen gewohnheitsmäßigen Besuch abstattete, drückte sie ihm, wie sie es beabsichtigt hatte, ein Zeichen auf das Gesicht – das sind die Mondflecken, die unauslöschlich bleiben.

- Francesco Pierini: Mitologia de los Guarayos de la Bolivia, in: Anthropos. Bd. 5 (1910), S. 704f.

Bruderzwist

Brasilien

Wie in Mittelamerika, so wird auch von einzelnen Stämmen in Brasilien erzählt, daß ein junger Mann seiner Schwester beigeschlafen hatte und sein Gesicht von ihr besudelt worden war. Nachdem die entehrte Schwester schwanger geworden war, heißt es, floh er, um dem Zorn seiner Eltern zu entkommen, in den Himmel. Die Schwester wurde in einen Wasservogel verwandelt, während er, der Mond, mit seinem schwarz gefleckten Gesicht am Himmel blieb.

Die Apapocúva-Guaraní in Südbrasilien erzählen dagegen, ein junger Mann habe seinen Bruder besucht: In der Nacht kam der Mond mit triebhaftem Gelüst an das Lager seines älteren Bruders, der ihn aber nicht zu erkennen vermochte. In der folgenden Nacht stellte er jedoch eine Schale mit schwarz-blauer Genipi-Farbe bereit und tupfte diese dem geheimnisvollen Besucher ins Gesicht, worauf er ihn dann am Tage als seinen Bruder erkannte. Der Gott Ñanderuvuçu setzte nun beide an den Himmel, den älteren, die Sonne, als Nacht-, den jüngeren, den Mond, als Tagesgestirn. Der Mond erwies sich jedoch als zu heiß, er verbrannte die Erde. Deshalb wurde die Sonne an seine Stelle gesetzt und er in die

Nacht verwiesen. Er schämt sich vor seinem älteren Bruder, dem er nie sein volles Gesicht mit den Genipi-Flecken zeigen mag.

Die Ofaié-Mythologie erklärt diesen Bruderzwist auf andere Weise: Die Brüder Kytewé Šybmná, die Sonne, und Kytewé Geté, der Mond, lebten zusammen mit einer Frau, die aus deren Blut Schlangen und allerlei andere Tiere gebar. Einmal war die Frau mit Wildschweinen schwanger, die der Sonne gehörten. Der Mond wollte seine Schießkunst erproben, stellte sich mit Bogen und Pfeil bereit und hieß die Frau, ein Wildschwein nach dem anderen herauszulassen. Er verfehlte sie aber alle, und sie liefen weit weg, denn es war kein Wasser in der Nähe. Als die Sonne, die gerade einen Hirsch in einem Topf kochte, bemerkte, daß ihre Wildschweine entflohen waren, wurde sie zornig und goß dem Mond das kochende Wasser ins Gesicht, wodurch die Mondflecken entstanden.

● Claude Levi-Strauss: The Naked Man. London 1981. – Curt Nimuendajú-Unkel: Die Sagen von der Erschaffung und Vernichtung der Welt als Grundlagen der Religion der Apapocúva-Guaraní, in: Zeitschrift für Ethnologie. Jg. 46 (1914), S. 331, 377.

Der verliebte Fuchs

Peru

Die Peruaner erzählen: Es war einmal ein Fuchs, der sich des Nachts nicht satt sehen konnte an dem Glanz und der Schönheit der Mondfrau. Er verliebte sich bis über beide Ohren in sie. Im tiefen Winter hockte er wieder einmal den lieben langen Tag in seinem Bau und konnte den Anbruch der Nacht kaum noch erwarten, so sehnte er sich danach, seine tief verehrte Geliebte wiederzusehen. Aber sie war ja so weit weg; am Ende würde er sich vor Sehnsucht verzehren! Er sann und sann und fand schließlich, schlau wie er war, einen Weg, auf dem er zum Himmel aufsteigen konnte, um sich mit ihr zu paaren. Das tat er dann auch, aber mit solcher Liebesglut, daß er ihr mit seinen heftigen Umarmungen Prellungen zufügte. Die Spuren davon sollten nie mehr vergehen. Noch heute sind die Mondflecken in aller Deutlichkeit zu sehen.

● Philippe-François de La Renardière: Mexique et Guatemala. Frédéric Lacroix: Pérou. Paris 1843, S. 400 (= L'Univers pittoresque Amérique. 4).

Der Liebesschmerz der jungen Mondfrau

Indianer im Amazonastiefland

Die Indianer am Solimoens im Staat Arizonas erzählen, wie der „große Fluß" entstanden ist: Vor langer, langer Zeit hatten sich die Sonne und der Mond verlobt; bei der Vorbereitung der Hochzeit aber quälten sie Skrupel wegen der Erde: Die feurige Liebe der Sonne würde sie verbrennen und die Tränen des Mondes sie überfluten, auch würden sie sich beim Löschen und Verdampfen gegenseitig zerstören. Also gingen sie in verschiedene Richtungen auseinander. Der Mond weinte dann einen ganzen Tag und eine ganze Nacht lang; seine Tränen fielen auf die Erde hinab und ergossen sich bis zum Meer. Das Meer aber wollte die Tränen nicht aufnehmen; es stieg an, um deren Fluß an der Mündung aufzuhalten, und so kommt es, daß er mal vorwärts und mal rückwärts strömt.

Oder waren Sonne und Mond als Geschwister nicht für die Liebe bestimmt? Die Indianer am Rio Branco und Jamundá nördlich des Amazonas stellen den Mond als Jungfrau dar, die sich in ihren Bruder verliebte und ihn nachts, ohne sich ihm zu zeigen, besuchte. Schließlich aber wurde sie von ihm vor aller Welt bloßgestellt, nachdem er neugierig mit geschwärzter Hand über ihr Gesicht gefahren war.

Die Araukaner in den südlichen Anden wollen es ganz anders wissen. Sonne und Mond waren, so sagen sie, einmal ein Ehepaar gewesen. Die zarte Mondfrau aber verließ den Sonnenmann, der sie mißhandelt und so grob ins Gesicht geschlagen hatte, daß sie ein schwarzes Mal am Auge davontrug, das man bis heute sehen kann. Die Mondfrau schämt sich dessen und verbirgt sich, so gut es geht, wenn der Sonnenmann am Himmel steht.

João Barbosa Rodrigues: Poranduba Amazonense, in: Annaes da Bibliotheca Nacional do Rio de Janeiro, Bd. 14, T. 2 (1890), S. 211f. – Charles Frederick Hartt: Amazonian Tortoise myths. Rio de Janeiro 1875, S. 40.

Die Schöne und der Häßliche

Peru, Brasilien

Die alten Inka huldigten der Sonne über alles und betrachteten sich selbst als „Söhne der Sonne". Wie ehrwürdig und erhaben sie sich auch in den Augen ihrer Nachfahren von allen anderen Gestirnen des Himmels abhebt, zeigt eine Legende aus dem heutigen Peru. Im Anbeginn der Zeit lebte Viracocha, der „Schaum des Meeres", der die Welt mit ihren Menschen geschaffen hat. Diese ersten Menschen verloren im Laufe der Zeit ihre Gottesfurcht und wurden übermütig. Viracocha ließ diese Menschen in einer Sintflut untergehen und beschloß, ein neues Geschlecht zu schaffen, das im Gegensatz zu dem ersten nicht im Dunkeln leben sollte. Auf einer Insel im Titicacasee ließ er Sonne, Mond und Sterne entstehen und zum Himmel aufsteigen, auf daß sie ihre Wanderung beginnen und der Welt Licht spenden konnten. Nun schien aber damals der Mond viel heller als die Sonne. Voller Neid warf sie ihm, als sie beide zum Himmel aufstiegen, eine

Handvoll Asche ins Gesicht. So hat der Mond die dunklen Flecken bekommen, die man noch heute sieht.

* * *

Auch in den Augen der südlich des Amazonasdeltas lebenden Timbira entspricht die Sonne den höchsten Vorstellungen. Sie ist bescheiden, ruhig, versöhnlich, der gefleckte Mond hingegen anspruchsvoll, streitsüchtig, unverschämt und ungerecht. Der Gefleckte kann auch nichts Schönes hervorbringen. Sonne und Mond gingen nämlich dereinst baden. Die Sonne tauchte unter und kam mit einem wunderschönen Knaben wieder an die Oberfläche. Der Mond versuchte das gleiche zu tun, aber das Kind, mit dem er auftauchte, war häßlich und dunkel. Wieder tauchte die Sonne unter und kam mit einem hübschen Mädchen hoch. Der Mond tauchte auch, aber das Mädchen, mit dem er heraufkam, war gar häßlich und unansehnlich. So fuhren sie beide lange Zeit fort. Und dies ist der Grund, warum es schöne und häßliche Menschen gibt, wohlgeformte und verkrüppelte.

● Pedro Sarmiento de Gamboa: History of the Incas. Cambridge 1907, S. 33. – Maria Isaura Pereira de Queiroz: Die Gesellschaftsorganisation der Timbira, in: Staden-Jahrbuch. São Paulo. Bd. 3 (1955), S. 146f.

Der zweiköpfige Tiger entkommt zum Mond

Chané (Südbrasilien)

Am Anfang der Zeit war der Gott Tunpa. Er erschuf die Erde und die Gestirne des Himmels. Sein Nachkomme war Tatutunpá. Einmal fiel Tatutunpás Mutter Inómu, von Tigern verfolgt, lebend in die Gewalt Yahuétes, eines Tigers mit zwei Köpfen. Nichtsahnend hatte gerade damals Tatutunpá auf Wunsch von seinem Großvater einen Bogen und die dazugehörigen Pfeile erhalten, um damit Vögel abzuschießen. Ein Araqua-Vogel, der seinen Pfeilen entging, gesellte sich zu ihm und belehrte ihn: „Du tätest besser, deine Mutter zu suchen, als Vögel zu töten!" Tatutunpá machte sich sogleich auf die Suche nach ihr und fand sie blind im Wald umherirren. Sie forderte ihn auf, Rache an den Tigern zu nehmen. Tatutunpá legte sich auf die Lauer und erschlug die Tiger, als sie zur Tränke kamen. Nur der zweiköpfige Yahuté entzog sich seiner Strafe und entkam zum Mond.

* Curt Nimendajú-Unkel: Die Sagen von der Erschaffung und Vernichtung der Welt als Grundlage der Religion der Apapocúva-Guaraní, in: Zeitschrift für Ethnologie, Jg. 46 (1914), S. 367.

Der zweiköpfige Tiger frißt die Mondbuben

Chiriguano (Bolivien)

Es heißt, daß vor langer Zeit einmal Tatutunpá vom Himmel herunterkam und ein Liebesverhältnis mit einer Jungfer hatte, und das, obwohl ihre Mutter nicht gewillt war, sie einem Mann zur Frau zu geben. Sie durfte niemals nach draußen gehen, und die Mutter brachte ihr sogar das Wasser zum Waschen herein. Die Tochter verbrachte die Zeit zu Hause mit Spinnen. Und doch war sie, ohne mit einem Manne verkehrt zu haben, auf einmal schwanger. Sie malte sich das Gesicht an, weil sie schwanger war. Ihre Mutter bemerkte, als sie sie kämmte, daß ihre Brustwarzen schwarz waren. Sie fragte sie: „Mit wem sprichst du nachts immer?" – „Mit niemandem", antwortete sie. „Doch", sagte ihr die Mutter, „jede Nacht sprichst du heimlich."

Dann, so sagte man, begann ihr Bauch zu wachsen. Die Männer raunten sich zu: „Diese Schwangere – mit wem war sie zusammen? Sie wohnt nicht mit einem Mann zusammen."

Tatutupá sagte dem Mädchen: „Wenn deine Mutter böse wird, sag mir Bescheid, ich komme dann innerhalb eines Monats zurück." Es war dann noch kein Monat vergangen, als ihre Mutter mit ihr böse wurde, sie schlug und sie, wie erzählt wird, mit den Worten verjagte: „Geh weg zum Haus deines Mannes, du beschämst mich sehr."

Die Frau, in deren Bauch zwei Knaben heranwuchsen, sagte diesen, während sie sich davonmachte: „Gehen wir zum Haus eures Vaters!" Und die Knaben leiteten sie auf den Weg zu ihrem Vater.

Als die Knaben Blumen am Weg sahen, sagten sie: „Pflück' sie uns!" Die Mutter pflückte Blumen für sie. Sie hatte schon sehr viele Blumen gepflückt. Trotzdem verlangten sie von ihr immer, immer mehr. Dann, so heißt es, fragte die Mutter die beiden: „Warum wollt ihr so viele Blumen?" Deswegen, so heißt es, wurden die Knaben wütend auf sie. Als die Mutter sie fragte: „Wo geht der Weg zu eurem Vater weiter?", verweigerten sie die Auskunft und sprachen nicht mit der Mutter.

Sodann schlug die Mutter den Pfad des Tigers ein. Unterwegs hielt sie inne und dachte: „Ich gehe nur deswegen den Weg der bösen Tigerin, weil ich gefressen werden will." Dann erreichte sie das Haus der bösen Tigerin. „Tritt ein", sagte die Tigerin zu der Frau, „warum bist du gekommen? Alle, die auf diesem Weg kommen, führen etwas im Schilde." Nichtsdestotrotz gab sie ihr zu essen. Nach der Mahlzeit sagte ihr die Tigerin: „Nun geh!" – „Ich weiß nicht, wie ich zurückkomme", antwortete sie. „Dann geh in den Maisspeicher", befahl sie und versteckte sie dort. Dann kamen junge Tiger brüllend herbei. Die Frau bekam es mit der Angst. „Sei jetzt still", sagte ihr die alte Tigerin.

Die Tiger kamen herein. Ein Tiger mit zwei Köpfen trat vor und fragte: „Was gibt es hier Wohlriechendes zu essen, Mütterchen?" Und alle fragten das gleiche. „Was machen wir nur, meine Söhne", antwortete die Mutter, „es gibt hier nichts zu fressen."

Die Tiger gingen weiter und legten sich unter den Speicher. Dort tropfte es aus den Brüsten der Frau auf das Vorderbein eines Tigers. Die Tiger leckten die Milch auf. Dreimal tropfte die Milch auf sie herab. Da kletterten sie nach oben in den Speicher, töteten die Frau und machten sich daran, sie zu fressen. Die alte Tigerin sagte: „Bringt mir die Gebärmutter der Frau, in der ihre Söhne sind. Ich will dieses Fleisch kochen und fressen, weil es so zart ist." So geschah es, und während sie kochte, kletterten die beiden Jungen heraus und setzten sich auf den Rand des Kochtopfes. Die Tigerin holte sie dann heraus und versteckte sie, „Seid still und spielt nicht", riet sie ihnen.

Als die Jungen größer geworden waren, baten sie die Tigerin: „Mach uns einen Bogen, damit wir Vögel jagen können." Sie fertigte ihnen einen Bogen. Sie gingen damit los und erlegten Vögel. Sie schossen auf Bäume, und viele Vögel fielen herunter. Dann sammelten sie alle Vögel auf und nahmen sie mit. Sie brachten sie der alten Tigerin. Sie legte sie in ein Netz und briet sie später. Danach hob sie die gebratenen Vögel an einem besonderen Platz auf.

Als die Tiger kamen, fragten sie die Mutter: „Wer hat dir die Vögel gegeben?" Jeden Tag fragten sie: „Wer hat sie für dich gejagt? Es sind so viele Gebratene." „Ich weiß es nicht, sagte ich doch. Vielleicht habt ihr sie selbst erlegt", antwortete sie. Sie beharrten aber darauf: „Wir haben sie nicht erlegt, sag so etwas nicht zu uns."

„Nun, werdet ihr sie auch nicht töten, wenn ich es euch verrate?" – „Nein!" – „Es sind doch eure Brüder." – „Wir töten unsere Brüder nicht, bring sie nur her, damit wir sie uns ansehen können." Sodann öffnete die Tigerin, wie erzählt wird, einen großen Krug und ließ sie kommen. „Unsere Brüder sind schön", fanden sie, und dann umarmten sie sich. „Wie habt ihr die Vögel getötet?", fragten die Tiger die Jungen. „Kommt mit, wir erlegen gemeinsam welche", schlugen diese vor. Die Tigermutter fertigte dann noch einen Bogen an, und die Vier zogen los. Die Tiger schossen ungeschickt auf die Bäume und trafen keine Vögel. Sie baten die Jungen, welche für sie abzuschießen. Die Jungen erlegten viele Vögel für sie. So brachten die Tiger viele Vögel nach Hause.

„Wenn wir sie morgen mitnehmen, täuschen wir sie", kamen die Jungen überein, „haben sie doch unsere Mutter getötet." Sie nahmen sie also mit. Zuerst ließen sie sie durch eine seichte Lagune gehen. Die Jungen ließen das Wasser steigen, während sie zu Fuß das andere Ende der Lagune erreichten. „Kommt und holt uns", riefen die Tiger. Sie gingen, holten sie und warfen sie ins tiefe Wasser. Sie sahen, wie die Tiger ertranken. Die Jungen gingen, erreichten das andere Ende der Lagune und lachten. Sie machten sich auf den Weg zum Berg. Sie schossen mit dem Bogen in den Himmel, und so gelangten sie beide dorthin.

Es heißt, daß nicht beide Raubkatzen gestorben sind. Einer konnte dem Wasser entkommen, und das war der zweiköpfige Tiger. Er stieg hinauf zum Mond, rannte hinter den Jungen her und fraß sie. Nur ein wenig Blut blieb von ihnen übrig. Das wuchs und wuchs, und es bildete sich erneut der Mond. Der Tiger fraß auch die Sonne mitsamt ihrem Blut. Wenn es eine Finsternis gibt, frißt er die Sonne und den Mond. Wenn er die Sonne und den Mond gefressen hat, bleibt nur ein bißchen Blut übrig.

Es werden sehr große Fledermäuse (*andira*) kommen und die Menschen töten. Nur die Klugen, die sich unter Decken aus ungegerbtem Leder legen, werden übrigbleiben. Nachts werden die Töpfe (*yapepo*), die Pflanzen, die Steine singen, tanzen, auf die Menschen fallen und ihnen Leid zufügen. Verglühtes Holz wird nicht wieder aufflammen, und es wird kein Feuer geben. Die Menschen werden Sträucher entzünden. Sobald es keine Sträucher mehr gibt, werden sie kein Feuer mehr haben und im Dunkeln sein. Die Felsen werden zerbrechen. Es wird ein Erdbeben geben, und alles wird verlorengehen. Die Menschen werden Gott anflehen, die Sonne möge zurückkehren. Wenn sie zurückkehrt, beginnt ein neues Zeitalter.

- Alfred Métraux: Mitos y cuentos de los indios Chiriguano, in: Revista del Museo de La Plata, Bd. 33 (1932), S. 154–158.

Die Rache des Jaguarkindes

Yurakare (Bolivien/Staat Amazonas)

Am Anfang der Welt waren die Wälder düster und wurden von den Yurakare bewohnt. Es gab aber einen boshaften Geist, genannt Sararuma oder Aïma Suñé, der kam eines Tages und versengte das ganze Land. Kein Baum, kein lebendes Wesen vermochte diese Feuersbrunst zu überdauern. Nur ein Mann, der so bedachtsam gewesen war, sich rechtzeitig einen geräumigen unterirdischen Zufluchtsort auszuschachten, konnte sich dort mit seinen Vorräten zurückziehen und so dem Inferno entkommen.

Ehe er sein Verlies zu verlassen wagte, vergewisserte er sich mehrmals über das Abflauen des Brandes, indem er durch ein Loch einen langen Stab nach außen schob. Bei den beiden ersten Versuchen geriet der Stab in Flammen, erst beim dritten Mal blieb er unversehrt. Dennoch wartete der Mann noch vier weitere Tage ab, bis er hinausging. Voll Trauer schritt er über die verwüstete Erde, die ohne Nahrung und Bäume war, und weinte.

Da erschien ihm, aus einer fernen Gegend kommend und ganz in Rot gekleidet, Sararuma und sagte: „Sollte ich die Ursache deines Leides sein, so habe ich doch Mitleid mit dir." Dann gab er ihm eine Handvoll Körner von Pflanzen, die für das menschliche Leben am wichtigsten sind, und gebot ihm, sie auszusäen. Auch bildete sich, wie durch Zauberei, ein wunderbarer Wald.

Es dauerte auch nicht lange, da begegnete dieser Mann, wie von ungefähr, einer Frau, die ihm viele Söhne und eine Tochter schenkte. Als die Tochter das Alter körperlicher Reife erreicht hatte, streifte sie mit dem sehnlichsten Wunsch nach einem sie ergänzenden Wesen durch die ausgedehnten Wälder; mit laut hallendem Wehgeschrei beklagte sie ihre Einsamkeit.

In der Nähe eines Flusses blieb ihr Blick voller Rührung an einem schönen Baum mit purpurroten Blüten haften, Ulé mit Namen. Wäre er doch ein Mensch, wie würde sie ihn lieben...! Das Mädchen bemalte den Baum mit gelber Farbe, schmückte ihn unter Tränen und Seufzern. Dabei hoffte sie in ihrem Inneren, und das war nicht vergebens. Ihre Liebe bewirkte ein Wunder. Der Baum wandelte sich – wie glücklich war das Mädchen – zu einem jungen Mann. Als es Nacht wurde, war sie nicht mehr allein. Ulé, der Verwandelte, leistete ihr Gesellschaft, verschwand aber in der Morgenröte. Schon glaubte das Mädchen, nur ein flüchtiges Glück erhascht zu haben. Sie vertraute ihre Sorgen ihrer Mutter an und erhielt den Rat, den Mann, sobald er wiederkehre, durch ein Verlöbnis zu binden. Tatsächlich kehrte Ulé in der nächsten Nacht zurück, und das Mädchen folgte dem Rat der Mutter. Ulé gab ihr ein Versprechen und blieb ganz in ihrer Nähe. Als der vierte Tag zur Neige ging, gingen Ulé und das Mädchen den Bund der Ehe ein.

Die beiden Gatten kosteten für einige Zeit alle Freuden des Lebens. Da fiel Ulé, der sich mit seinen Stiefbrüdern auf einer mehrtägigen Affenjagd befand, einem Jaguar zum Opfer. Indessen hatte sich die junge Frau, von Sehnsucht getrieben, aufgemacht, ihrem Mann entgegenzugehen. Da traf sie ihre Brüder und erfuhr von dem Unglück, das ihm widerfahren war. Verzweifelt beschloß sie, vor keiner Gefahr zurückzuschrecken, um ihren Ulé wieder zusammenzufügen und die letzte Ehre zu erweisen.

In Begleitung ihrer Brüder gelangte sie zu der Stelle, wo die Teile ihres Gatten auf blutgetränkter Erde umherlagen. In ihrem Schmerz las sie mit größter Sorgfalt alle Fetzen des Toten auf und fügte einen mit dem anderen zusammen. Sie beklagte seinen Verlust und hoffte wieder einmal, ihn trotz allem wiederzusehen. Und ihre Liebe wurde ein weiteres Mal belohnt. Ulé erwachte zu neuem Leben und sagte: „Es kommt mir so vor, als hätte ich gut geschlafen." Voller Freude überhäufte die junge Gattin Ulé mit Liebkosungen.

Als sie beide auf dem Rückweg zu ihrer Wohnstätte waren, hielt Ulé, der starken Durst hatte, an einem Bach an, um zu trinken. Da geschah das Unglück, daß er beim Blick auf das glatte Wasser bemerkte, daß ihm ein Stück der Wange fehlte. Als er sich in dieser Weise entstellt sah, wollte er sich seiner Frau nicht mehr zeigen, und sie konnte ihn, so sehr sie sich auch bemühte, nicht mehr umstimmen. Er verabschiedete sich von ihr und schärfte ihr ein, auf dem Weg nach Hause nicht innezuhalten und sich vor allem nicht umzuschauen, auf daß sie sich nicht verirre. Und sollte hinter ihr etwas von einem Baum herabfallen, dürfe sie ebenfalls nicht hinblicken, sondern nur sagen: „Das ist die Jagd meines Mannes."

Die arme Frau zitterte, nachdem alles so gekommen war, ging traurig ihres Weges und beachtete sehr aufmerksam die Anweisungen ihres Mannes. Als aber ein großes Blatt herabfiel, erschreckte sie sich so, daß sie sich nach der Stelle des Geräusches umsah. Da konnte sie sich nicht mehr zurechtfinden und verlief sich im Wald. Sie schlug einmal die eine und dann wieder die andere Richtung ein, bis sie es aufgab, den Weg zu finden.

Nach einem langen Marsch gelangte sie zu einer Familie von Jaguaren. Die Mutter dieser Tiere war zu der Zeit allein; sie nahm die junge Frau mit großer Liebenswürdigkeit auf und versteckte sie schließlich, damit ihre Söhne ihrer nicht habhaft würden, sobald sie von der Jagd zurückkehrten. Kaum waren die Jaguare gekommen, bemerkten sie in der Hütte einen seltsamen Geruch und fanden dann die Frau. Sie wollten sie fressen, doch verbot es ihnen ihre Mutter.

Dann ließen sie sie kommen und befahlen ihr, ihnen die Insekten aus dem Kopffell herauszunehmen und zu essen. In der Tat waren ihre Köpfe mit giftigen Insekten, genannt *torocoté*, nur so bedeckt. Die junge Frau wollte sich auch daranmachen, hatte aber Angst, die Kerbtiere zu essen. Da reichte ihr die Mutter der Jaguare aus einer Kalebasse eine Menge Saatkörner, damit sie diese an deren Statt verzehre. Mit dieser List hatte sie auch vollen Erfolg bei den ersten drei Jaguaren; der vierte aber hatte zwei zusätzliche Augen im Hinterkopf und bemerkte den Betrug. Das wilde Tier warf sich auf sie, tötete sie und zog aus ihrem Leib ein Kind hervor, das gerade geboren werden sollte. Er gab es seiner Mutter, damit sie es verzehre. Die Jaguarmutter empfand mit dem Kind genausoviel Mitleid wie zuvor mit seiner Mutter und legte es in einen Topf, als wolle sie es kochen; heimlich aber nahm sie es wieder heraus und kochte stattdessen etwas anderes.

Sie nannte das Kind Tiri; sie pflegte es und zog es insgeheim auf. Als es zum Manne herangewachsen war, bewahrte er tiefe Dankbarkeit gegenüber seiner Befreierin und überließ ihr heimlich seine Jagdbeute. Eines Tages forderte sie ihn auf, ein Paka (*xété*), das ihr die Kürbisse vom Feld wegfresse, mit dem Pfeil zu erlegen. Tiri legte sich dann auf die Lauer, traf mit seinem Schuß aber nur den Schwanz des Paka. Das Nagetier kehrte zurück und sagte zu Tiri: „Du lebst in Frieden mit den Mördern deiner Mutter, und mich, der ich dir nichts zuleide getan habe, willst du töten!" Tiri verstand nicht, was das Tier damit sagen wollte und bat es um nähere Erläuterung. Das Paka nahm Tiri mit in seinen Bau und erzählte ihm dort, daß die Jaguare seinen Vater und seine Mutter getötet hätten, daß sie ihn selbst auch hätten fressen wollen und jetzt, wo ihnen sein Vorhandensein bekannt geworden sei, vorhätten, ihn zu ihrem Diener zu machen.

Tiri, der von all dem nicht die geringste Ahnung gehabt hatte, war fassungslos und beschloß voller Wut, den Tod seiner Eltern an den Mördern zu rächen. Als sich die Jaguare mit der Last ihrer Jagdbeute einer nach dem anderen der Hütte näherten, durchbohrte er die drei ersten mit seinen Pfeilen. Der vierte, der mit den vier Augen, vermochte dem Pfeil noch etwas auszuweichen und wurde nur leicht verletzt. Er rettete sich, indem er eine Baumkrone erklomm, und schrie: „Bäume, Dattelpalmen, haltet zu mir! Sonne, Sterne, helft mir! Mond, steh mir bei!" Bei seinem letzten Ausruf umarmte ihn der Mond und verbarg ihn bei sich. Seither glauben die Yurakare, ihn in diesem Gestirn der Nacht zu sehen, und die Jaguare haben ihr Tun auf die Nacht verlegt.

Die Mutter der Jaguare war sehr traurig, weil sie nun niemanden mehr hatte, das Feld zu bestellen, doch schaffte es Tiri mit seinen übernatürlichen Kräften binnen kurzem, seiner Wohltäterin ein voller Ersatz zu sein. Nichtsdestoweniger langweilte es Tiri doch sehr, dort so allein zu leben. Sehnsüchtig wünschte er sich einen Freund. Eines Tages stolperte er heftig über einen Baumstamm. Den Nagel des großen Zehs, der ihm dabei herausgerissen worden war, ließ er in dem Loch seines Sturzes zurück. Beim Weitergehen vernahm er hinter sich ein Gerede und sah, als er sich umdrehte, wie sich sein Nagel zusehends in einen Jüngling verwandelte. Er nannte ihn Karu. Beide wurden Freunde, lebten einträchtig zusammen und verbrachten ihre Zeit mit der Jagd.

Einmal wurden sie von einem Vogel zum Essen eingeladen. Sie würzten es mit Salz. Der Vogel kostete davon und fand es sehr schmackhaft. Die Freunde überließen ihm deswegen alles Salz, das sie bei sich trugen. Der dachte aber nicht daran, es zu schützen und verstreute es. Ein heftiger Regen fiel herab und ließ es schmelzen. Das ist der Grund, warum die Yurakare in ihren Wäldern kein Salz mehr haben.

Ein andermal hatte ein weiterer Vogel sie eingeladen, Maisschnaps zu brauen. Das Gefäß füllte sich dabei von selbst in dem Maße, wie es geleert wurde. Tiri war überrascht und wollte prüfen, wann das Nachfließen ein Ende hätte. Mit einem Stab stach er in das Gefäß hinein. Und siehe, die Flüssigkeit trat in solcher Fülle heraus, daß sie die ganze Erde überschwemmte und seinen Freund forttrieb. Sobald der Erdboden wieder zum Vorschein kam, suchte Tiri weit und breit nach seinem Freund; er entdeckte schließlich dessen Gebeine und belebte sie wieder.

Die beiden Freunde wurden schließlich ihres Alleinseins überdrüssig. Um diesen Zustand zu ändern, vereinigten sie sich jeweils mit dem Muttertier eines *pospo*-Vogels, und dank dieser Vereinigung wurden jedem Vogel ein Junge und ein Mädchen geboren. Die Mädchen hatten bei ihrer Geburt die Brüste unter den Augen; Tiri versetzte sie an die Stelle, die sie noch heute einnehmen.

Karu verlor seinen Sohn durch den Tod. Einige Zeit nach dessen Beerdigung forderte Tiri seinen Freund auf, nach ihm Ausschau zu halten, damit er ihn wiederbeleben könne, trug ihm aber auf, ihn nicht zu essen. Karu begab sich zum Grab seines Sohnes, fand dort aber nichts weiter als eine Erdnußpflanze (*mani*), die er aus dem Boden herausriß. Die Pflanze trug eine Menge Früchte; Karu konnte es nicht lassen, sie zu essen. Kaum hatte er das getan, da vernahm er ein starkes Rauschen mit der Stimme Tiris: „Karu war ungehorsam;

er hat seinen Sohn gegessen. Zur Strafe werden er und alle Menschen sterben müssen, sich abplackern und Leiden ertragen müssen."

Bald danach schüttelte Tiri einen Baum, um die Früchte zu sammeln, und es fiel eine Ente herab. Das hatte Karu gemacht, und er sagte: „Diese Ente war dein Sohn, den du gegessen hast." Als er das vernahm, bekam er großen Hunger und aß so viel, bis er satt war. Das ist der Grund dafür, warum aus dem Loch Papageien herauskommen, bunte Tukane und all die Yurakare genannten Vögel.

Gelegentlich machten sich Tiri und Karu auf, die Mutter der Jaguare zu besuchen. Als sie sie mit blutverschmierten Lippen antrafen, glaubte Tiri, sie sei Menschen begegnet und habe sie zerfleischt. Er beschuldigte sie dessen und bedrohte sie mit dem Tod, wenn sie ihr Verbrechen nicht eingestehen würde. Schon riß er ihr zur Warnung ein Haar vom Kopf, als ihm seine Pflegemutter sagte, er könne sich alle Mühe sparen, weil sie ihm die Wahrheit erzählen wolle. Ja, sie habe einen Menschen gefressen, aber einen Menschen, der bereits am Biß einer Schlange gestorben gewesen sei. Und sie führte ihn zu dem Loch, wo sie ihn gefunden hatte. Die Schlange habe, erfuhr Tiri, auch alle anderen Menschen getötet, die an dieser Stelle herausgekommen seien.

Da sagte Tiri zu dem Jaguar-Muttertier: „Da du einen durch ein anderes Tier getöteten Menschen gefressen hast, wirst du und werden alle deines Stammes fortan das fressen, was andere getötet haben!", und er verwandelte das Muttertier in einen Aasgeier, einen Andenkondor (*gallinaco*).

Dann rief Tiri einen Storch herbei und trug ihm auf, die Schlange zu ergreifen und zu töten. Zugleich kamen aus dem Loch die Mansinos, Solostros, Quichas und Inkas, die Chiriguanos und all die anderen Völker, die als Yurakare bekannt sind.

Das Land wurde bevölkert, und Tiri war, so schien es, der König all dieser Völkerschaften. Tiri fürchtete sich aber vor so vielen Menschen und ließ das Loch schließen. Diese Ursprungsstelle des Menschengeschlechtes befindet sich in der Nähe des großen Felsens Mamoré, den niemand besteigen und dem sich niemand nähern kann, weil die Yurakare dort eine große Schlange vermuten, die den Eingang bewacht. Sie soll sich bei der Quelle des Rio Mamoré oder in der Nähe des Zusammenflusses des Sacta und des Soré befinden.

Eines Tages hielt Tiri vor allen Menschen eine Ansprache und sagte: „Ihr müßt euch nun trennen und die ganze Erde bevölkern, und so werde ich Zwietracht säen und euch gegenseitig zu Feinden machen." In diesem Augenblick fielen viele Pfeile von der Sonne herab, deren sich hauptsächlich die Chiriguanos bemächtigten. Und die Völker bekämpften sich eine Zeitlang, bis Tiri sie befriedete. Alle aber teilten sich in Stämme, die sich fortan gegenseitig haßten.

Als er seine Aufgabe als erfüllt ansah, beschloß Tiri, die Wälder zu verlassen und sich an den entferntesten Fleck der Erde zu begeben. Um zu erfahren, an welcher Seite sich die Erde am weitesten erstreckte, schickte er zunächst einen Vogel gen Osten. Der erhob sich und kehrte in kurzer Zeit zurück. Tiri schloß daraus, daß sich die Erde nicht weit in diese Richtung erstrecken könne, und schickte einen Vogel nach dem Norden. Auch der kehrte binnen kurzem zurück. Der Vogel aber, den er gen Sonnenuntergang schickte, war eine lange Zeit unterwegs und kehrte schließlich mit einem schönen Gefieder zurück. Tiri schlug also diese Richtung ein und verschwand.

Die Yurakare sagen, daß Tiri nicht tot sei, daß er nie sterben werde und daß er bei seinem Fortgang viele Menschen mitgenommen habe. Sie seien wie er unsterblich und würden, indem sie altern, gleichzeitig verjüngt.

- Alice d'Orbigny: Voyage dans l'Amérique méridionale exécuté pendant les années 1826–1833. Paris. Bd. 3, Teil 1 (1844), S. 209–214.

Lateinamerika

In den Klauen des Jaguars

Charrua (Argentinien)

Am Anfang gab es nur einen Mann und eine Frau. Die Frau aber war schwanger mit einem Zwillingspärchen.

Eines Tages wollte der Mann auf die Jagd gehen, und er befahl seiner Frau, ihm zu folgen. Der Mann aber ging ziemlich schnell, und die Frau konnte ihm nicht so rasch folgen. So verlor sie seine Spur.

Was machte sie, als sie den Weg nicht mehr wußte? Sie fragte ihre Kinder, denn die Kinder wußten, wohin der Vater gegangen war. Nach einiger Zeit war die Frau hungrig, und sie setzte sich hin, um Mais zu essen. Da sagten die Kinder in ihrem Leib: „Gib uns auch zu essen!" Aber die Mutter antwortete: „Nein, ihr seid noch zu klein." – „Dann sagen wir dir auch nicht mehr, wohin der Vater gegangen ist."

Da schlug sich die Frau auf den Bauch, um die Kinder zu züchtigen, und die Kinder schwiegen. So verirrte sich die Frau und kam zu der Hütte eines Jaguars. Der Jaguar aber war gerade auf die Jagd gegangen.

Die Frau ging in die Hütte hinein, fand dort einen Fleischvorrat, nahm sich davon, machte ein Feuer und briet das Fleisch. Als sie es gegessen hatte, kam der Jaguar nach Hause. „Hier ist ja besseres Fleisch, als ich mir mitgebracht habe!" sagte er.

Dann fiel er über die Frau her, um sie aufzufressen. Da kam das Zwillingspaar aus dem Bauch heraus und lief davon. Der Jaguar verfolgte die Geschwister, aber da der Bruder in eine andere Richtung lief als die Schwester, rannte er einmal hierhin und einmal dorthin und erwischte so keins von den Kindern. Endlich sagte er: „Zuerst den Burschen und dann seine Schwester!" Und er rannte hinter dem Burschen her. Als er ihn fast erreicht hatte, machte der einen großen Sprung zum Himmel hinauf und verwandelte sich in die Sonne.

Da wandte sich der Jaguar um, weil er nun das Mädchen fressen wollte. Er rannte so schnell, daß er es fast eingeholt hätte. Aber im gleichen Augenblick, als er schon seine Krallen in ihr Fleisch schlug, reichte ihr der Bruder vom Himmel die Hand herunter und zog sie hinauf. Und da wurde aus dem Mädchen der Mond. Die Spuren der Krallen aber kann man heute noch sehen.

In der Zwischenzeit hatte der Mann ein Tier erlegt und wunderte sich, daß seine Frau nicht nachkam. Er ging zurück und fand sie tot mit zerrissenem Bauch.

Da nahm er Bast und flickte den Bauch der Frau wieder zusammen, so gut er konnte. Aber der Bast reichte nicht, und so blieb unten die Wunde offen.

Dann machte er die Frau wieder lebendig und sagte zu ihr: „Bleib immer in meiner Nähe, damit dir nichts zustößt. Ein zweites Mal könnte ich dich nicht wieder heilen und auch nicht wieder lebendig machen."

So blieben sie nun zusammen, und die Frau gebar viele Kinder, unsere Ahnen.

Viele glauben, die Mutter sei rot gewesen wie die Sonne und der Vater weiß wie der Mond.

- Südamerikanische Indianermärchen. Hrsg. v. Felix Karlinger und Elisabeth Zacherl. Düsseldorf, Köln: Diederichs, 1976, S. 253f. (= Märchen der Weltliteratur. 105).

Australien

Links: Der Halbmond sowie die Mondsichel mit dem Mondmann Jumauria, seiner Frau Dunaiadminn und seinen beiden Kindern. Rindenbild der Aborigines in Groote Eyland, nach Percy Mountford, *Art, Myth, and Symbolism* (1956), S. 483. *(Abbildung zu S. 257)*

Rechts: Der Mondmann Alinda als Sichel (rechts oben) und als Vollmond (in der Mitte). Der die Mondscheibe waagerecht querende Fleck stellt die Brandwunden dar, die sich Alinda in seiner brennenden Hütte (links oben) zugezogen hat. Das Feuer war von seinen Frauen als Rache dafür gelegt worden, daß er seine Söhne (links unten) wegen des heimlichen Verzehrs einer Pfeifente (rechts unten) in einem Behälter (Mitte oben) ertränkt hatte. Mythische Darstellung der Milingimbi in Arnhemland, nach Percy Mountford, *Art, Myth, and Symbolism* (1956), S. 490. *(Abbildung zu S. 264ff.)*

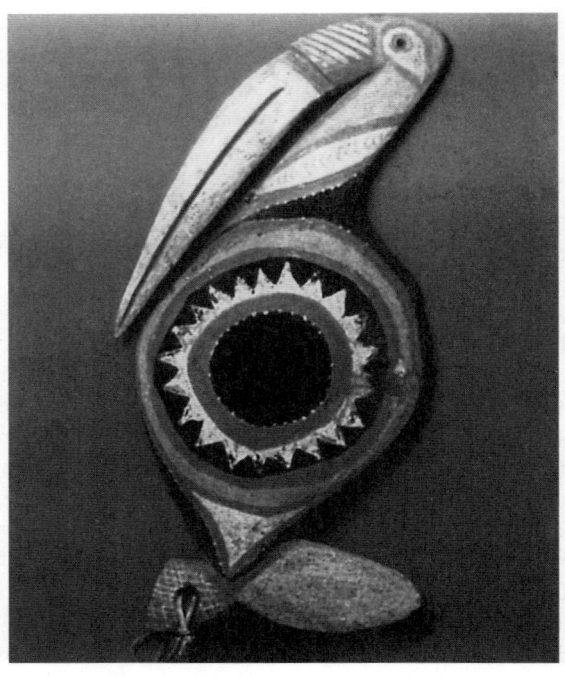

Ein Brachvogel mit einem Mondornament auf seinem Körper. Schnitzerei aus einem sogenannten Geisterhaus des Maprik-Gebietes in Papua-Neuguinea. Sammlung Axel Poignant. *(Abbildung zu S. 262f.)*

Der Frauenentführer

Zentral-Victoria, Groote Eylandt

Die Aborigines im Süden wie im Norden Australiens wissen von der Begehrlichkeit des Mondes zu berichten.

Die Boorong am Lake Tyrril in Nordwest-Victoria erzählen: Mityan, der Mondmann, der die Gestalt eines Fleckenbeutelmarders (Geoffroys Beutelmarder) hat, verliebte sich in die eine der beiden Frauen von Unurgunite (Sirius mit den beiden hellen Nachbarsternen Beta und Gamma im Großen Hund). Er war gerade dabei, die Auserkorene dazu zu bewegen, mit ihm durchzubrennen, da wurde er von Unurgunite ertappt und in einen Kampf verwickelt. Mityan wurde geschlagen und lief davon. Seither wandert er ohne Unterlaß am Himmel.

Auf Groote Eylandt wird erzählt: In der Frühzeit hatte der Mond Jumauria keine Frau und litt sehr unter seiner Einsamkeit. Als er eines Nachts über den Himmel wanderte, vernahm er ein hämmerndes Geräusch. Es kam von der Erde hoch, und als er nach unten blickte, sah er die Frau Dunaniadmina an einem Lagerfeuer sitzen und die Nahrung für das Abendessen zubereiten. Jamauria stieg flugs zur Erde hinab, ergriff die Frau wie auch ihre Sprößlinge und entführte sie zu sich in den Mond. Dort sind sie für immer geblieben und können bei klarem Himmel im Gesicht des Mondes gesehen werden: die Mutter, ihre drei Kinder und die Mondbäume, unter denen sie Schutz finden.

● (Lake Tyrril:) W. E. Stanbridge: Some particulars of the general characteristics, astronomy, and mythology of the tribes in the central part of Victoria, southern Australia, in: Transactions of the Ethnological Society of London. Bd. 1. London 1861, S. 301, 303. – (Groote Eylandt:) Charles Pearcy Mountfort: Art, myth and symbolism. London 1956, S. 484 (= Records of the American-Australian scientific expedition to Arnhem Land. 1).

Die Rache der Söhne

Dieri (Zentralaustralien)

Zwei Jungen waren über ihren Vater, den guten, alten Mura-mura Nganto-Warrina, erbost, weil er Kleefarne gesammelt und ihnen nichts davon abgegeben hatte. Eines Tages zeigten sie sich ihrem Vater gegenüber emsig damit beschäftigt, lange Holzhaken (*ngami*) anzufertigen, mit denen sie vorgeblich Maden (*kuyikinka*) aus den Löchern in Gummibäumen herauszuziehen gedachten. Er war sehr angetan von dem Gedanken und ließ sich von ihnen einen Baum zeigen, der ihrer Meinung nach voller Maden war. Der alte Mura-mura kletterte hinauf, um einige davon zu holen. Beim Klettern suchte er vergeblich nach Madenlöchern, wurde aber von seinen Söhnen mehrfach angestachelt, höher hinaufzusteigen. Das tat er auch. Je höher er indessen kletterte, desto weiter hob sich der Baum auf magische Weise vom Boden ab. Dann setzten die jungen Mura-muras den Baum von unten in Brand. Die Flammen schlugen höher und höher und begannen schließlich den hilflosen Mann zu rösten. Einer von ihnen schleuderte dann mit seinem Bumerang ein Fell nach oben, damit sich sein Vater vor der Hitze schützen konnte.

So hängt denn Mura-mura Nganto-Warrina als Mond noch immer am Himmel, und die Dieri sagen, daß der dunkle Fleck auf seinem Antlitz die Stelle sei, wo sich der alte Mann mit dem Fell bedeckt.

- Mary E. B. Howitt: Some Native Legends from Central Australia, in: Folk-Lore, Bd. 13 (1902), S. 406 f.

Australien

Der falsche Mann im Mond

Aranda (Zentralaustralien)

Einst trug ein Mann – Taia hieß er – den Mond in Gestalt einer weißen Kugel umher, die ein helles Licht verbreitete. Auf seiner nächtlichen Wanderung kam dieser Mondmann zu einem hohen Kasuar, der in dieser Gegend Tjuanda-Baum genannt wird. Bei genauerer Betrachtung im Schein der Mondkugel gewahrte er auf diesem viele Opossumratten. Da setzte er seinen Schild, in dem er den Mond trug, auf den Boden nieder und kletterte auf den Baum, um die Opossums zu erschlagen. Nach vollendeter Arbeit stieg er wieder hinab und ging zu einem anderen Tjuanda-Baum, wo er mit Hilfe des Mondlichtes wieder viele Opossums erschlug. Auf diese Weise wanderte er für längere Zeit jede Nacht umher, den Mond in seinem Schilde tragend, um Opossums zu fangen.

Eines Tages begegnete der Mondmann Taia einem von Osten kommenden Mann, der in seinem Schild einen Stern in Gestalt einer kleineren, aber in wunderbarem Glanz leuchtenden Kugel umhertrug. Als Taia in dieser Nacht seinen Schild mit dem Mond wie gewöhnlich auf den Boden stellte und auf einen Tjuanda-Baum kletterte, um zu jagen, lief ganz unerwartet der Sternenmann herbei, nahm den großen Mond aus dem Schild, legte dafür seinen kleinen Stern hinein und lief davon. Schnell ließ sich Taia vom Baum hinab und verfolgte den Dieb. Als er ihn eingeholt hatte, rangen beide miteinander um den Mond. Dem Sternenmann gelang es aber zu entfliehen, und er stieg mit dem Mond zum Himmel empor. Der so bestohlene Taia nahm dann den Stern an sich, und zuletzt fuhr er mit diesem ebenfalls zum Himmel auf.

- Carl Strehlow: Die Aranda- und Loritja-Stämme in Zentral-Australien, Teil 1. Frankfurt a. M. 1907, S. 17 (= Veröffentlichungen aus dem Städtischen Völkerkunde-Museum Frankfurt am Main).

Der Mann, der vom Himmel kam

Kaitisch (nördliches Zentralaustralien)

Die Kaitisch nennen den Mond Aripla und haben unterschiedliche Überlieferungen über ihn. So erzählen sie, daß er sich als alter Mann in der Alcheringa auf dem sogenannten Urnta niederließ, einem großen Hügel nahe Barrow Creek. Er war vom Nordosten her nach dem Urnta gekommen. Bei seiner Ankunft dort zeigte er sich sehr, sehr traurig darüber, gekommen zu sein, und dann ging er wieder fort. Ein großer Stein erhob sich aus dem Boden, um die Stelle kenntlich zu machen, wo sich der alte Mann hingesetzt hatte. Der Mann kann auch heute noch mit einer Steinaxt in der Hand im Mond gesehen werden. Fern im Westen wohnt eine ihm ergebene Frau an der Stelle, wo er untergeht.

* Baldwin Spencer, Francis James Gillen: The Northern Tribes of Central Australia. London 1904, S. 625.

Der Mond und die Frauen

Kaitisch (nördliches Zentralaustralien)

Der Mond, der anfangs ein Mensch war und der Sippe Purula angehörte, kam in seinem Stammesgebiet der Kaitisch nach Uningamara und nahm ein Mädchen der Sippe Panunga zur Frau. Sie bekam ein Kind. Darauf verließ er sie, begab sich an einen anderen Ort und gab sich als ein Appungerta aus. Er nahm dort eine Kumara zur Frau, verließ sie aber gleichfalls, nachdem sie von ihm ein Kind bekommen hatte. Dann nahm er nacheinander eine Thungalla, Umbidjana, Appungarti, Uknaria, Kumara, Purula und Kabbidji zur Frau und verließ die eine wie die andere.

Danach lebte er in Kullakulla mit einer großen Anzahl von Frauen, die alle einen uningara (eine Art kleiner Vogel) als Totem hatten.

Zu der Zeit, als er dort lebte, traf ein Mann namens Endupruk, ein Kabbidji, der als Totem eine Elster hatte, ein und wollte eine Umbitjana zur Frau nehmen, die er aber rechtmäßig nicht heiraten durfte. Der Mond fragte ihn, was er wünsche, und sagte ihm dann, daß diese Frau für ihn nicht passend sei, da sie nur einen Kumara ehelichen dürfe. „Handle immer richtig", fuhr der Mondmann fort, „und nimm meine Tochter; aber richte deine Blicke nicht auf eine Frau, die eine *mura*, das heißt eine sehr enge Blutsverwandte ist." Ein anderer Mann namens Pulla kam dann vom Meer her bis nach Kullakulla; das war ein Purula, und er bemächtigte sich einer Uknaria-Frau namens Alpita, die *unkulla*, das heißt die Tochter seiner Tante, war und deswegen den Anforderungen nicht entsprach. Vergeblich bemühten sich andere Frauen, ihn von seinem Vorhaben abzubringen.

Noch später kam eine Reihe von Männern aus der Siedlung Aroitjarunga zu seinem Lager, um sich Frauen zu suchen. Aber der Mond hieß sie zurückkehren mit der Begründung, daß all diese Frauen um ihn herum sein eigen seien. Dennoch kamen sie einige Zeit später zurück, und der Mond entschloß sich, ihnen Gattinnen zu geben. Auf Grund seiner reichen Erfahrungen hielt er sich für befugt, ihnen gegenüber zu bestimmen, welche die richtige Frau für einen jeden sei: Einem Kumara-Mann gab er eine Bulthara-Frau, einem Purula-Mann eine Panunga-Frau, einem Appungarti-Mann eine Umbitjana-Frau und einem Uknaria-Mann eine Thungalla-Frau. Der Mondmann überließ also eine Frau nach der anderen dem passenden Mann und mahnte, daß man sich künftig diesem Vorbild entsprechend verheiraten müsse und keine falsche Frau nehmen solle. Schließlich blieb er nur mit einer Panunga-Frau zusammen, mit der er weiterhin in Kullakulla zusammenlebte.

Eines Tages ging er nach Itungalpa, wo er sich umsah und die Frauen entdeckte, die Ilparitnanta gehörten; dann kehrte er nach Hause zurück und erzählte seiner Frau, daß er jene gesehen habe.

Schließlich kam ein alter Mann namens Okinja-alungara daher, um das eine seiner Mädchen zu rauben; und der Mond fragte ihn wutentbrannt: „Was willst du mit meiner Tochter machen?" Der alte Mann hörte nicht, und sobald er sich ihrer bemächtigte, hob der Mondmann seinen steinernen Faustkeil und tötete ihn.

Einige Zeit später starb der Mondmann auf einer Wanderung und stieg zum Himmel auf. Und jetzt kann man im Mond sehen, wie er noch immer seinen steinernen Faustkeil in der erhobenen Hand hält.

Baldwin Spencer, Francis James Gillen: The Northern Tribes of Central Australia. London 1904, S. 412f.

Tjapara

Tiwi (Melville-Insel)

Im Anfang war die Welt dunkel und kalt. Die Erde brachte eine Frau hervor, die gebar zwei Mädchen und einen Knaben. Purukupali, so hieß der Knabe, war sehr mächtig. Er überreichte seiner Schwester Wuriupranala nach der Entdeckung des Feuers eine Fackel und trug ihr auf, das Licht nie verlöschen zu lassen – später wurde sie die Sonne. Seinem Neffen Tjapara gab er eine kleinere Fackel – später sollte er der Mond werden. Die Urenkelin seiner Schwester Murupiangkala, Bima geheißen, nahm er zur Frau und ließ sich mit ihr im Osten der Melville-Insel nieder. Sie gebar ihm den Sohn Djinini.

Bima war tagsüber mit ihrem kleinen Kind auf Nahrungssuche. Mittags pflegte sie sich unter einen Baum zu setzen und in dessen Schatten den schlafenden Djinini zu behüten. Da kam eines Tages Tjapara, der im gleichen Lager wohnte und ledig war, auf sie zu und überredete sie, ihr Kind zu verlassen, um es mit ihm im Wald zu treiben. Diese Machenschaften währten schon einige Zeit, als Bima einmal so spät zu ihrem Kind zurückkehrte, daß es nicht mehr im Schatten lag, sondern in der heißen Sonne gestorben war.

Als Djinini vom Tode Djininis erfuhr, war sein Zorn grenzenlos. Er schlug seine Frau und jagte sie in den Wald. Tjapara machte Purukupali darob Vorhaltungen, bat aber um Gnade und versprach, sein Kind, wenn es ihm für drei Neumonde überlassen würde, wieder lebendig zu machen. Purukupali aber hatte jede Geduld verloren. Er begann sich mit Tjapara so zu prügeln, daß daraus bald ein Kampf auf Leben und Tod wurde. Schließlich waren beide im Gesicht und am Körper schwerstverwundet.

Purukupali, der sich kaum noch halten konnte, nahm das von seiner Frau in dünne Rinde gehüllte tote Kind an sich und schritt rückwärts ins Meer. Ehe sich das Wasser über seinem Kopf schloß, verurteilte er alle Lebewesen dazu, fortan sterben zu müssen und nicht wieder ins Leben zurückkehren zu können: „Ihr alle müßt mir folgen; so wie ich sterbe, sollt auch ihr alle sterben!" Ein starker Wasserstrudel erinnert noch an die Stelle, wo er ertrunken ist.

Zwei Lebewesen entgingen dieser Verurteilung, aber nur zum Teil. Bima, die untreue Frau, wurde zum Brachvogel, der noch immer des Nachts durch den Wald irrt und jammert, von Reue erfüllt über die begangenen Missetaten und den Tod Djininis. Tjapara aber erhob sich, von Kopf bis Fuß von Narben der ihm von Purukupali zugefügten Wunden entstellt, in den Himmel und wurde zum Mond. Sein Leben wird, obwohl er drei Tage lang in jedem Monat tot ist, immer wieder erneuert.

Sobald er zum Leben erwacht, verzehrt er Unmengen von Mangovenkrabben, bis er fett und rund ist. Diese Ernährung bekommt ihm indessen gar nicht; er wird krank und stirbt bald. Die dünne Sichel des abnehmenden Mondes ist das Skelett Tjaparas und der Widerschein im Erdlicht sein Geist. Die Planeten sind seine Frauen, die mit ihm im Himmel leben. Bildet sich ein Ring um den Mond, so feiern innerhalb dieses Walles Tjapara und seine Sternenleute mit Gesang und Tanz ein Fest.

- Charles Pearcy Mountford: The Tiwi. Their art, myth and ceremony. London 1958, S. 24–35 und 174f.

Alinda, der Mondmann

Milingimbi (Nord-Arnhemland)

In der Frühzeit der Welt lebte an der Mündung des Liverpool River der Mondmann Alinda mit seinen beiden Frauen, die ihm je einen Sohn geboren hatten. Als die Frauen einmal auf Nahrungssuche waren, schickte Alinda die Jungen auf Fischfang, während er selbst sich daheim ans Korbflechten machte.

Den Jungen gelang es nicht, auch nur einen Fisch zu fangen; sie spießten aber in einer nahen Lagune eine Pfeifente auf und verzehrten sie auf der Stelle, obwohl es sich doch gehört hätte, sie ihrem Vater zu bringen. Bei ihrer Rückkehr erzählten sie ihm, sie hätten keinen Fisch fangen können, verschwiegen ihm aber ihre Entenmahlzeit. Der alte Mondmann war indessen ein gescheiter Kopf; er erkannte an den fettigen Fingern der Jungen, daß sie gerade erst Fleisch gegessen haben mußten, und fragte: „Wenn ihr nichts gefangen habt, wie kommt dann das Fett an eure Finger?"

Die Burschen leugneten weiter, irgend etwas gegessen zu haben, fanden aber keine Erklärung für den Schmutz an ihren Händen. Alinda schalt die Jungen heftig wegen ihrer Gier und Hinterlist; sie legten sich aber seelenruhig in ihrem Lager hin und schliefen ein. Der Vater erboste sich über diesen Anblick, packte die Söhne, einen nach dem anderen, und stopfte sie in eine große Tasche. Erst schrien und strampelten die Jungen in ihrem Gefängnis, dann gestanden sie ihre Missetaten ein und versprachen ihrem Vater, ihm, wenn er sie nur freilasse, fortan alle Nahrung, derer sie habhaft werden konnten, zu bringen. Aber der Mondmann blieb unnachgiebig, er hob die fest verschnürte Tasche auf seine Schultern, lud sie auf ein Kanu, paddelte weit aufs Meer hinaus und warf sie über Bord.

Währenddessen hatten die Frauen Alindas im Dschungel Yamswurzeln ausgegraben. Auf dem Heimweg folgten sie den Spuren ihrer Söhne und bekamen bald heraus, daß sie nach einem Mißerfolg beim Fischfang eine Pfeifente gegessen und die Knochen behutsam im Gras versteckt hatten, daß sie zum Lager zurückgekehrt waren, es aber allem Anschein nach nicht wieder verlassen hatten. Auch entdeckten sie die tiefen Fußabdrücke Alindas, die erkennen ließen, daß er eine schwere Last getragen hatte. Die Spuren führten sie zu der Stelle, wo das Kanu herabgelassen worden war, und zu der anderen, wo es an Land gezogen worden war, und von wo aus leichte Fußabdrücke zur Hütte zurückführten. Aus alledem schlossen die Frauen, daß Alinda ihre Söhne ins Kanu geladen und sie ertränkt hatte.

In heller Wut legten die Frauen Feuer an die Hütte, in der ihr Mann schlief, und jubelten, als sie ihn inmitten der flammenden Holzscheite und Baumrinden umkommen sahen. Während ihre Blicke noch auf den gerade Verstorbenen geheftet waren, sahen sie neues Leben in ihn zurückkehren. Der Leichnam verwandelte sich in eine schmale Sichel, aus der nach und nach eine Silberscheibe, so groß wie der heutige Mond, wurde. Der Mondmann kletterte auf die Spitze eines hohen Baumes und sprach von dieser hohen Warte aus zu allen Lebewesen, den Fischen, Vögeln, Tieren und Menschen. „Ich ordne hiermit an", sagte er, „daß fortan alle Geschöpfe sterben und, wenn sie einmal tot sind, nicht wieder ins Leben zurückkehren sollen. Ich, nur ich allein werde, von drei Tagen in jedem Monat abgesehen, für immer leben!"

Seit dieser Zeit bleiben also alle übrigen Wesen, wenn sie gestorben sind, für immer tot. Alinda aber stirbt in jedem Monat und ist für drei Tage tot. Dann wächst er in zwei Wochen langsam wieder an, bis er krank wird und wieder stirbt. Die Milingimbi zeigen bei Vollmond auf dessen dunkle Flecken und sagen, das seien die Brandwunden, die ihm vor so langer Zeit seine Frauen zugefügt hatten.

• Charles Pearcy Mountford: Art, myth and symbolism. London 1956, S. 488f. (= Recordas of the American-Australian scientific expedition to Arnhem Land. 1).

Ozeanien

Zwei Meter hohes Standbild aus einem Tempel im Waipio-Tal, Hawaii, jetzt im Bernice Pauahi Bishop Museum, Honolulu. Nach Peter H. Buck (Te Rangai Hiroa), *Arts and Crafts of Hawaii* (1957), S. 489, stellt die Holzfigur die schöne Mondfrau Hina dar. Kennzeichen ihres Hauptes sind die eng anliegende Hochfrisur, hoch nach oben gebogene Rillen als Augenbrauen, hervortretende elliptische Augen und ein breites Kinn. Die Nase und der Mund sind ausgemerzt. *(Abbildung zu S. 279f.)*

Moderne hawaiische Darstellung Hinas. Zeichnung von Marily Kahalewai, in: Vivian L. Thompson, *Hawaiian Myths of Earth, Sea, and Sky* (1988), S. 79. (*Abbildung zu S. 279f.*) © University of Hawai'i Press.

Die Rache der Japweiber

Admiralitätsinsel

Po Kot war ein Mann von Paliau, er hatte vierzig Leute, und sie wohnten in ihrem Land. Po Kot hatte geheiratet, sein Weib war zu Hause. Als die Jap ein Essen veranstalteten, sagte er zu seinen Leuten: „Laßt uns hingehen und in Jap das Essen ansehen." Sie ruderten zehn Tage, erreichten Jap und gingen ans Ufer. Sie schmückten sich, sie gingen die Trommeln schlagen. Po Kot war bei der großen Trommel, seine Leute bei den übrigen. Da erbaten sich zwei Frauen, sie waren Schwestern, von ihm Betel. Die beiden sagten: „Po Kot, gib uns eine Betelnuß."

Po Kot sagte: „Euer Körper ist dunkel, ihr gleicht den Weibern von Laues. Der Körper meines Weibes zu Hause ist hell." Er wollte von den beiden nichts wissen.

Die beiden gingen zu ihrer Großmutter. Sie erbaten sich eine Zauberei. Die Großmutter nannte ihnen die Zauberei der Moskitoplage. Die beiden mochten nicht. Sie nannte die Zauberei der Betelnuß, die beiden wollten nicht. Sie nannte die Zauberei zum Einschläfern, die zwei wollten nicht. Sie nannte die Zauberei des Kalkstaubes, die beiden wollten nicht. Sie nannte die Zauberei, die Regen verhängt, die beiden stimmten zu. Sie wurden eingeweiht, sie gingen. Die beiden kauten Ingwer, sie aßen die Knolle der Kis-Pflanze. Die beiden bespuckten Po Kot, ein Regenschauer rauschte nieder. Alle seine Leute blieben unversehrt, der Regen begoß nur den ihn. Er wollte ins Haus gehen, der Regen begoß ihn. Er wollte sich mit einem Pandanusschirm bedecken, der Regen begoß ihn. Er wollte unter das Bett kriechen, der Regen begoß ihn. Er versuchte es vergebens, und als er im Freien blieb, vor dem Haus, da begoß ihn der Regen, und seine Beine sanken in ein Loch. Der Regen begoß ihn, er sank in das Loch bis zur Leibesmitte. Der Regen begoß ihn, und sein Hals versank. Der Regen begoß ihn, sein Kopf versank in dem Loch. Er war nun ganz verdeckt, nur eine einzige Vogelfeder ragte hervor. Der Regen hörte auf. Seine Leute weinten. Als sie damit fertig waren, ruderten sie heim.

Ihre Mutter fragte sie: „Wo ist euer Vater?" Sie sagten: „Zwei Frauen von Jap machten mit ihm Regenzauber, er ist in einem Loch." Ihre Mutter sagte: „Erst eßt ihr noch." Sie aßen. Ihre Mutter kaute Ingwer, sie sagte: „Laßt uns jetzt rudern." Sie ruderten und erreichten Jap. Ihre Mutter schritt voran, und sie, ihre Kinder, gingen hinterdrein. Sie fragte nach ihrem Mann, sie sagte: „Wo ist Po Kot?" Ihre Kinder sagten: „Er ist vor dem Haus im Freien, seine Vogelfeder ragt heraus." Sie gingen nah hin, ihre Mutter bespuckte Po Kot. Sie spuckte einmal, sein Haar kam hervor. Sie spuckte noch einmal, sein Kopf kam heraus. Sie spuckte wieder, seine Leibesmitte kam heraus. Sie spuckte wieder, seine Oberschenkel kamen heraus. Sie spuckte wieder, seine Waden kamen heraus. Sie spuckte noch einmal, und Po Kot sprang heraus in die Höhe. Er rief: „Jooh." Er sagte: „Wie steht's mit mir, wie kam ich wieder frei?" Sein Weib sagte: „Die beiden Frauen stritten sich um dich. Eine soll fortbleiben; nimm die andere zur Gefährtin."

Die Jap schmückten eine der beiden für das Kanu. Sie ruderten Po Kot. Das erste Weib ging ihm zur Hand seiner Rechten, das letzte Weib ihm zur Linken. Po Kot saß in der Mitte. Die drei saßen auf der Seite dem Auslegen gegenüber. Sie ruderten. Po Kot erbat sich Betel von dem ersten Weib. Das Weib von Laues sagte: „Erbitte dir Betel von ihr, der Letzten." Er erbat sich Betel von dem letzten Weib. Es wollte aber nicht. Das Weib von Laues nahm eine Perlmuttschale und durchschnitt damit den Hals der Frau von Jap. Es warf die Frau von Jap ins Meer.

Sie kamen heim. Das Weib von Laues warf seine Perlmuttschale gen Himmel, sie wurde zum Mond. Das Weib von Jap stürzte in die See, es bewegte sich, die See wurde wellig. Die Perlmuttschale hatte die andere nicht sauber gewaschen, es klebte Blut daran.

Das Blut der Frau von Jap befindet sich im Gesicht des Mondes. Wenn der Mond aufsteigt, ist in seinem Gesicht etwas Schwarzes. Dies ist das Blut der Frau von Jap.

P. Josef Meier: Mythen und Sagen der Admiralitätsinsulaner, in: Anthropos, Bd. 3 (1908), S. 669–671.

Das Geschlecht der Kröten im Mond

Buin (Bougainville)

Es wird erzählt: Zwei große Häuptlinge in den Gespensterbergen hatten einmal füreinander ein Fest zur Racheverbrüderung gefeiert. Alle Vögel waren damals gekommen, auch die Kukuke und auch die Kröte. Diese hatte einen Speer und zwei Streitäxte mitgenommen und war so auf dem Festplatz erschienen. Die Kröte mischte sich nicht unter die anderen, sondern hielt sich abseits an der Grenze einer Rodung in der Nähe des Waldrandes auf. Dort stand sie, auf den Speer gestützt und das eine Bein erhoben, mit den zwei Äxten über der Schulter. Auch die Söhne der Häuptlinge waren anwesend; sie trugen ihren Prunkgürtel und Armringe, Riechblätter in den Armbändern, Muschelschellen usw. Auch der Hund war da und war geschmückt. Als die Kröte alle so schön geschmückt sah, starb sie vor Gram. Darauf starben auch die anderen, und so ist der Tod in die Welt gekommen.

Die Kröte war aus dem Mond gekommen, und zwar aus dem dortigen Schlafhaus. Außer dem Schlafhaus befinden sich auf dem Mond das Werkhaus und die Sprechhalle sowie die Pflanzungen und der Wald des Häuptlings. Seit dem Tode der Kröte ist ihr Sohn Kogituku der Häuptling vom Monde. Er gehört auch zum Krötengeschlecht. Er sitzt in der Mitte der Sprechhalle auf einer großen Trommel und arbeitet an einem Tragnetz. Seitlich befindet sich die Pflanzung.

Der Vater Kogitukus ist nach seinem Tode zum Morgenstern (banoi) geworden. Wenn er am Himmel erscheint, verbrennt man die Toten. Er nimmt sich ihrer dann an und bringt sie zu Kúgsai, dem Häuptling im Jenseits.

In Buin sagt man, der Mann im Mond (ékio) verwahre die Nahrung von Menschen und Vieh. Dort, wohin sich jeweils die Mondsichel mit einem Horn neige, „wird aus dem Mondkorbe Eßbares ausgeschüttet." Es gebe dann in der Gegend reichlich Nahrung oder viele Fische im Meer.

- Richard Thurnwald: Forschungen auf den Salomoinseln und dem Bismarckarchipel. Bd. 1. Berlin 1912, S. 315–340.

Das Mädchen im Mond

Nauru

Es war einmal ein Mädchen, dessen Mutter Egigu und dessen Vater Gadia hieß. Die Eltern hatten drei Töchter, die alle drei Egigu genannt wurden.

Eines Tages spielten sie alle drei um einen großen, hohen Baum. Die älteste von den dreien menstruierte da zum ersten Male. Sie stieg auf den Baum und sang: „Egigu, Egigu oho! O nein, ich menstruiere! Geht zum Vater Gadia! Er soll uns Schmuck geben, oho, und Muschelketten, oho, und den Gürtel!"

Der Vater rief ihr jedoch zu, sie solle ins Bluthaus gehen, und er wolle ihr dann schönes Essen und herrlichen Zierrat senden. Da tat die Älteste, was der Vater befohlen hatte.

Am nächsten Tage stieg die zweite Tochter auf den Baum und sang dasselbe Lied, das ihre ältere Schwester gesungen hatte. Und auch sie erhielt ein Haus wie die ältere Schwester und schöne Geschenke.

Am dritten Tag stieg die dritte Tochter auf den Baum. Sie sang das nämliche Lied. Doch da antwortete die Mutter: „Dir wird der Vater kein Haus schenken, wir mögen dich nicht leiden. Du kannst gehen, wohin es dir gefällt, in den Busch oder an die See."

Da ging das Mädchen an den Strand und fand dort eine keimende Nuß, Tegimatare. Sie steckte den Keimling in den Boden und sprach: „Wachse, Tegimatare! Du sollst nicht verderben im Sonnenschein oder im rauhen Wetter! Wachse ein wenig!"

Da wuchs der Baum hoch zum Himmel und stieß gegen ihn an. Das Mädchen stieg auf ihn hinauf in den Himmel und ging dort umher. Als es so umherschlenderte, kam es zu einer alten Frau mit Namen Enibarara. Die war blind. Sie war im Kochhaus und kochte gerade Palmwein, karaue, zu Sirup, kamuirara, ein. Das Mädchen war aber sehr durstig geworden. Es nahm eine Schale Palmwein fort, trank sie aus und setzte sie an den Platz zurück. Dreißig Schalen waren es. Die alte Frau merkte nicht, daß die Schalen fortgenommen wurden. Als aber Egigu die letzte Schale austrinken wollte, ertappte die alte Frau das Mädchen und hielt es bei der Hand fest.

„Oh", rief Egigu, „laß mich zufrieden; ich will gut sein, dir helfen und dienen."

Die Alte aber antwortete: „O, nein, ich laß dich nicht gehen. Du hast meinen Wein ausgetrunken und mußt jetzt sterben."

„Ach nein, laß mich los, ich will dir auch deine Augen wieder gesund machen!"

„Nun, wenn du das kannst und tust, da will ich zufrieden sein."

Egigu sprach da: „Puh, puh, deine Augen, Enibarara, oh puh!"

Da flog allerlei aus den Augen der alten Frau heraus, Ameisen, Fliegen, Würmer und alles mögliche Getier. Die Augen wurden klar, und die Alte konnte wieder sehen. Sie wartete auf die Rückkehr ihrer drei Söhne. Und weil sie fürchtete, daß diese dem Mädchen ein Leid antun würden, denn es waren Menschenfresser, versteckte sie Egigu unter einer großen Tridacna-Schale.

Bald kamen die Söhne nach Hause. Zuerst erschien Ekuan, die Sonne. Er schnüffelte umher und sagte: „Mutter, es riecht so, als ob jemand hier wäre."

Die Alte antwortete jedoch nicht; sie öffnete auch nicht die Augen, denn ihr Sohn sollte nicht merken, daß sie wieder sehen konnte. Da ging Ekuan fort, und es kam der zweite Sohn Tebau, der Donner. Er schnüffelte wie sein Bruder umher und sagte: „Mutter, es riecht nach Menschen."

Enibarara antwortete nicht, öffnete auch nicht die Augen; sie wollte nichts hören.

Tebau ging weiter, und nun kam der dritte Sohn, der milde, freundliche Maramen, der Mond. „O, Mutter, es riecht, als ob hier jemand wäre."

Da öffnete die Alte die Augen und sagte: „Komm, schau her, sieh mir in die Augen!"

Da ging Maramen zur Mutter, blickte ihr in die Augen, wunderte sich und sprach: „O, wer hat das gemacht? Wie kannst du wieder sehen?"

Da erzählte Enibarara ihrem Sohn die Geschichte von Egigu. Maramen freute sich sehr und fragte, wo das Mädchen denn stecke.

Die Alte antwortete: „Dort unter der Tridacna-Schale sitzt das Mädchen, die tat es, und nun sollst du sie zur Frau haben!"

Jetzt war Maramens Freude noch größer. Er machte Egigu zu seiner Frau. Und noch heute kann jeder das Mädchen im Mond sehen.

Paul Hambruch: Nauru. Halbbd. 1. Hamburg 1914, S. 435f. (= Ergebnisse der Südsee-Expedition 1908–1910).

Ozeanien

Das Gesicht im Mond

Nauru

Vor langen Zeiten, als die Welt anders war, als sie jetzt ist, und die Geister noch in Verkehr mit den Menschen standen, da war auf der lieblichen Insel Nauru ein junges Mädchen namens Ejiawanoko, die mit ihrer Großmutter unter einem sehr hohen Baume lebte. Dieser Baum hieß Inkumateri, und seine höchsten Zweige berührten den Himmel. Seine Zweige waren herrlich grün und so dicht, daß die Sonnenstrahlen sie niemals durchdringen konnten und sie auch gegen den Regen ein gutes Dach bildeten.

Als die Großmutter ihre Enkelin heranwachsen sah, dachte sie daran, daß es Zeit sei, einen Mann für sie zu suchen, aber sie wußte nicht recht, wie sie es in die Wege leiten sollte.

Sie sagte sich, daß die Schönheit ihrer Enkelin sie berechtigte, einen Gott zu ehelichen. Da sie es nicht mehr hinausschieben wollte, nach einem Mann Umschau zu halten, rief sie die Enkelin herbei und sprach zu ihr: „Eijawanoko, du mußt nun daran denken, dich zu verheiraten, und da sind viele Männer, die um deinetwillen durch Feuer und Wasser gehen würden, aber ich habe schon für dich gewählt und will dir jetzt meine Anleitungen geben." Und sie fuhr fort: „Morgen früh, bevor die Sonne aufgeht, mußt du dich vom Lager erheben und dich für deine Reise vorbereiten. Salbe deinen Körper mit wohlriechendem Öl und bekränze Kopf und Oberkörper mit schönen Blumen. Darauf ersteige den Baum, unter dem wir unser Heim haben. Du weißt, daß Stufen am Stamm des Baumes bis zur Höhe reichen, obwohl noch niemand gewagt hat, ihn zu ersteigen, denn es würde sicheren Tod dem bringen, der dies unternehmen würde. Du aber kannst ohne Furcht gehen, denn die Zauberformel, die ich über dich sprechen werde, wird dich vor Unheil bewahren, und alles wird gut werden."

Da antwortete Ejiawanoko: „Ich will hingehen, wo du es wünschst, denn ich weiß, daß alles, was du für mich tust, zu meinem Besten ist."

Nachdem die Großmutter ihre Zauberformel über sie gesprochen hatte, legten sich beide auf ihren Matten zur Ruhe. Zur bestimmten Zeit fand sich Ejiawanoko am Fuß des großen Baumes ein, mit schönen Blumen geschmückt und mit wohlriechendem Öl eingerieben. Dann rief sie ihre Großmutter. Sie kam, umarmte sie und sagte: „Mein Liebling, kommst du zurück, so ist es mir lieb, wenn nicht, so weiß ich, daß du dich in guter Hut befindest.

Nun erstieg das Mädchen den Baum und, getragen von der Zauberformel, legte sie den Weg über die Zweige schnell und gefahrlos zurück. Als sie am Gipfel angekommen war, sah sie ein kleines Haus vor sich, neben dem ein altes, blindes Mütterlein saß, das Palmwein zu Sirup einkochte auf heißen Steinen in Kokosschalen. Es rührte eifrig, damit der Sirup nicht anbrenne. Das Mütterlein sang bei der Arbeit und zählte ihre Schälchen. Jedesmal, wenn sie mit Zählen fertig war, nahm Ejiawanoko, die sich leise genähert hatte, eine Schale fort. Als es immer weniger Schalen wurden, rief die Alte: „Was ist das, es werden immer weniger Schalen!" Schließlich dachte das Mütterlein, die Schalen können nicht fortlaufen, jemand muß sie genommen haben, und bei der nächsten Gelegenheit griff sie zu und erfaßte auch wirklich den Arm von Ejiawanoko, die gerade im Begriff war, eine neue Schale fortzunehmen.

Die Alte rief: „Endlich habe ich dich. Wer bist du, die du einer armen, blinden Frau den Sirup stiehlst? Aber du wirst teuer dafür bezahlen, denn meine beiden Söhne Iguau (Sonne) und Merrimen (Mond) werden dich töten, wenn sie hören, daß du ihre Mutter mißhandelt hast!"

„Oh, hab Erbarmen, ich tat es nur aus Scherz", sagte das geängstigte Mädchen, „bitte vergib mir, ich will niemals wieder etwas Derartiges tun, bitte, laß meinen Arm los!"

Doch das Mütterlein hielt noch immer den Arm des Mädchens umklammert.

„Mein Name ist Eniburara, ich bin die Mutter von Iguan und Merrimen und koche Sirup für sie, wie ich es jeden

Morgen tue, aber – die Götter helfen dir – nun habe ich nichts für sie", sagte das Mütterchen, „denn du hast alle Schalen gestohlen!"

„Oh, liebe gute Eniburara, laß mich diesmal los, ich will alles für dich tun, ich will deine Dienerin sein und dir stets gehorchen."

Die Alte antwortete: „Ich brauche keine Diener, das wenige, was ich tue, tue ich aus Liebe zu meinen Kindern. Ich selbst bedarf nicht Nahrung, Getränk und Schlaf."

„Oh, laß mich gehen, vergib mir, liebe, liebe Eniburara, und dann sage ich dir ein Geheimnis, das meine Großmutter mir mitgeteilt hat!"

„Gut, törichtes Kind, sage, was es ist."

„Ich kann deine Blindheit heilen!"

„Nein, nein! Das kannst du nicht, jeder hat es versucht, und niemandem ist es gelungen."

„Laß es mich nur versuchen, und sollte es mir nicht gelingen, dich zu heilen, so kannst du mit mir tun, was du willst."

Da ließ Eniburara den Arm des Mädchens los. Darauf nahm Ejiawanoko das Gesicht der Alten in ihre beiden Hände und spuckte, nachdem sie einige Worte gemurmelt hatte, in ihre Augen. Da krochen Eidechsen und Käfer aus den Augen der Alten, und nach wenigen Augenblicken konnte sie sehen.

Vor Freude klatschte sie in die Hände und rief: „Welch schöne Welt! Ich dachte stets, sie sei dunkel und häßlich, aber nun werde ich die Gesichter meiner lieben Söhne sehen können. Aber ich muß jetzt an dich denken, denn wenn ich dich nicht verberge, so werden Iguan und Merrimen dich sicherlich töten, denn sie töten jedermann, den sie treffen."

Darauf steckte sie Ejiawanoko unter einen großen, leeren Öltrog und sagte ihr, sie solle ganz still sein, denn Sonne und Mond würden gleich kommen.

Kurz darauf erschien Iguan in seinem Glanz und blendete seiner Mutter Augen so sehr, daß sie genötigt war, ihr Angesicht zu wenden. Als Iguan dies sah, fragte er die Mutter: „Warum drehst du dein Gesicht? Du tatest dies nie zuvor."

„Weil ich dich jetzt sehen kann, mein lieber Sohn, was ich früher nie konnte."

„Wieso, Mutter, wer vollbrachte dies Wunder?"

Als er dies fragte, kam sein Bruder Merrimen, und seine Mutter dachte, als sie ihn erblickte, wie sanft und milde er ausschaue im Vergleich mit Iguan, dem niemand ins Angesicht sehen könne.

Merrimen ging auf seine Mutter zu und sagte: „Wie kommt es, daß du uns anblickst, als ob du uns sehen könntest?"

„Ja, mein Sohn, ich kann sehen und dich anschauen, aber Iguan mit seinem Glanz tut meinen Augen weh."

„Aber Mutter, was ist das für ein Duft? Es riecht nach menschlichen Wesen!"

„Es ist so, meine Kinder, ein Menschenkind, ein junges, liebliches Mädchen ist in der Nähe, und dieses ist es, die mich von meiner Blindheit geheilt hat. Das Mädchen ist so hold und schön, und ich denke, einer von euch sollte es heiraten."

„Ja, Mutter", antworteten beide, „laß das Mädchen kommen und wählen zwischen uns, wir wollen nicht eifersüchtig aufeinander sein."

Darauf ging Eniburara zum Öltrog, und als sie ihn hob, kam Ejiawanoko hervor. Eniburara nahm das Mädchen an der Hand, führte es zu ihren Söhnen und sagte zu ihm: „Nun Kind, triff deine Wahl, welchen von beiden willst du zum Manne haben?"

Ejiawanako überlegte einige Augenblicke, sah Sonne und Mond an und sagte dann: „Ich kann Iguan nicht heiraten; er ist zu heiß, und ich kann ihn nicht ansehen, aber Merrimen sieht so ruhig und gut aus, ich will mit ihm gehen!"

Als das Mädchen so gesprochen hatte, kam Merrimen auf sie zu, legte seine Arme um sie und begann mit ihr durch die Luft zu segeln. Und bis auf den heutigen Tag kann man Ejiawanako sehen, wie sie mit Merrimen durch den Himmel reist.

- Antonie Brandeis: Das Gesicht im Monde. Ein Märchen der Nauruinsulaner, in: Ethnologisches Notizblatt. Berlin. Bd. 1, H. 3 (1904), S. 111–114.

Ozeanien

Hina, die Frau im Mond

Hawaii

An der Ostküste der Insel Hawaii lebte einst eine Frau mit Namen Hina, die göttlicher Abkunft war. Sie hatte einen Sohn, Ma-ui, lebte aber einsam und wollte nur fleißig arbeitend und ganz uneigennützig unter den Menschen sein. Ihre Wohnung hatte sie in einer Höhle unter einem der größten Wasserfälle des Flusses Wailuku eingerichtet, verborgen vor der Welt durch den Silberschleier der tosend fallenden Wassermassen. Der Wailuku ergoß sich in bestechender Schönheit, dem Verlauf eines alten Lavaflusses folgend, zwischen hohen Steilwänden, unter Brücken aus Lava und über Wasserfälle und Stromschnellen bis zur Küstenstadt Hilo. Seitlich des Flusses lagen die Ländereien von Mau-i, und nahe der Stadt ging seine Mutter unter Bäumen ihrer Arbeit nach. Es handelte sich um kleine zierliche mamaka- und die gröberen wauke-Bäume, aus deren Rinde Hina Tapastoffe herstellte.

Frühmorgens eilte sie mit einer Kalabasse voll Wasser zu diesem Platz. Sie schnitt oder brach geeignete Zweige ab und weichte sie in dem Wasser ein, bis sich die äußere Rinde leicht abziehen ließ. Benötigt wurde nur die biegsame innere Rinde, die Hina häufchenweise auf einem schweren Tapabrett ausbreitete und mit runden Keulen zu einer breiartigen Masse zerstampfte. Dann klopfte sie singend den Brei mit kantigen Holzhämmern zu dünnen Plättchen, gab immer wieder Breimasse zu Breimasse, bis die Fasern aufgelöst waren und schöne Tapa-Stoffe, weich wie Seide, sie und ihre Mitmenschen erfreuen konnten.

Damals waren die Tage allerdings sehr kurz. Obwohl Hina schnell arbeitete und sich tagsüber keine Muße und kaum Zeit für das Essen gönnte, war ihre Arbeit doch nie so früh vollendet, daß sie die Tücher noch hätte an der Sonne trocknen können. Der beschwerlichen Arbeit müde, rief sie eines Tages ihren Sohn zu Hilfe, dem die Winde zu Willen waren.

Ma-ui wußte, daß er der Sonne nur in einem Krater, also für sie unsichtbar, beikommen konnte. Er legte mit seinem Kanu ab und überquerte mit einem Atem des Gottes der Winde den breiten Alenuihaha-Kanal zur Nachbarinsel Mau-i. Er begab sich dann mit einem langen Lasso in den Schlund eines Kraters, fing einige der langen, dünnen Sonnenbeine ein, brachte die Sonne so zum Stillstand und hieb dann mit einer Zauberkeule auf das Antlitz der Sonne ein, bis es blutete. Die Sonne willigte dann ein, fortan langsamer über den Himmel zu ziehen. Wie freute sich Hina! Laut schallten ihre Lobgesänge.

Aus Ulupaupau kommend, wurde sie in Mau-i die Frau des Häuptlings Aikanaka. Beide lebten dort an der Südostküste in der Nähe des Hügels Kauiki am Fuße des hohen Berges Haleakala im „Haus der Sonne". Mit Eifer ging Hina hier ihrer Arbeit nach; sie klopfte Tapa-Rinde zu feinsten Stoffen, flocht Matten aus den Blättern des hala-Baumes und formte aus den Nüssen des kukui-Baumes Fackeln zur Erleuchtung der noblen Häuser.

Und sie schenkte ihrem Mann viele Kinder, vor allem Töchter. Die Erstgeborenen waren Hina Ke Ahi, die Gewalt über das Feuer hatte, Hina Ke Kai, die Macht über das Meer hatte, Hina Makuia, die Herrin des Regens und der Stürme, und Mahuia, die wie ihre älteste Schwester über das Feuer gebot.

Als Hina, die vom Himmel Gekommene, ins mittlere Alter kam, ward sie des Erdenlebens überdrüssig. Die Arbeit begann sie zu langweilen, die Familie lästig zu werden, waren doch ihr Mann ein Müßiggänger und die Söhne widerspenstig. Es widerstrebte ihr vor allem, tagein, tagaus den Kot ihrer kleinen Kinder zur Nordseite der Wasserhöhle in Ulaino zu tragen. Sehnsüchtig blickte sie zum Himmel auf und beschloß, auf dem Pfade des Regenbogens zu ihm aufzusteigen.

Die Sonne strahlte, und Hina sagte: „Ich will zur Sonne ziehen!" Am frühen Morgen verließ sie ihr Haus und stieg auf, höher und höher, bis das Feuer des Sonnenscheins sie zusehends schwächte und sie schließlich jenseits der Wolken schrumpfen ließ. Als der Tag zur Neige ging, glitt sie auf dem Regenbogen mit letzter Kraft zurück.

Sobald es dunkel wurde, gewann Hina schnell wieder an Kraft. Sie stopfte ihre Habseligkeiten in eine Kalebasse, ging mit ihr zum Platz Wanaikulani und rief: „Ich will zum Mond aufsteigen und dort Ruhe finden!"

Kaum daß sie aufzusteigen begann, eilte ihr Mann herbei und beschwor sie, von ihrem Vorhaben Abstand zu nehmen. Sie ließ sich nicht beeindrucken und gab zurück: „Mein Entschluß steht fest: Ich gehe zu meinem neuen Ehemann, dem Mond!" In jähem Zorn sprang der Mann hoch und packte sie gerade noch mit den Händen an ihrem einen Fuß. Halten konnte er sie nicht, es gelang ihm nur, diesen Fuß abzureißen und damit auf den Boden zurückzufallen.

Hina hatte trotz der Schmerzen ihre Kalebasse festhalten können und befand sich, von den geheimnisvollen Händen der Dunkelheit emporgehoben, schließlich vor dem Eingang zum Mond. Hinkend fand sie dann ihre neue Heimstatt zubereitet vor. In dem ruhigen, silbrigen Licht des Vollmondes ist seither die Göttin mit ihrer Kalebasse in ihrem neuen Wohnplatz zu sehen.

Hina wird seit der Zeit Lono-moku, die „hinkende Lono" genannt, und immer wieder wird, unter diesem oder einem anderen Namen, ihre Mondfahrt besungen:

Den schillernden Bogen des Regens als Pfad
sich Kanai vorzeiten erwählte.
In schwebenden Wolken von Kane sie flog,
verblüfft nach ihr blickte Alihi.
Und Kanai stieg auf zu dem nächtlichen Licht.
Das Licht, das so glänzend herabfällt
auf Menschen und Kanus in dunkelster Nacht,
ist Hanaiakamalama.

Extrakt aus: William Drake Westervelt: Legends of Ma-ui, a demi god of Polynesia, and of his mother Hina. Honolulu 1910, S. 139–169. – Thomas G. Thrum: More Hawaiian Tales. A Collection of Native Legends. Chicago 1907, S. 69–71.

Hina stiftet den Brotfruchtbaum

Tahiti

In der Zeit, als die Götter Krieg miteinander führten und die Sterne, das Meer und die Flüsse verfluchten, war es Hina, die ihre schützende Hand über alles hielt. Sie rettete die Sterne, wenngleich sie etwas von ihrem Glanz verloren, sie rettete die Gezeiten und die Quellen.

Beim Anblick der Erde im weiten Raum beschlossen einmal sie und ihr Bruder Ru, sich dorthin zu begeben. Sie gedachten, die Erde auf dem Wasserwege nach allen vier Himmelsrichtungen hin zu erkunden. Sie fertigten also einen Einbaum an, setzten einen Mast in die Mitte und befestigten daran mit Seilen ein großes Segel. Ru nahm hinten Platz und betätigte ein großes Paddel zum Steuern, Hina saß als Lotse vorn und hielt ein kleines Paddel für die windarme Zeit. Tagsüber segelten sie, nachts legten sie bei. Sie gelangten zunächst nach Klein-Tahiti, dann nach Groß-Tahiti und erkundeten dann immer weitere Inseln von Süden nach Norden und von Osten nach Westen. Zuletzt trennten sich die Wege von Ru, dem mächtigen Helden, und seiner Schwester.

Hina ließ sich in Ra'iatea auf der Halbinsel Matu-tapu nieder, von der aus die große Seefahrt mit ihrem Bruder ihren Ausgang genommen hatte. Hier gab sie sich mit großer Hingabe der Herstellung von weißer Tapa hin, einem weichen, papierähnlichen Stoff, der nach langwierigem Zerstoßen der inneren Rinde eines bastreichen Maulbeerbaumes gewonnen wird. So war sie auf Erden die Ratgeberin all der Tapazerstäuber, die sich redlich bemühten, mit ihrer Kunstfertigkeit gleichzuziehen.

Eines Abends, als der Mond ganz rund war und in großer Pracht strahlte, setzte sich Hina in ihren Einbaum, um diesem einen Besuch abzustatten. Einmal angekommen, gefiel es ihr so sehr, daß sie ihren Einbaum den Fluten übergab, um für immer dort zu bleiben. „Hina, die Tapa klopft", wie die Sterblichen sie nannten, erhielt nun den Beinamen „Hina, die zum Mond Aufgestiegene". In dieser für sie überaus angenehmen Umgebung ward sie sich eines neuen Gleichklanges mit dem Leben ihres Bruders bewußt: Beide legten sie nun wechselweise eine Bahn am Himmel zurück, er am Tage, sie in der Nacht. Beide blieben sie bedacht, den Menschen Gutes zu tun. Hina schützte die auf der Erde in der Nacht Reisenden und wurde von ihnen mit Gesängen verehrt. Sie wurde auch von den Feuerläufern und bei der Zeremonie des ti(ki)-Ofens als „Große Hina der duftenden Kräuter" angerufen, denn sie war immer in ein Kleid von duftenden ti-Blättern gekleidet.

Die Schatten des Mondes zeigen, so wird erzählt, einen Brotfruchtbaum, unter dem Hina wohnt, und von dessen zahlreichen Zweigen sie die Rinde abzieht, um Tapa für die Götter zu machen. Als Hina einmal auf diesen Baum gestiegen war, brach sie aus Versehen mit dem Fuß einen Zweig ab. Der trieb dann auf dem Wasser bis nach Opoa, wo er Wurzeln schlug und zu einem hohen Brotfruchtbaum aufwuchs. Es war der erste Baum dieser Art auf der Erde. Dieser wunderbare Baum steht noch heute; er breitet sich nach oben in der Form eines Tisches aus und ist so groß, daß die Menschen unter ihm seit undenklichen Zeiten ihre Matten ausbreiten, um zu plaudern und sich auszuruhen.

In dem genannten Baum auf dem Mond haust als Gefährtin von Hina eine grüne Taube, die sich von den Früchten des Baumes nährt. Hina dachte wieder einmal an die Menschen und gebot ihr, einige Kerne der Frucht zur Erde zu bringen. „Laßt meine Taube ihres Weges ziehen", rief Hina allen Vögeln singend zu, „laßt sie zum Strand und zum Meer eilen, laßt sie nach vorn und laßt sie nach hinten ziehen!" Mit einem Bündel Brotfruchtsamen im Schnabel flog die Taube dann weit in den Raum hinaus, bis sie einem Fregattenvogel begegnete, der sich des Bündels bemächtigen wollte, aber dank des Schutzes von Hina konnte sie ihre Last behalten und ihren Flug fortsetzen. Dann verstreute sie die Samen auf den Inseln der Südsee, auf daß die Brotfruchtbäume große Verbreitung fanden. Die Menschen konnten nun noch bessere Tapa klopfen und sich aus den Früchten des Baumes köstliche Speisen zubereiten.

- Teuira Henry: Mythes tahitiens. Paris 1993, S. 122–127. – William Drake Westervelt: Legends of Ma-Ui, a demi god of Polynesia, and of his mother Hina. Honolulu 1910, S. 167.

Eine Göttin mit Namen Ina oder Hina

Polynesien

Auf den Cook-Inseln wird erzählt: Die älteste der vier reizvollen Töchter von Kui, dem Blinden, hieß kurz und bündig Ina. Der Mond, genannt Maruna, der sie immer wieder aus der Ferne bewundert hatte, wurde schließlich von ihrem Liebreiz so gefesselt, daß er eines Nachts von seinem Platz am Himmel herabstieg, um sie zu holen und zu seiner Frau zu machen. Die Göttin Ina wurde eine vorbildliche Ehefrau, die vielbeschäftigt war; in einer wolkenlosen Nacht kann man sie mit einem für ihren Backofen bestimmten stattlichen Haufen von Blättern, bekannt als das *rau toa von Ina*, sehen, ebenso ihre Feuerzange aus einem gespaltenen Kokosnußzweig, die es ihr ermöglicht, die brennenden Kohlen zurechtzurücken, ohne sich die Finger zu verbrennen.

Große Steine, die für die Herstellung der Wolkentücher benötigt werden, sind dort ebenfalls zu sehen. Ina ist nämlich unermüdlich damit beschäftigt, die weißen Wolken aus feinen, glitzernden Tapastoffen zu hämmern. Sobald die Tapa gut geklopft und in die richtige Form gebracht worden ist, spannt sie sie aus und beschwert sie an den Ecken mit großen Steinen, damit sie oben im Himmel trocknen kann. Jede kleine Falte wird zuvor eigenhändig geglättet.

Die Herstellung von Kleidungsstücken durch die Göttin hat viel größere Ausmaße als alles, was auf unserer Erde je gesehen wurde; folglich sind die benötigten Steine von gewaltiger Größe. Und wenn der Arbeitsgang beendet ist, nimmt Ina diese Steine und wirft sie mit voller Kraft beiseite. Krach, krach, fallen sie auf die äußere Oberfläche des festen Gewölbes und erzeugen das, was die Sterblichen Donner nennen.

Wenn sie, die Liebliche, die Steine in ihrer Nähe entfernt, hebt sie diese eilig auf und schleudert sie alle auf einmal fort. Die beim Zusammenprall der schweren Steine hervorgerufene Erschütterung wird von den Menschen als ein schrecklicher Donnerschlag bezeichnet.

Ina stellt Kleidung her, die wie die Sonne glitzert. Wenn sie in Eile die vielen Rollen schneeweißer Tapas aufhebt, fallen Lichtstrahlen auf die Erde nieder, die Blitze genannt werden.

Auf Tahiti erzählt man nicht, Hina sei wegen ihrer Schönheit vom Mond geholt worden, vielmehr heißt es abweichend, Ina sei auf Erden als Herstellerin schöner Tapa-Tücher eine so großartige Künstlerin gewesen, daß sie in den Himmel versetzt worden sei.

Auf Tahiti geht auch die Sage, die göttliche Hina habe bei ihrer Mondfahrt den sterbliche Ehegemahl auf der Erde zurückgelassen. Auf der Insel Atiu, die wie Tahiti zu den Gesellschaftsinseln gehört, und auf Mangaia, einer der Cook-Inseln, aber wird erzählt, sie habe ihn auf den Mond mitgenommen. Ina und ihr Mann lebten dort viele Jahre glücklich zusammen, bis er alterte. Dann sagte sie ihm: „Du wirst alt und gebrechlich. Der Tod wird dich bald holen, weil du auf Erden geboren bist. Mein schönes Heimatland darf nicht mit einem Leichnam verunreinigt werden. Wir wollen uns daher umarmen und verabschieden. Geh zur Erde zurück und verlebe dort deine letzten Tage!" Im gleichen Augenblick erzeugte Ina einen großen, den Himmel umspannenden Regenbogen, auf dem ihr untröstlicher Gemahl auf die Erde hinabstieg, um zu sterben.

Für die Eingeborenen von Niue (Savage-Insel) ist Hina die Schutzgöttin aller Tapa-Hersteller. Ihre Heimstatt, den Mond, nennen sie „Motu a Hina", „die Insel von Hina", der Ort am Himmel, wo die Toten ihre Bleibe haben.

Auf den Tonga-Inseln glaubt man, im Mond eine wunderschöne junge Frau zu sehen, die Göttin Hina. Sie sitzt unter einem Ovava-Baum. Auf einem Brett hämmert sie Tapa. Es heißt, daß sie den Feuerläufern ihren Schutz gewährt.

- William Drake Westervelt: Legends of Ma-Ui, a demi god of Polynesia, and of his mother Hina. Honolulu 1910, S. 142f., 169f. – (Cook-Inseln und Atiu:) William Wyatt Gill: Myths and Songs from the South Pacific, London 1876, S. 45 f. – (Tonga:) Edward Winslow Gifford: Tongan Myths and Tales. Honolulu 1924, S. 181 (= Bayard Dominik Expedition. Publication No. 8).

Das Trugbild

Samoa

Auf den Samoa-Inseln wird über den Mond, der dort Maina oder Masina heißt, die folgende Legende erzählt: Sina, eine fleißige Frau, war einmal mit ihrem Kind im Freien. Sie war auch zu dieser späten Zeit noch immer damit beschäftigt, mit einem Hammer Tapa zu klopfen, um anderntags möglichst viele Stofftücher verkaufen zu können. Sie und ihr Kind waren schon hungrig, als sich der Mond mit seiner zunehmenden Hälfte am Himmel zeigte. Die Frau meinte, in ihm die köstliche halbe Frucht eines Brotfruchtbaumes zu erkennen. Sie wollte schon danach greifen, doch weil dieses Bild so weit entfernt war, entfuhren ihr die Worte: „Steig doch zu uns armen Leuten so tief herab, daß mein Kind ein Stück von dir abbeißen kann!"

Das reizte den Mond aufs äußerste. Er stürzte sich tatsächlich herab, aber aus einem ganz anderen Grund. Er hob Sina und ihr Kind in die Höhe, ebenso alle Gegenstände, die für die Herstellung von Tapa-Tüchern erforderlich sind. Sie, ihr Kind und das Handwerkszeug, mit dem sie Tapawolken am Himmel formt, kann man noch heute im Mond sehen, wenn man sich bei seiner vollen Gestalt seine Flecken einmal genauer ansieht.

• Albert Réville: Histoire des religions, Teil 1: Religions des peuples non civilisés. Bd. 2. Paris 1883, S. 47.

Rona, die Frau im Mond

Maori (Neuseeland)

Eines Nachts mußte eine Frau etwas für ihre Familie zu essen kochen. Da sie kein Gefäß mit Wasser zur Hand hatte, um ihre *repaki* oder *retao* zu befeuchten, mußte sie mit beiden zum Fluß gehen. Bei diesen *repaki* handelt es sich um abgenutzte Körbe, die dazu dienen, das Essen im Ofen zu bedecken, und auf die, um den bei der Befeuchtung erzeugten Dampf zu bewahren, Erde gehäuft wird. Sie nahm also einen Korb in die eine und eine Kalebasse in die andere Hand und zog los. Als der Weg holprig wurde, stieß sie immer wieder mit ihrem Fuß gegen Baumwurzeln und Steine. Da wurde sie ärgerlich und beschuldigte fluchend den Mond, ausgerechnet dann kein Licht zu geben, wenn es am dringendsten benötigt wird.

Indem die Frau sich so gebärdete, fühlte sich der Mond beleidigt, kam sofort herunter und ergriff sie, die daher Rona, die Gebundene genannt wird, und mit ihr den Korb, die Kalebasse und einen *ngaio*-Baum (*Myoporum laetum*), an dem sie sich zu ihrem Schutze festgehalten hatte, samt der Steine auf dem Boden rund um den Baum. Alles trug er durch die Wolken hindurch und zurück zu der Stelle, an der sich der Mond am Himmel befindet. Rona ist fortan dort geblieben.

In einer klaren Nacht, besonders dann, wenn Vollmond ist, kann man Rona sehen, wie sie gegen die Steine gelehnt liegt, sowie den Korb, die Kalebasse und den *ngaio* in ihrer Nähe.

• John White: The ancient history of the Maori, his mythology and traditions. Bd. 2. Wellington 1887, S. 20f.

Rona, der Mann im Mond

Maori (Neuseeland)

Rona war einer der entferntesten Vorfahren in den Tagen einer weit, weit zurückliegenden Zeit. Eines Nachts war er sehr durstig und nicht in der Lage, sein Begehren zu erfüllen, weil in keinem der kleinen Flüsse in der Nähe noch Wasser vorhanden war. Weil es dunkel war, wartete er auf den Aufgang des Mondes, so lange, bis er mit seiner Geduld am Ende war. Dann nahm er in jede Hand eine Kalebasse und ging los, um Wasser aus einem weiter entfernten Bach zu schöpfen. Auf dem Rückweg stolperte er über den Ast oder die Wurzel eines Baumes und wurde so stark verletzt, daß er voller Zorn einen Fluch gegen den Mond ausstieß, indem er sagte: „Wann fängt der verdammte Mond endlich zu scheinen an?"

Der Mond ärgerte sich über diesen Fluch, kam herab und zog Rona kraft seiner Strahlen (*ihi*) zusammen mit seinen Kalebassen und einem *ngaio*-Baum, an dem er sich festhielt, hoch und schloß ihn an seinen Busen, wo er und das übrige verblieben und bis zum heutigen Tag zu sehen sind.

* John White: The ancient history of the Maori, his mythology and traditions. Bd. 2. Wellington 1887, S. 21.

Ozeanien

Rona, der Herr der Sonne und des Mondes

Maori (Neuseeland)

Rona ist der Herr der Sonne und des Mondes. Rona peitscht den Mond, und der Mond peitscht zurück; wenn jedoch beide erschöpft sind und sich in einem monatlichen Kampf verschlungen haben, machen sie sich auf, um im Wai-ora-tane (dem Lebenswasser von Tane) zu baden. Dort werden sie wieder belebt und gestärkt und so in die Lage versetzt, ihren Kampf wieder aufzunehmen.

Die Herrschaft über den Mond teilt sich Rona übrigens mit Tu-raki (Himmelsgewand).

Rona war ein Nichtstuer. Nach einem Streit verließ ihn seine Frau Hine-horo-matai (die Tochter, die alles widerspruchslos hinunterschluckt). Eines Tages machte er sich auf die Suche nach ihr und beabsichtigte, sie zu schlagen. Als er sehr weit bis ans Meer gegangen war, wurde der Gott Hoka (Schirm) zu Ronas Frau herabgeschickt, um den rund um ihr Haus bestehenden Schutz aufzuheben.

Anderntags gingen auch sie und ihre Kinder ans Meer. Rona erblickte sie und rief ihnen in hinterlistiger Weise freundlich zu. Gerade wollte er sie dann alle schlagen, als Hoka herabkam und Rona niederschlug. Hine-horo-matai ging dann mit ihren Kindern nach Hause, und dort wurden sie sehr durstig. Sie ging mit ihren beiden Kalebassen los, um Wasser für sie zu holen. Da aber das Wasser unterwegs versiegte, ging sie weiter bis ganz in die Nähe des Mondes, warf eine der Kalebassen auf ihn, die dann dort für immer geblieben ist; die andere warf sie auf den Boden.

Zu der Zeit hatte sich Rona von der Prügel erholt und verfolgte erneut seine Frau, die nun zur Sonne floh. Er folgte ihr dorthin, doch trieb ihn die Hitze der Strahlen zurück. Seine Frau floh dann zum Mond, kehrte aber von dort zurück und gelangte in ihr Haus. Sie legte Feuer an das Haus und verbrannte darin zu Tode. Rona suchte nach ihr und den Kindern. Weil er sie nicht finden konnte, begab er sich zum Mond und ist dort für immer geblieben.

- John White: The ancient history of the Maori, his mythology and traditions. Bd. 2. Wellington 1887, S. 21f.

Büchertauschbörse

Mich kann man ausleihen, lesen und tauschen, aber bitte **nicht** verkaufen!

Freiwilligenzentrum „mach mit!"
Ansbacher Straße 6
91413 Neustadt an der Aisch
freiwilligenzentrum@....rta...-nea.de
www.freiwilligenzentrum-nea.de